사라진
숲의
왕을
찾아서

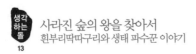

사라진 숲의 왕을 찾아서
흰부리딱따구리와 생태 파수꾼 이야기

필립 후즈 지음, 김명남 옮김

2015년 11월 2일 초판 1쇄 발행

펴낸이 한철희 | 펴낸곳 돌베개 | 등록 1979년 8월 25일 제406-2003-000018호
주소 (413-756) 경기도 파주시 회동길 77-20 (문발동)
전화 (031) 955-5020 | 팩스 (031) 955-5050
홈페이지 www.dolbegae.com | 전자우편 book@dolbegae.co.kr
블로그 imdol79.blog.me | 트위터 @dolbegae79 | 페이스북 /dolbegae

책임편집 권영민 | 디자인 형태와내용사이
마케팅 심찬식 · 고운성 · 조원형 | 제작 · 관리 윤국중 · 이수민
인쇄 · 제본 상지사 P&B

ISBN 978-89-7199-695-9 44490
ISBN 978-89-7199-452-8 (세트)

책값은 뒤표지에 있습니다.

이 도서의 국립중앙도서관 출판예정도서목록(CIP)은 서지정보유통지원시스템 홈페이지(http://seoji.nl.go.kr)와
국가자료공동목록시스템(http://www.nl.go.kr/kolisnet)에서 이용하실 수 있습니다.
(CIP제어번호: CIP2015027408)

흰부리딱따구리와 생태 파수꾼 이야기

사라진 숲의 왕을 찾아서

필립 후즈 지음 | **김명남** 옮김

돌베개

제임스 태너, 그리고
그의 뒤를 이어서
동식물과 서식지를 보존하려고 애썼던
많은 생물학자와 자연보호 운동가를 기억하며.

제임스 태너.

그리고 마치 흰부리딱따구리처럼
쿠바에서 과학과 마법의 균형을 지키고 있는
히랄도 알라욘에게.

히랄도 알라욘과
두 아들 히랄도(왼쪽),
훌리오, 1987년.

차례

여섯 번째
멸종의 물결에 휩쓸린 새

멸종은 자연에서 가장 비극적인 일이다. 멸종은 어느 종의 모든 구성원이 깡그리 죽어 버리는 것을 뜻한다. 유전적으로 한 가족에 해당하는 모든 개체가 영영 사라지고 마는 것이다. 조류학자 윌리엄 비비의 말을 빌려서 이렇게 이야기할 수도 있다. "어느 생물 종족에서 최후의 개체가 더 이상 숨 쉬지 않게 되면, 천지가 한 번 바뀌어야만 다시 그런 존재가 나타날 것이다."

그게 뭐 그렇게 비극적이냐고 따지는 사람도 있겠다. 과학자들에 따르면 어차피 지금까지 지구에 살았던 모든 종의 99퍼센트는 멸종했다지 않는가. 그리고 지금까지 지구에서는 운석에서 가뭄까지 갖가지 이유 때문에 거대한 대량 멸종의 물결이 적어도 다섯 번 일어났다. 다섯 번째이자 가장 최근의 물결은 지금으로부터 겨우 6,500만 년 전에 일어났는데, 그때 모든 공룡이 싹 사라졌을 뿐 아니라 당시 살아 있던 모든 동물종의 대략 3분의 2가 함께 사라졌다. 달리 말해, 우리는 이미 대량 멸종을 겪어 봤다.

그러나 오늘날 벌어지는 여섯 번째 물결은 다르다. 역사상 최초로 호모

사피엔스, 즉 인간이라는 하나의 종이 지구의 자원을 몽땅 소비하고 변형시킴으로써 수천 종의 생명을 제거하고 있기 때문이다. 오늘날 인간은 세상의 민물을 절반 넘게 쓰고 있으며, 땅에서 자라는 모든 식물의 절반 가까이를 쓰고 있다. 여섯 번째 물결은 최근에서야 벌어진 일이 아니다. 지금으로부터 약 1만 2,000년 전, 인류가 땅을 개간하여 농작물을 심기 시작한 때부터 시작된 일이다. 그러나 요즘은 인간이 지구에게 가하는 충격이 과거에 비길 데 없이 빠르게 커지는 터라, 매년 수천 종의 생물이 사라진다. 그런 종 하나하나는 생태계, 즉 자연의 에너지와 활동이 복잡하게 얽히고설킨 그물망을 구성하는 한 요소이고, 그런 그물망들은 가장 작은 진드기부터 가장 큰 나무까지 지구의 모든 생명을 하나로 잇는다.

이 책은 여섯 번째 멸종의 물결에 휩쓸린 어느 종의 이야기이다. 한때 깊은 숲 속에 살았으며 어쩌면 지금도 살고 있을지 모르는 어느 새의 이야기이다. 캄페필루스 프린키팔리스*Campephilus principalis*, 흔히 흰부리딱따구리라고 불리는 이 새는 햇살 가득한 숲 천장에서 보란 듯이 잘 살아가다가 겨우 100년 만에 멸종의 그늘에 가려 주변부로 밀려났다. 그 100년 동안 물론 다른 종도 많이 사라졌다. 그러나 흰부리딱따구리는 그 서식지를 파괴하고 팔아넘긴 사람들과 서식지를 보존하여 종을 구하려고 애썼던 새로운 종류의 과학자 및 자연보호 운동가가 줄다리기를 벌인 대상이었다는 점에서 독특했다. 오늘날 우리가 위기에 처한 동식물을 구할 때 쓰는 기법 중 몇 가지가 그때 흰부리딱따구리를 구하려는 과정에서 개발되었다는 점에서, 이 근사한 새는 현대의 첫 멸종 위기종이었다고 봐도 좋을지 모른다.

나는 흰부리딱따구리가 '어쩌면 지금도' 깊은 숲 속에서 살고 있을지 모른다고 말했다. 왜냐하면 어떤 사람들은 아직도 소수의 흰부리딱따구리가 세상에 살아 있다고 믿기 때문인데, 그중에는 뛰어난 과학자도 몇 명 있다.

나는 흰부리딱따구리에 처음 관심을 품었던 1975년 이래, 누군가 그 새의 생생한 모습을 언뜻 보았다고 주장하거나 틀림없는 그 새의 소리를 들었다고 주장했던 이야기를 수십 번 읽거나 들었다. 소문의 내용이 아무리 빈약하더라도, 희망에 찬 새 관찰자들은 그때마다 당장 부츠를 꿰어 신고 팔에 모기 퇴치제를 펴 바른 뒤 그 새를 찾아 문을 박차고 나섰다. 그리고 그때마다 질척한 부츠와 벌레 물린 팔뚝으로 아무 증거도 찾지 못한 채 돌아왔다.

흰부리딱따구리는 포기하기 힘든 새다. 흰부리딱따구리는 미국에서 관찰된 여러 생물 중에서도 가장 인상적인 생물로 꼽히곤 했다. 존 제임스 오듀본에서 시어도어 루스벨트까지 그 새에 대한 기록을 남겼던 사람들은 너나 할 것 없이 그 아름다움과 강인함에 놀랐다. 흰부리딱따구리가 겨우 몇 마리만 남았던 1935년, 다행스럽게도 코넬 대학교의 네 연구자가 방대한 원시 늪지로 여행하여 유령 같은 그 새의 소리를 녹음한 테이프와 그 거대한 새가 움직이는 모습을 담은 12초짜리 영상을 얻어 돌아왔다. 그것은 과거 세대가 미래 세대에게 남긴 선물이었다.

코넬 탐사대의 영상을 본 오듀본 협회는 너무 늦기 전에 흰부리딱따구리를 야생의 보금자리에서 지키고자 마지막으로 필사적인 시도에 나섰다. 그러나 한편으로 다른 사람들은 자연보호 운동가들이 그 종을 구하기 전에 한시바삐 숲을 벌채하여 조금이라도 더 목재를 팔아넘기는 데 그 못지않게 열심이었다.

흰부리딱따구리를 구하려는 노력은 오늘날 전 세계에서 사람들이 절멸 위기종을 구하려고 벌이는 숱한 싸움의 1차전이나 마찬가지였다. 사람들은 흰부리딱따구리더러 빠르게 변하는 주변 환경에 신속히 적응하라고 몰아세웠지만, 막상 사건이 펼쳐지고 보니 새를 구하려고 노력했던 사람들도 새와 마찬가지로 빠르게 변하지 않을 수 없었다. 어쩌면 아직도 끝나지 않았을지 모르는 흰부리딱따구리의 이야기는 오늘날 우리에게도 배우고 적응할 기회를 준다. 우리는 주변의 토착 동식물을 바라볼 때마다 과거에 사람들이 흰부리딱따구리를 구하기 위해서 펼쳤던 경주를 떠올리며 마음속으로 이렇게 물을 것이다. "어떻게 해야 이들이 아직 우리 곁에 있는 동안 이들을 보호하여 각자 타고난 서식지에서 살아남도록 만들 수 있을까?"

볼모로 잡힌 새

제왕 같고 무시무시한 種…… 새의 눈은 이글거리고 반항적이며,
온몸은 생활양식과 섭식 방법에 어울리도록 더없이 알맞게 적응한 형태라서,
보는 사람의 마음에 절로 창조주라는 경건한 발상을 떠올리게끔 한다.
─알렉산더 윌슨, 흰부리딱따구리를 묘사한 글에서

1809년 2월, 노스캐롤라이나 주 윌밍턴

알렉산더 윌슨은 혀를 쯧쯧 차며 말을 몰아 노스캐롤라이나의 어느 늪지 가장자리를 천천히 나아갔다. 그는 안장에서 몸을 앞으로 숙이면서 거대한 사이프러스 나무의 이끼 낀 가지 사이를 스쳐 나는 작은 새들을 실눈으로 바라보고는, 물속으로 들어가지 않고도 깔끔하게 쏘아 맞힐 수 있으면 좋겠다고 생각했다. 그는 흰부리딱따구리 소리를 처음 듣자마자 그것이 무슨 새의 소리인지 알아차렸다. 새를 직접 본 적은 한 번도 없는데도 말이다. 다른 사람들이 설명했던 것처럼 장난감 나팔을 부는 것 같은 소리가 연거푸 울리더니, "바 담" 하고 뼈가 나무를 때리는 두 음조의 소리가 늪 전체로 쏜살같이 퍼졌다. 사람들은 다들 말했다. 그 소리를 들으면 이곳이 과연 남부라는 사실을 실감할 거라고.

윌슨은 말에서 내려 웅크린 자세로 새를 향해 다가갔다. 심장이 두방망

13

이질했다. 사람들은 말하기를 그 새는 크기가 수탉만 하고, 깃털은 선명한 흑백이고, 큼직한 부리는 햇빛을 받으면 다듬은 상아처럼 반들거린다고 했다. 새의 힘은 전설적이었다. 100년 전에 영국 탐험가 마크 케이츠비는 흰부리딱따구리가 나무 속 곤충을 파내기 위해서 나무껍질을 널찍한 조각으로 벗겨 내며 한 시간도 안 되는 동안 한 부셸(약 28킬로그램의 무게 또는 약 36리터의 부피—옮긴이)은 족히 될 만한 목재를 땅으로 떨어뜨리는 광경을 나무 밑에서 우두커니 바라보며 감탄을 금치 못했다. 토머스 제퍼슨 대통령도 '부리가 흰 딱따구리'에 대한 기록을 남긴 적이 있었다. 윌슨이 오랫동안 고대했던 만남이 드디어 이뤄질 순간이었다.

윌슨은 천천히 움직였다. 그가 걸어 다니는 화약고나 다름없었기 때문이다. 호주머니에는 장전된 피스톨이 들었고, 어깨에는 장전된 라이플을 비스듬히 멨고, 탄약통에는 화약이 한 파운드 들었고, 허리띠에도 화약이 다섯 파운드 들었다. 그것은 여행 중에 마주칠지도 모르는 강도, 퓨마, 곰, 적대하는 원주민에 대한 대책만은 아니었다. 화약은 물감과 마찬가지로 그의 사업 도구였다. 윌슨은 미국에 사는 모든 새를 빠짐없이 그리고 묘사하는 작업에 나선 참이었다. 그 일을 마치면 모든 그림과 설명을 여러 권의 책으로 엮어 판매할 생각이었다. 그는 생긴 지 얼마 안 되는 이 나라의 새를 궁금해하는 사람이 많아서 자신이 그 작업으로 충분히 먹고살 수 있을 것이라고 믿었다. 다만 지금은 사람들에게 자기 책을 미리 구독하여 선금을 지급하고는 그가 반드시 그림 그리기를 마치고 책을 우편으로 발송할 것을 믿어 달라고 설득하는 중이었다. 한마디로 **자기에게** 투자하라는 말이었다. 돈을 많이 모았다고는 말할 수 없었지만 시작은 괜찮았다. 제퍼슨 대통령과 각료 대부분에게 구독권을 파는 데 성공했으니까.

윌슨은 새를 산 채로 붙잡을 수 있다면 살아 있는 상태에서 그리는 편을

좋아했지만, 보통은 생포하기 힘들었다. 그래서 총으로 새를 쏘아 나무나 관목이나 습지에서 땅으로 떨어뜨려야 했다. 총을 쏘면 작은 탄환들이 우박처럼 쏟아져 나와 치명적인 안개처럼 시야를 가리면서 새를 맞혔다. 그는 탄환이 깃털을 너무 심하게 찢어 놓거나 형체를 알아볼 수 없을 지경으로 몸뚱어리를 훼손하지 않기를 바랐다. 또한 새가 땅에 떨어지면서 골격이 뒤틀리는 일이 없기를 바랐다. 그는 시체를 주워서 가죽을 벗기고, 부패를 방지하기 위해서 내장 기관을 제거한 뒤, 속에 대신 솜을 채우고 소금에 쟀다.

그리고 여정이 끝나서 그림 그릴 시간이 있을 때까지 그렇게 보관했다.

이윽고 윌슨은 흰부리딱따구리를 제대로 목격했다. 그는 엽총을 고정하고 신중하게 겨눈 뒤 깔끔하게 명중시켰다. 그리고 그루터기 옆에 떨어진 새를 주워 와서 수집 가방에 넣었다. 몇 시간 뒤에 그는 또 한 마리를 쏘아 떨어뜨렸다. 세 번째 새가 거대한 사이프러스 나무의 높은 가지에서 나무껍질을 벗기는 모습을 보았을 때, 모르면 몰라도 그는 자신의 행운에 싱글벙글하고 있었을 것이다. 큼직한 수컷의 붉은 볏이 햇빛을 받아 불길처럼 타올랐다.

윌슨은 총을 발사하여 또 하나의 노획물을 땅으로 떨어뜨렸다. 가까이 다가가 보니, 새는 한쪽 날개만 살짝 다친 채 여전히 움직이고 있었다. 윌슨은 기뻤다. 그는 코트를 덮어 새를 진정시킨 뒤, 말이 있는 곳으로 천천히 데려왔다. 그러고는 등자에 발을 끼우고 안장 너머로 다리를 얹었는데, 그 순간 새가 '어린아이의 격한 울음소리' 같은 비명을 내지르면서 갑자기 몸부림쳤다. 놀란 말이 늪으로 내빼려고 하자, 윌슨은 한 손으로는 고삐를 당기고 다른 손으로는 새를 간수하려고 애써서 가까스로 최소한 말은 진정시켰다. 그는 나중에 그 일로 "거의 목숨을 잃을 뻔했다."고 적었다.

윌슨이 20킬로미터를 달려 윌밍턴 시내까지 가는 동안, 새는 내내 비명을 질렀다. 기진맥진한 박물학자, 눈알이 퉁방울이 된 말, 울부짖는 딱따구리라는 요상한 삼인조가 윌밍턴 거리를 지나가자 마을 사람들이 깜짝 놀라서 문간이며 창가로 나와 내다보았다. 다들 무슨 일인가 의아해하는 기색이 역력했다.

호텔에 도착한 윌슨은 말을 바깥에 묶어 두고 새를 안으로 데려갔다. 주인과 호기심 가득한 손님들이 에워싸는 동안에도 새는 코트 자락 밑에서 줄곧 울부짖었다. 윌슨은 자신과 '우리 아기'가 묵을 방을 달라고 말하고는 사

Head of the Pilated Woodpecker size of life.

Head of the Ivory billed Woodpecker size of life.

1. Ivory billed Woodpecker reduced.

2. Pileated W. reduced.

3. Red headed W. drawn by the same scale.

윌슨의 『미국의 조류』에서 흰부리딱따구리(윗줄 오른쪽과 아랫줄 가운데)는 도가머리딱따구리 두 마리와 붉은머리딱따구리 한 마리와 한 페이지에 그려져 있다.

람들의 호기심을 채워 주기 위해서 새를 덮었던 코트를 걷었다. 한바탕 웃음이 잦아들자, 그는 흰부리딱따구리를 방으로 데려가서 놔두고 문을 잠그고 나왔다. 그러고는 다시 밖으로 나가 말을 돌보았다.

몇 분 뒤, 윌슨은 방문에 다시 열쇠를 끼우고 문을 열어젖혔다. 그런데 방 안에 먼지가 자욱했다. 침대에 석고 가루가 수북이 쌓여 있었다. 천장 가까운 창틀에 야무지게 앉은 딱따구리가 강력한 부리를 비스듬히 두드리면서 연신 벽을 쪼고 있었다. 벌써 가로세로 40센티미터쯤 되는 구덩이가 파여 있었다. 몇 초만 더 있으면 새가 벽을 뚫고 나가 탈출할 찰나였다.

윌슨이 황급히 새를 잡으려 들자 새는 부리를 딱딱거리고 칼처럼 날카로운 발톱을 휘둘렀다. 윌슨은 가까스로 한쪽 발에 밧줄을 거는 데 성공했다. 그는 새를 끌어 내려 탁자에 묶어 두고 도로 방을 나왔다. 한숨 돌리면서 딱따구리에게 먹일 만한 것을 찾아보기 위해서였다. 그는 새가 허기지겠구나 생각했겠지만, 윌밍턴에서 구할 수 있는 것 중에서 흰부리딱따구리가 먹을 만한 것이 무엇인지는 통 감이 잡히지 않았을 것이다. 윌슨은 다시 돌아가서 방문을 열었다. 이번에는 새가 산더미처럼 쌓인 마호가니 부스러기 위에 앉아 있었다. 호텔 방 탁자의 잔해였다. 새는 깃털을 부풀리고 고개를 휘휘 저으면서 노랗고 사나운 눈동자로 윌슨을 노려보았다.

그만하면 충분했다. 윌슨은 스케치북을 쥐고 그리기 시작했다. 방이라도 남아 있을 때 그려야 했다. 그는 새에게 너무 가까이 다가갈 때마다 피의 대가를 치렀다. 나중에 그는 흰부리딱따구리에 대해서 이렇게 썼다. "[내가 그림을 그릴 때] 새는 내게 여러 군데 상처를 입혔다. 새는 늘 품위가 있었고 불굴의 기상을 보여 주었다. 그래서 나는 새를 고향 숲으로 돌려보내고 싶다는 유혹에 쉴 새 없이 시달렸다. 새는 사흘 가까이 나와 함께 살았지만 일체의 먹이를 거부했다. 나는 후회스런 심정으로 새의 죽음을 지켜보았다."

1장

표본 60803호

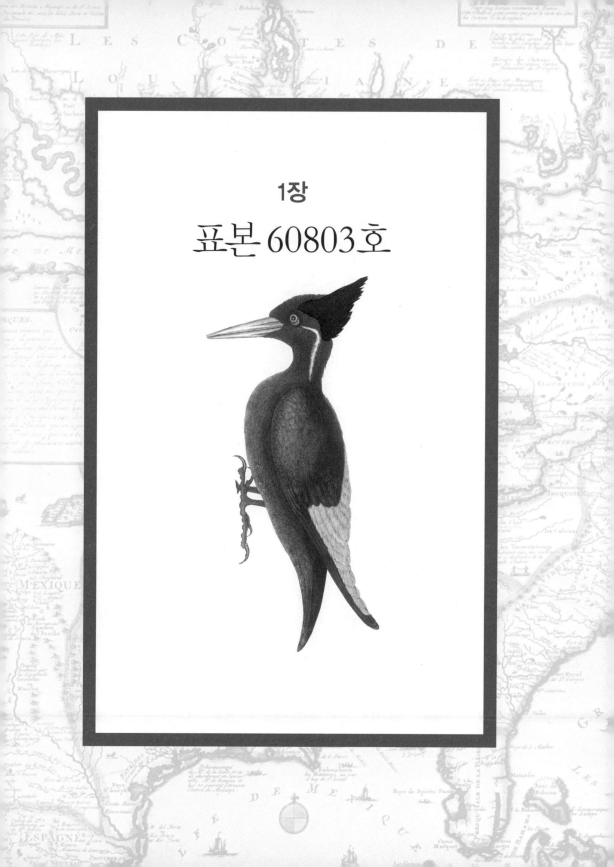

루이지애나 주립대학
자연과학 박물관에 보
관된 흰부리딱따구리
표본.

자연에는 쓸모없는 것이 없다.

—아리스토텔레스

2002년 2월, 루이지애나 주립대학

제임스 반 렘센 박사가 나무 서랍을 열고 흰부리딱따구리를 꺼내어 내게 건넸다. 물론 죽은 녀석이었다. 루이지애나 주립대학 자연과학 박물관의 컴컴한 방에 보관된 흰부리딱따구리 표본 일곱 개 중 하나였다. 새는 가볍고 뻣뻣했다. 한때 살아 숨 쉬었던 생명체라기보다는 물건처럼 느껴졌다. 날개는 우산처럼 옆구리에 착 접혀 있었다. 텅 빈 눈에는 솜이 채워져 있었다. 뒤쪽으로 젖힌 이 수컷의 볏은 원래는 붉은색이었겠지만 지금은 주황색에 가까웠다. 원래 상아색이었을 부리는 얼룩덜룩한 황금색으로 짙어졌다. 한쪽 회색 발목에 끈이 감겨 있었고 그 끝에 흰 명찰이 매달려 있었다. "캄페필루스 프린키팔리스 — **LSUMZ 60803: 수컷.**"

나는 새를 형광등에 가깝게 들어 올려 좀 더 꼼꼼히 살펴보았다. 흰부리딱따구리의 모습은 어쩐지 선사시대를 연상시키면서도 동시에 미래주의적으로 보였다. 커다란 수컷의 색 바랜 붉은 볏은 뻣뻣하게 뒤로 젖혀 있어서, 고대의 날개 달린 파충류였던 익수룡의 단단한 볏처럼 보였다. 반면에 다른 표본을 보면 알 수 있듯이 암컷의 볏은 새카맣고 앞으로 살짝 기울었으며 끝이 약간 뾰족했다. 수컷이든 암컷이든 양쪽 귀 밑에서 선명한 흰 줄무늬가 시작되었다. 흰 줄무늬는 긴 목을 타고 내려간 뒤 어깨 밑에서 방향을 틀어 넓게 펼쳐짐으로써 흰 안장처럼 날개 아래쪽을 덮었다.

작디작은 곤충에서 흰수염고래까지 자연의 모든 생물은 여러 설계 실험의 집합체나 다름없다. 모든 생물은 기나긴 세월 동안 갖가지 설계를 실전에서 시험하면서 거듭 수정한 결과물이다. 따라서 오늘날 우리가 새의 구조를 살펴보면서 거꾸로 옛날을 상상해 보면, 이를테면 "날개가 왜 이렇게 길었을까?" "눈이 왜 머리 앞이 아니라 옆에 붙었을까?" 같은 질문을 던져 보면, 그 새가 어떻게 먹이를 구하고 자신을 방어했는지, 얼마나 멀리 이동했는지, 생태계에서 어떤 역할을 담당했는지를 조금이나마 알아낼 수 있다.

내 관심은 무엇보다도 흰부리딱따구리의 놀라운 부리로 쏠렸다. 물론 그 부리가 정말로 코끼리 엄니와 같은 상아로 만들어진 것은 아니다(흰부리딱따구리의 영어 이름이 '상아 부리'를 뜻하는 '아이보리 빌'이라서 하는 말이다—옮긴이). 부리는 뼈로 이루어졌고, 그 위에 케라틴이라는 특수한 단백질이 덮여 있다. 굵은 밑동은 나무를 두드릴 때 받는 충격을 흡수하기 위해

몸무게를 줄이는 몸 구조

표본 60803호는 몸길이가 60센티미터 가까이 되지만, 살아서 내부 장기를 모두 갖고 있었을 때라도 몸무게는 500그램이 안 나갔을 것이다. 여느 새처럼 흰부리딱따구리도 하늘을 날려면 몸이 가벼워야 했다. 몸무게를 줄이는 구조는 다음과 같은 것이 있었다.

• 뼈는 가늘고, 속에 '버팀대'가 세워져 있어서 공기가 든 빈 공간이 있기 때문에 무겁지 않으면서도 강하다.

• 몸 밖에 알을 낳는 번식 방법 덕분에 어미 새가 몸속에서 새끼를 키우며 무겁게 지니고 다닐 필요가 없다.

• 목뼈가 많아서 부리로 쉽게 물체에 가닿을 수 있기 때문에 무거운 팔다리가 길 필요가 없다.

• 연처럼 생긴 골격은 뼈 개수가 포유류보다 적고 뼈들이 한데 붙어 있어서 비행을 돕는다.

서 두꺼운 머리뼈에 깊숙이 박혀 있다. 콧구멍은 작은 틈처럼 찢어져 있고, 둘레에 털이 나 있어서 톱밥이 들어가는 것을 막아 준다. 흰부리딱따구리에게 이렇게 크고 단단한 쇠지레 같은 상아색 부리가 필요했던 것은 나무껍질을 벗겨 내기 위해서였다. 새가 좋아하는 먹이가 나무껍질 밑에 있었기 때문이다. 과일이 나는 철에는 과일도 먹었지만, 흰부리딱따구리의 주된 먹이는 딱정벌레 유생인 굼벵이였다. 딱정벌레 중에서 몇몇 종류는 죽어 가는 나무나 상처 난 나무의 껍질에 구멍을 뚫고 그 속에 알을 낳는다. 알이 깨면 통통한 벌레 같은 굼벵이가 기어 나온다. 흰부리딱따구리는 금고를 열어서 내용물을 훔치는 도둑처럼 부리로 나무껍질을 벗긴 뒤 통통하고 맛있는 벌레를 먹어 치웠다.

　　루이지애나 주립대학의 표본 60803호가 똑똑히 보여 주듯이, 부리는 그저 지렛대로만 작용하지는 않았다. 부리 끝은 작은 끌처럼 생겨서, 깜짝 놀란 굼벵이가 꿈틀꿈틀 달아나려고 하면 잽싸게 낚아챌 수 있었다. 굼벵이가 더 멀리 도망가더라도 흰부리딱따구리에게는 일을 마무리 지을 도구가

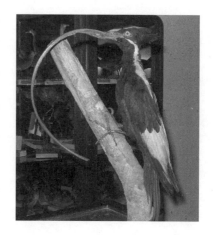

19세기 중엽에 요하네스 군들라흐가 쿠바에서 수집한 유명한 흰부리딱따구리 표본.

다윈의 핀치

영국 과학자 찰스 다윈(1809~1882)은 남아메리카에서 좀 떨어진 갈라파고스 제도를 탐사하다가 헤엄치는 도마뱀이나 날지 못하는 새처럼 희한한 동식물을 잔뜩 만났다. 다윈은 특히 그곳에서 본 열네 종의 핀치에게 관심이 갔다. 그 새들은 종마다 부리 모양이 달랐고, 부리로 먹이를 먹는 방법이 달랐다. 어떤 종은 꿀을 빨아 먹었고, 어떤 종은 열매를 깨 먹었고, 어떤 종은 나뭇잎에 붙은 작은 곤충을 훑어 먹었다.

다윈은 그렇게 다양한 종들이 모두 과거에 폭풍에 휩쓸려서 갈라파고스로 날아왔던 소수의 새들로부터 '진화'했다고 생각했다. 선조 새들은 천적이 없는 천국에 당도한 것이나 마찬가지였다. 새들은 잔뜩 수를 늘렸고, 그러다가 결국 먹이 공급의 한계에 부딪혔다. 새롭게 먹이를 구하는 방법을 알아내지 못하면 죽어야 했다. 다윈은 핀치의 부리가 적어도 열네 가지 방식의 그런 변화, 즉 '적응'을 보여주는 기록이라는 생각을 떠올렸다. 여러 세대가 지나자 새들은 서로 너무 달라져서 같은 종류하고만 번식할 수 있게 되었고, 결국 각각 별도의 종이 되었다.

하나 더 있었다. 혀였다. 혀는 끝이 단단했고 바늘처럼 날카로운 가시들이 나 있었다. 게다가 엄청나게 길어서, 평소에는 머리뼈 깊숙이 말려 있다가 필요할 때 순식간에 튀어나와서 굼벵이를 꿰뚫었다.

딱따구리의 부리는 평생 자라야 한다. 나무를 쪼느라 계속 닳기 때문이다. 비버의 앞니도 마찬가지다. 그런데 쿠바의 어느 박물관에는 놀라운 표본이 하나 보관되어 있다. 이유는 알 수 없지만 그 흰부리딱따구리는 윗부리가 아랫부리를 넘어설 때까지 계속 자란 뒤 몸통에 닿을 만큼 아래로 크게 굽었다. 그 희한한 부리로는 나무를 쫄 수 없었겠지만, 아랫부리를 벌려서 먹이를 받아먹을 수는 있었다. 그 새의 부모는 흰개미를 물어다 먹이면서 새끼를 1년 넘게 길렀다.

나는 표본 60803호의 명찰을 젖히고 발을 살펴보았다. 단검처럼 날카로운 발톱이 있고 비늘로 뒤덮인 발가락 네 개가 주먹을 단단히 쥐고 있었다. 발가락 하나는 아래를 향했고, 두 번째와 세 번째는 위를 향했고, 네 번째는 옆으로 튀어나왔다. 새는 이 발가락을 벌려서 나무껍질에 단단히 몸을 붙일 수 있었으며 줄기를 타고 오르내릴 수 있었다. 그리고 뻣뻣한 꼬리 깃털을 버팀대처럼 줄기에 착 붙여서 나무를 쫄 때 몸이 뒤로 넘어지지 않게끔 했다. 알렉산더 윌슨이 호텔 방에서 발견했듯이, 날카로운 발톱은 무시무시한 무기로 돌변할 수도 있었다. 윌슨은 이렇게 적었다. "이 새들은 사람 손에 잡히면 대단히 격렬하게 반항한다. 부리는 물론이고 발톱으로도 심한 상처를 입힌다. 발톱은 몹시 날카롭고 강하다."

표본 60803호의 명찰이 말해 주듯이, 흰부리딱따구리의 학명은 캄페필루스 프린키팔리스다. '애벌레를 좋아하는 으뜸가는 녀석'이란 뜻이다. 흰부리딱따구리는 무더운 열대 기후에서 주로 서식하는 캄페필루스속 딱따구리 열한 종 중 하나다. 캄페필루스속의 종들은 거의 다들 깃털이 흑백 색깔이라서 나무에 붙어 있으면 눈에 잘 띄지 않으며, 대부분 수컷에게만 붉은 볏이 있다. 캄페필루스속의 딱따구리 열한 종은 모두 "카—블랙!" 하는 날카로운 두 마디 소리를 내뱉음으로써 가족에게 자신의 위치를 알리거나, 어떤 동물이 새끼나 알이 든 둥지를 침범하려고 하니까 경계하라고 알린다.

우리는 표본 60803호의 날개에서도 그 생애에 대한 단서를 얻을 수 있다. 끝으로 갈수록 가늘어지는 길쭉한 날개와 유선형 꼬리 깃털 덕분에 새는 먼 거리를 날 수 있었을 것이

<aside>
캄페필루스 프린키팔리스 2

린네가 동식물을 분류하고 명명한 체계는 일곱 부분으로 이뤄진다. 흰부리딱따구리는 다른 모든 동물처럼 동물계에 속한다(지금까지 명명된 종은 약 107만 종). 흰부리딱따구리는 척추뼈들이 구슬처럼 척수에 꿰어진 척추를 갖고 있으므로, 동물계에서도 척삭동물문에 속한다(약 4만 5,000종). 사람도 척삭동물문이다. 그리고 세상의 모든 새는 조강에 속하며(9,757종), 모든 딱따구리와 몇몇 다른 과는 딱따구리목에 속한다(375종). 딱따구리목에서도 딱따구리는 모두 딱따구릿과에 속하는데(179종), 다른 과들과의 차이점은 발톱이 두 개는 앞으로 나 있고 두 개는 뒤로 나 있다는 점이다. 딱따구릿과는 33개의 속으로 나뉜다. 흰부리딱따구리는 그중 캄페필루스속에 포함된다. 여기 포함된 11종은 대개 따뜻한 지역에서 사는 흑백 깃털의 덩치 큰 딱따구리들이다. 마지막으로 흰부리딱따구리는 프린키팔리스라는 종명으로 구별된다. 그러니 멋을 부리고 싶다면 흰부리딱따구리를 동물계 척삭동물문 조강 딱따구리목 딱따구릿과 캄페필루스속 프린키팔리스종이라고 불러도 되겠지만, 보통은 말을 아껴서 '캄페필루스 프린키팔리스'라고 속명과 종명으로만 부른다.
</aside>

다. 그렇게 멀리 날아다니면서 병들었거나 죽어 가는 나무, 굼벵이가 들끓는 나무를 찾아보았을 것이다. 흰부리딱따구리는 죽어 가는 나무를 해체하고 쓰러뜨리는 과정을 개시함으로써 숲의 재생을 도왔다. 흰부리딱따구리가 살았던 오래된 숲에서는 나무들이 가지를 넓게 벌렸기 때문에 여름이면 나뭇잎이 초록 장막처럼 하늘을 가려서 땅에는 햇볕이 닿지 않았다. 나무들

밑은 캄캄했다. 그러니 나무가 넘어져서 하늘을 가린 장막에 구멍이 뚫려야만 비로소 햇볕이 바닥까지 닿아서 씨앗이 새싹을 틔울 수 있었다. 흰부리딱따구리는 굼벵이를 찾느라고 나무를 쪼면서 비록 죽어 가는 나무이지만 아직 단단하게 붙어 있던 껍질을 벗겨 냈다. 그러면 그보다 더 작은 딱따구리, 개미, 굼벵이 같은 다른 생물들이 뒤이어 나무를 공격할 수 있었다. 나무는 점점 약해지다가 이윽고 쓰러졌다.

흰부리딱따구리는 헤아릴 수 없이 긴 시간 동안 안전하고 안정되게 살아왔다. 새들은 짝을 지어 새끼를 낳았고, 쌍으로 숲을 누볐고, 수명이 30년이나 되었다. 암컷은 희고 반들거리는 알을 한 번에 두세 개만 낳았다. 북아메리카의 딱따구리를 전부 통틀어서 제일 적은 개수였다. 흰부리딱따구리는 덩치가 크고 강해서 거의 모든 포식자로부터 스스로를 방어할 수 있었기 때문에, 알을 그보다 더 많이 낳을 필요가 없었다.

나는 표본 60803호를 가까이 당겨서 명찰에 적힌 문구를 마저 읽었다. "프랭클린 패리시의 로링 지류 1899년 7월 12일 조지 E. 바이어 수집."(패리시'는 루이지애나 주의 행정 단위로서 다른 주의 '카운티'에 해당한다─옮긴이) 조지 E. 바이어가 누굴까? 그는 왜 이 새를 죽여서 박제로 만들었을까? 그것이 어떻게 이 박물관으로 오게 되었을까? 나는 알아내기로 결심했다. 바이어가 누구든, 그가 미래의 표본 60803호를 만났던 1899년에는 흰부리딱따구리의 운명이 이미 빠르게 변해 가고 있었을 것이다. 그것도 나쁜 방향으로.

흥행사

조지 바이어는 매일 아침 제일 먼저 팔八자수염의 양끝을 바늘처럼 뾰족하고 완벽하게 다듬었다. 외모는 중요했다. 바이어 교수는 일류 생물학자인 동시에 흥행사처럼 사람들의 관심을 끄는 재주가 있었다. 한번은 신문기자를 초청해서 자신이 며칠 연속으로 작은 방울뱀에게 새끼손가락을 물리는 광경을 지켜보게 했다.

그것은 예방접종을 시험하기 위한 실험이었다. 예방접종이란 감염성 물질을 미리 조금씩 몸에 주입해 두면 그 물질에 대한 저항력이 생긴다는 이론이다. 충격적인 실험에 대한 기자의 보도는 온 미국과 독일의 신문들에게 전달되었다. 기사를 읽은 독자 수천 명은 바이어 교수가 선구자인지 말짱 바보인지를 두고 논쟁을 벌였다. 바이어는 결국 살아남았고, 이후 만원 관중 앞에서 독뱀이나 아메리카 원주민의 고분이나 황열병 같은 주제에 대해서 강연하곤 했다.

조지 바이어가 박물관 일에 능통하게 된 것은 고향 독일에서 자랄 때였다. 열여덟 살에 드레스덴 동물학 박물관을 위해서 곤충, 파충류, 새를 수집하는 일을 혼자서 맡을 정도였다. 그는 1년 동안 각지에서 힘들게 표본을 수집한 뒤, 일일이 이름표를 붙이고 상자에 조심스럽게 넣어서 독일로 가는 배편에 보냈다. 그런데 그 배가 난파해서 짐이 몽땅 사라졌다는 소식이 들려왔다. 그는 차마 집으로 돌아갈 수 없었다. 대신에 그는 미국으로 가는 증기선 표를 샀다.

바이어는 독일 억양이 심했지만, 일자리를 구하는 데는 전혀 문제가 없었다. 박제술, 즉 표본을 제작하는 기술은 워낙 중요한 기술이었기 때문에, 그의 솜씨를 원하는 곳은 여기저기 많았다. 그는 1893년에 뉴올리언스의 툴레인 대학교에 최고의 자연사 박물관을 짓는 일을 맡았다. 그리고 그때부터 박물관의 평판을 높이고 입장객을 끌어들일 만한 희귀한 표본, 혹은 진기한 표본을 늘 찾아다녔다.

1899년에 바이어는 흰부리딱따구리가 아직 루이지애나에 살고 있다는 소문을 들었다. 처음에는 믿지 않았지만, 의심은 곧 사라졌다. 그는 이렇게 썼다. "한 신사가 내게 바싹 마른 흰부리딱따구리 암컷의 머리통을 건넸다…… 그러면서 그 암컷 외에도 여러 마리를 쏘아 잡았던 장소로 안내해 주겠다고 했다."

흰부리딱따구리 가죽을 가져올 수 있다니! 그러면 박물관은 관람객으로 가득 찰 것이고, 그 표본은 바이어의 과학자 인생에서 최고의 업적으로 여겨질 것이었다. 바이어는 툴레인 대학이 여름방학에 들어갈 때까지 기다렸다가 말과 안내인을 고용하여 길을 떠났다. 모기가 기승을 부리는 7월이었다. 그들은 풀을 베어 가며 모기를 때려잡아 가며, 중순에는 루이지애나 북동부의 야생 습지 한복판에 도달했다. 그 동네 사람들이 빅레이크라고 부르는 곳이었다. 사이프러스 나무로 둘러싸인 호숫가의 빽빽한 덤불을 헤치고 들어선 순간, 바이어는 노다지를 발견했다는 사실을 깨달았다. "약간 구슬프면서도 시끄러운 새소리가 제법 자주 들려왔다. 그 일대를 잘 아는 사람들이 '큰나무 신'이라고 부르는 새였다."

바이어는 일주일 동안 흰부리딱따구리를 일곱 마리 발견하여 죽였다. 여행에서 제일 중요한 순간은 죽은 느릅나무 꼭대기 가까이에 뚫린 큼직한 사각형 구멍을 발견했을 때였다. 구멍은 무성하게 자란 덩굴옻나무에 가려 있었는데, 큼직할뿐더러 뚫린 지 얼마 되지 않았다. 흰부리딱따구리 둥지였다! 바이어는 이렇게 썼다. "새끼는 한 마리뿐이었고, 구멍의 입구 근처에 있었다. 새끼는 깃털이 거의 다 났고 날 수도 있었지만 아직 부모가 주는 먹이를 먹었다."

바이어는 흰부리딱따구리 가족을 모두 쏴 죽이고, 나무 꼭대기를 베어서 통째 가져온 뒤, 툴레인 박물관에 그 둥지를 전시했다. 흰부리딱따구리

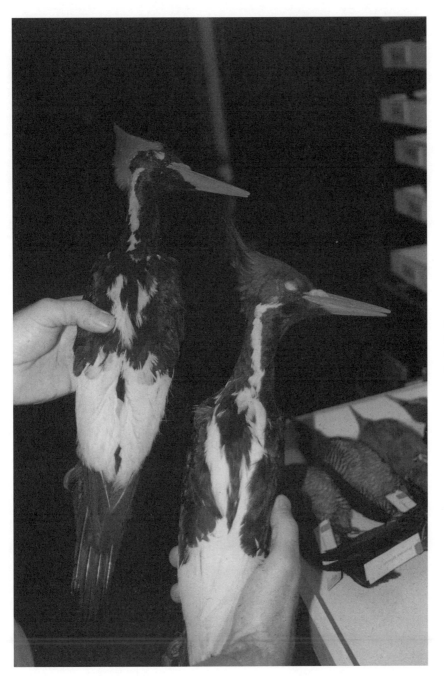

흰부리딱따구리의 강력
한 부리는 아무리 견고
한 나무에서도 껍질을
벗겨 낼 수 있었다.

가족은 자석처럼 관람객을 끌어들였다. 바이어는 툴레인 대학의 학장 W. D. 로저스에게 쓴 편지에서 자랑스러운 듯이 이렇게 말했다(하지만 사실은 틀린 말이었다). "미국 국립 박물관(현재의 스미스소니언 박물관을 말한다—옮긴이) 외에는 다른 어느 기관에도 이 종의 표본이 하나 이상 없을 겁니다. 지금 〔툴레인〕 박물관에 있는 표본들은 250달러는 거뜬히 나갈 겁니다."

그 후 1930년대에 조지 바이어가 죽고 몇 년이 지났을 때, 그가 빅레이크 여행에서 가져왔던 표본들은 툴레인 대학에서 루이지애나 주립대학 박물관으로 옮겨졌다. 그로부터 70년 넘게 흐른 뒤, 마침내 내가 그 흰부리딱따구리 가족 중에서도 이제 루이지애나 주립대학 표본 60803호가 된 수컷을 손에 쥐었던 것이다. 렘센 박사는 내가 표본을 마저 살펴보기를 기다리고 있었다. 잠시나마 나는 뻣뻣하고 색 바랜 이 물체가 한때 호령했던 숲으로, 지금은 사라진 드넓은 숲으로 공간 이동을 한 것 같은 기분이었다. 이 새는 붉은늑대의 으르렁거림과 퓨마의 울부짖음을 들었다. 커튼처럼 드리운 덩굴옻나무의 윤기 나는 초록 잎사귀를 빗방울이 시끄럽게 두드리면, 새는 지상에서 한참 높은 아늑한 구멍 속에서 알을 품었다.

표본 60803호를 제자리에 돌려놓을 때가 되었다. 흰부리딱따구리가 수천 년 동안 성공적으로 살아왔던 모습을 상상하니, 내 머릿속에 이런저런 의문이 떠올랐다. 알렉산더 윌슨이 흰부리딱따구리를 그리기 위해서 총을 쏘아 잡았던 1809년부터 조지 바이어가 그 새를 박물관에 진열하기 위해서 총을 쏘아 잡았던 1899년까지 90년 동안, 흰부리딱따구리의 세상은 완전히 무너졌다. 대체 무슨 일이 있었을까? 나는 알아내기로 결심했다. 그러려면 우선, 1800년대 초로 거슬러 올라가서 또 한 사람의 위대한 조류 전문 화가를 만나야 했다.

2장
흰부리딱따구리
서식지로 간 오듀본

오듀본이 검독수리를 그린 수채화 원본에는 통나무를 타고서
협곡을 가로지르는 사냥꾼이 작게 그려진 부분이 있다. 많은
사람이 이 모습을 오듀본의 작은 자화상으로 여긴다. 그가 『미
국의 새』를 완성하려고 새를 찾아다니며 고생했던 때의 자기
모습을 그렸다는 것이다.

그는 물질적 관심사를 무시한 채 사냥하고,

새를 그리고 박제하고, 깽깽이를 켜면서 허송세월을 한다.

우리는 그가 지상의 어떤 실용적인 일에도 맞지 않을까 봐 걱정이다.

—존 제임스 오듀본의 처남

1820~1835년, 남부 여러 강과 주

1820년 10월 12일, 서른다섯 살의 존 제임스 오듀본은 어깨까지 오는 찰
랑찰랑한 머리카락을 얼굴에서 제치며 아내 루시와 두 어린 아들에게 작별
의 입맞춤을 한 뒤, 신시내티에서 뉴올리언스로 가는 너벅선에 올랐다. 그
가 지닌 물건이라고는 총, 그림 도구, 철사 한 묶음, 책 몇 권, 황동 망원경,
어깨에 걸친 사슴 가죽 옷뿐이었다. 유일한 동반자는 열세 살 소년 조지프
메이슨이었다. 메이슨은 풀과 나무를 그리는 데 천재적인 재주를 타고났는
데, 오듀본이 위대한 사업을 완성하기 위해서 그림의 배경을 그릴 때 요긴
하게 쓰일 능력이었다.

오듀본은 뱃삯을 낼 돈조차 없었다. 그래서 승무원과 손님이 먹을 동물
을 잡아다 주는 사냥꾼으로 일하기로 약속하고 배에 탔다. 아무튼 배가 오
하이오 강을 따라 내려가기 시작했을 때, 오듀본은 마음만큼은 부자였을 것

1800년 이전
넓은 흰 영역은 흰부리
딱따구리가 원래 분포
했던 지역이다. 새는 이
지역 내에서는 두루 살
았겠지만, 그 바깥에서
는 살지 않았을 것이다.
물론 그 지역 내에서도
서식지로 적합한 장소
에서만 살았을 것이다.

OK:오클라호마 MO:미주리
AR:아칸소 IL:일리노이 IN:인
디애나 KY:켄터키 TN:테네
시 NC:노스캐롤라이나 TX:텍
사스 LA:루이지애나 MS:미시
시피 AL:앨라배마 GA:조지아
FL:플로리다 SC:사우스캐롤라
이나

존 제임스 오듀본.
F. 크룩섕크스의
그림을 바탕으로
존 사튼이 제작한
동판화.

이다. 드디어 꿈을 쫓아 나선 길이었으니까. 그는 재능이 변변찮은 학생들에게 춤과 그림을 가르치는 데 물렸다. 가게 점원으로 일하는 데도 질렸다. 그는 이제 제일 하고 싶은 일을 하기로 결심했다. 바로 새를 그리는 일이었다. 몇 종류만 그리는 것도 아니고, 미국의 모든 새를 그리는 일이었다.

어릴 때 프랑스 시골 지역에서 자유롭게 자랐던 오듀본은 새 둥지와 알, 동물 가죽으로 자기 방을 가득 채웠고, 그런 대상을 그림으로 그리는 연습을 했다. 1803년에 그의 아버지가 아들을 미국으로 보냈다. 얼마 전에 미국에서 사들인 부동산을 관리하도록 하고, 겸사겸사 아들이 나폴레옹 군대에 징집되는 일도 막기 위해서였다. 열여덟 살에 펜실베이니아에 도착한 오듀본은 생긴 지 얼마 안 되는 미국이라는 나라보다 열 살쯤 어린 셈이었다.

프랑스는 안정된 나라였던 데 비해, 미국은 새롭고 넓고 거의 탐사되지 않은 세상이었다. 오듀본은 1808년에 루시 베이크웰과 결혼한 뒤, 또 다른 동업자와 함께 셋이서 켄터키 주 루이빌의 오하이오 강가 마을에 가게를 열었다. 변경에 정착한 사람들과 그 가족들에게 이런저런 물건을 파는 가게였다. 그러나 계산대 뒤의 삶은 오듀본에게 맞지 않았다. 그는 숲을 쏘다니는 것을 좋아했고, 원주민들이 야영했던 곳을 찾아 맨땅에서 자는 것을 좋아했다. 그는 하늘하늘한 흰 셔츠와 검은 새틴 반바지를 벗어 던지고 사슴 가죽으로 된 셔츠와 레깅스를 입었다. 가죽 허리띠에는 칼집에 든 단검과 토마호크(북아메리카 원주민이 쓰는, 던지거나 때릴 수 있는 무기를 통틀어 이르는 말─옮긴이)를 꽂았다. 가끔 긴 머리카락에 곰 기름을 발라 반지르르하게 만들기도 했다. 바이올린을 연주하고 춤을 췄다. 그를 만난 사람들은 거의 모두 그에게 반했다. 그런 낙천적인 성격에도 불구하고, 그는 스스로 즐거우면서 생계비도 벌 수 있는 방법을 도무지 찾을 수 없었다.

오듀본의 삶은 1810년 3월에 바뀌었다. 그날, 저명한 조류 화가 알렉산더 윌슨이 오

"내가 제대로 설명할 수만 있다면"

흰부리딱따구리 서식지에 대한 오듀본의 험악한 묘사를 읽은 독자라면 당장 그곳을 방문할 계획을 세우진 않았을 것이다. 오듀본은 이렇게 썼다.

친애하는 독자여, 내게 흰부리딱따구리가 즐겨 찾는 장소를 당신의 눈앞에 생생하게 그려 보이는 재주가 있다면 얼마나 좋겠는가. 이끼에 덮인 튼튼한 나뭇가지를 활짝 펼친 채, 그곳에 침범하려는 사람에게 앞으로 마주칠 고충이 얼마나 많은지 잠깐 생각해 보라고 타이르는 듯한 깊은 늪지를 내가 제대로 설명할 수만 있다면……
[모험가] 알고 보면 거무죽죽한 진흙탕에 지나지 않는 호수로 통하는 입구로 다가가면, 셀 수 없이 많은 개구리가 음산하게 개골거리는 소리, 뱀들이 쉿쉿거리는 소리, 앨리게이터들이 으르렁거리는 소리가 사방에서 귓전으로 달려든다! 삼복더위의 열기 속에 어두컴컴하고 끔찍한 늪지로 들어선 사람을 숨 막히게 만드는 그 후텁지근하고 고약한 공기를 내가 제대로 설명할 수만 있다면!

듀본의 가게에 나타났다. 윌슨은 자신이 그린 새 그림 작품집을 꺼내어 오듀본에게 자랑스럽게 펼쳐 보였다. 그러자 놀랍게시리 오듀본도 자신이 그린 새 그림들을 끄집어냈다. 두 사람은 양쪽을 비교하자마자 오듀본의 그림이 더 낫다는 걸 깨달았다. 윌슨은 주로 속을 솜으로 채운 표본을 보면서 그렸기 때문에, 그가 그린 새는 뻣뻣해 보였다. 반면에 오듀본은 그때부터 전혀 다른 스타일을 개발하고 있었다. 첫 번째 스케치에서부터 **"자연 상태로 그림, J. J. 오듀본"**이라고 서명했으니까 말이다. 윌슨과의 만남은 오듀본의 마

조지프 메이슨

야생을 누비는 여행에 나서기 전, 오듀본은 자신이 직접 신시내티에 세운 학교에서 소년들에게 프랑스어와 그림을 가르쳤다. 그가 낸 학생 모집 광고를 보고 찾아온 사람 중에는 그림 그리기를 좋아하는 아들을 혼자 키우는 아버지가 있었다. 소년 조지프 메이슨은 오듀본의 수업에 등록했고, 금세 식물을 잘 그리는 재주를 드러내어 오듀본을 놀라게 했다. 그것은 정확히 오듀본에게 필요한 재능이었다. 오듀본은 조지프의 아버지와 거래하여, 조지프가 1년 동안 오듀본과 함께 여행한다면 오듀본은 그 대가로 그림을 가르쳐 주기로 했다.

오래지 않아 오듀본은 아내에게 쓴 편지에서 조지프가 "이제 미국의 어느 누구보다도 꽃을 잘 그리는 것 같은데, 알다시피 나는 어린 화가들을 많이 칭찬하는 편이 아니라서 그 아이에게는 이런 말을 한마디도 하지 않았지만 분명히 그렇다고 생각해."라고 말했다. 조지프 메이슨은 오듀본의 유명한 『미국의 새』시리즈에 실린 그림 중 쉰 점의 배경을 그렸다.

음에 미래의 씨앗을 심는 계기가 되었다. 오듀본은 자신도 윌슨처럼 새로운 나라의 새로운 새들을 그리겠다고 마음먹었다. 다만 새들을 자연스러운 포즈로 묘사하고, 화려한 깃털 색을 온전히 반영하고, 새들이 실제로 하는 일, 이를테면 둥지를 짓거나 먹이를 물어뜯는 일을 하는 모습을 보여 주겠다고 결심했다. 새를 자연스러운 환경에서 그림으로써 새의 행태는 물론이거니와 미국의 자연환경까지 보여 줄 것이었다.

그로부터 10년이 지난 1820년 가을이었다. 그동안 사업이 망하고 파산을 선고하고 심지어 몇 주 동안 감옥에 갇히기까지 하는 끔찍한 시절을 보낸 뒤, 오듀본은 더는 기다릴 수 없다고 생각했다. 그는 윌슨처럼 미국의 모든 새를 그려서 여러 권의 책으로 출간할 계획이었다. 루시도 남편의 계획을 지지하여, 남편이 떠나 있는 동안 혼자서 아들들을 키우기로 했다. 오듀본은 이후 16개월 동안 어린 제자 메이슨과 함께 오하이오 강과 미시시피 강을 여행하며 야생에서 새를 찾아 헤맸다. 두 사람은 종종 배에서 뛰어내려, 느릿느릿 흐르는 오하이오 강 주변의 늪지나 숲이나 습지에서 새를 사냥하여 오듀본이 나중에 그릴 표본을 수집했다. 들소 가죽으로 몸을 감고 야외에서 자거나 오랫동안 쫄쫄 굶는 일도 잦았다.

오하이오 강을 떠내려가는 동안, 두 사람은 가까운 나무에서 흰부리딱따구리가 우짖는 소리를 몇 번 들었다. 그런데 오하이오 강이 미시시피 강과 만나 힘찬 물살을 형성하면서 시속 6킬로미터가 넘는 속도로 배를 남쪽 멕시코 만으로 떼미는 일리노이 주 카이로에 다다르자, 오듀본이 "페잇 페잇 페잇"이라고 표현했던 흰부리딱따구리의 울음소리가 이제 강가 양쪽의 먼 숲에서 거의 끊임없이 들려왔다.

1820년 12월 20일, 두 사람은 아칸소 강과 미시시피 강이 만나는 지점의 늪지대 숲에서 흰부리딱따구리를 쏘아 떨어뜨렸다. 새는 날개가 부러졌지만 어떻게든 살려고 애썼다. 새는 나무 둥치에서 죽은 척하고 누웠다가, 사람 발소리가 가까이 다가오자 그 순간 "펄쩍 뛰어 다람쥐처럼 재빨리 나무 꼭대기로 기어올랐다…… 조지프[메이슨]가 다가가면서 그 모습을 보고 새를 쏴서 떨어뜨렸다." 그 새는 두 사람이 그해 겨울에 죽일 흰부리딱따구리 여러 마리 중 첫 번째였다. 오듀본은 새가 죽어 가는 와중에도 당당한 기상을 잃지 않는 것에 감탄했다. "새들은 발톱으로 나무껍질을 어찌나 단단히 움켜쥐고 있던지 죽은 지 몇 시간이 지난 뒤에도 그 자리에 매달려 있곤 했다."

나중에 오듀본은 가방에서 흰부리딱따구리 표본 세 개를 꺼냈다. 어른 수컷 한 마리, 어른 암컷 한 마리, 어린 수컷 한 마리였다. 오듀본은 깃털을 빗어 다듬고, 날개와 다리에 가는 철사를 맸다. 마치 꼭두각시를 부리는 사람처럼 깃털과 발가락을 잡아당겨, 새의 성격을 잘 드러내는 극적인 포즈를 취하게끔 만들었다. 새는 알렉산더 윌슨이 그렸던 뻣뻣한 포즈보다 한층 더 생기 있고 흥미로워 보였다. 오듀본은 그렇게 새를 조작함으로써 새가 나는 모습, 새끼를 먹이는 모습, 깃털을 부풀리는 모습 등 가장 자연스러운 모습들을 보여 주었다. 비례를 제대로 표현하기 위해서, 오듀본은 철사로 얽은 작은 격자망을 새 뒤에 세우고 그 격자 크기와 비례하는 모눈이 그려진 종이에 첫 번째 스케치를 했다. 그는 흰부리딱따구리의 스케치와 그림을 세 점 그렸다. 그중 제일 유명한 것은 딱따구리 세 마리가 죽은 사이프러스 나무의 껍질을 맹렬하게 벗겨 내며 먹이를 찾는 모습을 그린 그림이다. 오듀본은 표본을 스케치하고 색칠하고 상세한 설명을 쓰면서 아마도 그 멋진 새의 안위를 걱정했던 것 같다. 흰부리딱따구리는 사라질 운명일까? 오듀본은 정착민들이 변경의 앨러개니 산맥과 오하이오 계곡에서 숲을 베어 내는 광경을 목격했으므로, 남부의 숲도 그다지 오래 버티지 못하리란 사실을 알았을 것이다. 게다가 그보다 더 시급한 걱정거리는 흰부리딱따구리의 생김새와 행동이 사냥꾼에게 매력적으로 느껴지는 데다가 그 때문에 쉽게 발견된다는 점이었다. 오듀본은 이렇게 썼다.

> [흰부리딱따구리 소리는] 워낙 자주 들려서…… 새가 하루 중에 울지 않는 시간은 몇 분밖에 안 되는 것 같다. 이런 상황이 이 종의 죽음을 재촉한다…… 이 종이 나무를 파괴하기 때문에 그런 것이 아니다. 이 새가 아름답기 때문이다. 대부분의 인디언 부족들은 이 새의 윗부리에 이어진 매력적인 머릿가죽으로 전투복을 치장하고, 공유지 정착자들이나 사냥꾼들은 총알 주머니를 장식한다. 사람들은 순전히 그 용도로 새를 쏘아 죽인다.

부리의 흰 색깔 때문인지, 백인도 원주민도 흰부리딱따구리의 부리에 마술적인 힘이 있다고 믿었다. 어떤 원주민 부족은 그 부리를 지니고 있으면 새의 강인함도 얻을 수 있다고 생각했다. 1712년에서 1725년까지 미국 남부를 탐험했던 영국인 박물학자 마크 케이츠비는 전사들이 흰 부리의 '끄트머리가 바깥으로 향하도록' 꿰어서 만든 머리 장식을 목격했다. 흰부리딱따구리 머리는 귀중한 거래 물품이었다. 케이츠비는 이렇게 기록했다. "북부 인디언들은 자기네 땅에 이 새가 없기 때문에 부리 하나당 사슴 가죽 두 장, 때로는 세 장을 주고 남부 사람들에게 사들였다." 어떤 전사들은 흰부리딱따구리 머리를 빻은 가루를 호신부에 담아 다녔다. 그러면 적에게 구멍을 뚫는 새의 능력을 물려받을 수 있다고 믿었던 것이다. 흰부리딱따구리가 서식하는 숲에서 최소한 수백 킬로미터 떨어진 머나먼 콜로라도에서도 원주민들이 전사를 묻을 때 그 부리를 함께 묻곤 했다.

오듀본은 "인디언 추장의 허리띠 전체가 이 새의 깃털과 부리로 빽빽하게 장식된 것"도 보았다. 원주민만 그런 것도 아니었다. 모두들 그 머리와 부리를 원했다. 오듀본의 기록에 따르면, 변경의 사내들은 흰부리딱따구리 머리 두세 개를 대롱대롱 든 채 증기선이 상륙하는 지점에서 죽치고 있다가 배에서 내리는 승객들에게 하나당 25센트에 사라고 권했다. 머리와 윗부리에 금 사슬을 매달아서 시곗줄로 만든 사람도 있었다. 유럽 여러 도시에도 말린 흰부리딱따구리 가죽을 파는 상인들이 있었다.

오듀본은 분명 흰부리딱따구리의 운명을 걱정했던 것 같다. 그러나 19세기 초에는 흰부리딱따구리가 몇 마리나 남았는지, 그 종이 사라질 위기에 처했는지 아닌지를 알 방법이 없었다. 오듀본이 살았던 시절에는 땅덩어리가 워낙 넓은데 비해 이동 속도가 워낙 느렸기 때문에 종 전체가 어떻게 살아가고 있는지 추적하기가 힘들었다. 미국의 조류 중에는 아직 이름이 붙여지지 않은 종이 많았고 발견조차 되지 않은 종도 있었다. 조류 발견자가 탐사해야 할 영역이 여전히 방대하게 남아 있었다. 몇 년 전인 1803년에 토머스 제퍼슨 대통령이 현금에 굶주렸던 프랑스로부터 루이지애나를 사들임으로써 영토가 두 배로 넓어졌기 때문에 더욱더 그랬다.

게다가 하나 이상의 나라에서, 그것도 바다로 나뉜 두 나라에서 살아가는 종의 상태를 알기란 더욱더 어려웠다. 당시에는 쿠바에도 흰부리딱따구리가 살고 있었지만, 미국에서 그 사실을 아는 사람은 거의 없었다. 쿠바의 흰부리딱따구리가 쿠바 과학 문헌에 언급된 것도 오듀본이 그림을 그린 때로부터 수십 년이 지나서였다.

오듀본의 유명한 흰부리딱따구리 그림에서는 세 마리로 이뤄진 작은 가족이 바삐 움직이고 있다. 딱따구리들은 힘이 넘치는 모습으로 나뭇조각을 공중에 내던진다. 곤충들이 나무껍질 밑에서 목숨을 부지하려고 꿈틀거리는 게 느껴질 것만 같다. 그림에는 흰부리딱따구리의 당당한 기상이 제대로 포착되었고, 오듀본이 그 새에게 품었던 존경심도 드러나 있다. 비록 오듀본이 흰부리딱따구리 개체수를 전부 헤아릴 순 없었지만, 그가 표본의 색깔과 형태를 종이에 세심하게 옮겨 그릴 때 이 근사한 생물이 지상에서 얼마나 더 살아남을지 걱정했을 가능성은 충분하다.

흰부리딱따구리는 워낙 야성적이고 인상적인 아름다움을 지녔기 때문에, 오듀본이 방문한 곳마다 사람들은 그 새에게 독특한 이름을 붙이고 싶어 하는 것 같았다. 오듀본 자신은 그 새를 '반다이크'Van Dyke라고 불렀다. 선명한 색깔과 대담한 줄무늬가 플랑드르의 초상화 화가 안톤 반다이크의 스타일을 연상시켰기 때문이다. 플로리다 북부에서는 그 새를 '흰 등'White-back이라고 불렀고, 플로리다 서부에서는 '페이트'Pate라고 불렀고, 루이지애나 남부 프랑스령에서는 '풀 드 부아'Poule de bois('숲닭'이라는 뜻—옮긴이)라고 불렀고, 루이지애나 북부에서는 '켄트'Kent라고 불렀다. 세미올 원주민은 '팃카'Tit-ka라고 불렀다. 그러나 가장 의미심장한 별명은 따로 있었다. 깊은 숲

오듀본의 『미국의 새』에
실린 흰부리딱따구리
그림.

속에서 돌연 화살처럼 생긴 형상이 나타나서 1미터나 되는 날개를 깃발처럼 활짝 펼치고 숲 천장 나뭇잎을 뒤흔들며 날아왔을 때, 그러고는 이윽고 휘익 위로 솟구쳐서 두꺼운 사이프러스 나무에 강력한 발톱을 박아 넣었을 때, 그 모습을 본 사람들이 감탄하면서 내뱉은 말에서 온 이름이었다. 그 순간, 말문이 막힌 목격자가 할 수 있는 말이라고는 이것뿐이었다. "하느님 맙소사, 저 새 좀 봐!"Lord God, what a bird!(그래서 '하느님 맙소사 새'Lord God bird라는 별명으로도 불렸다는 이야기다—옮긴이)

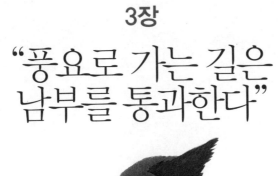

3장

"풍요로 가는 길은
남부를 통과한다"

1870년대 말에 목재 열
풍이 불기 전까지만 해
도 남부에는 사진의 왕
솔나무처럼 잘리지 않
은 나무들이 선 숲이 수
백만 에이커나 펼쳐져
있었다.

남부는 미래의 노다지입니다……
〔그곳에는〕엄청난 양의 석탄과 철이 묻힌 방대한 삼림이
아무도 손대지 않은 상태로 남아 있습니다……
젊은이여, 남부로 가십시오.
—사업가 촌시 드퓨, 1894년 예일 대학 강연에서

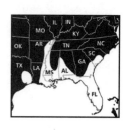

1865~1900년, 미국 남동부

남북전쟁으로 미국 남부는 잿더미와 가난만 남은 묘지가 되었다. 검게 그은 도시에서 피어오른 연기가 구름처럼 하늘을 덮었고, 누더기를 걸친 사람들은 먹을 것을 찾아 시골로 나섰으며, 그들이 허위허위 걸어가는 먼지 덮인 도로변에는 북군이 남부연합을 굶주리게 만들려고 쏘아 죽인 농장 동물들의 시체가 퉁퉁 부은 채 방치되어 있었다. 전쟁으로 다친 사람이 얼마나 많았던지, 1866년에 미시시피 주에서는 총 수입의 5분의 1이 의수와 의족을 만드는 데 쓰였다. 남부 사람들은 물자를 구하기가 거의 불가능했다. 북군이 철로를 '셔먼의 머리 핀' 형태로 뒤틀어서 군수품을 나르지 못하도록 막았기 때문이다(철로에 열을 가해 휘어서 못 쓰게 만드는 방법을 북군 장군 윌리엄 셔먼의 이름을 따서 '셔먼의 머리 핀' 혹은 '셔먼의 넥타이'라고 불렀다──옮긴이). 부서진 다리들은 강바닥에서 썩어 갔다.

1885년
흰부리딱따구리가 분포하는 범위가 줄었다. 한때 노스캐롤라이나, 사우스캐롤라이나, 텍사스에서 흰부리딱따구리가 살았던 지역이 이제 지도에서 빠졌다.

OK:오클라호마 **MO**:미주리 **AR**:아칸소 **IL**:일리노이 **IN**:인디애나 **KY**:켄터키 **TN**:테네시 **NC**:노스캐롤라이나 **TX**:텍사스 **LA**:루이지애나 **MS**:미시시피 **AL**:앨라배마 **GA**:조지아 **FL**:플로리다 **SC**:사우스캐롤라이나

그러나 남부의 대부분을 덮은 삼림의 나무들은 극기하는 보초병처럼 여전히 제자리에 서서 다양한 식물, 뱀, 곤충, 포유류, 물고기, 새에게 보금자리를 제공했다. 물론 흰부리딱따구리에게도. 전쟁 이전에도 남부에는 숲을 벌목할 돈이나 기계를 가진 사람이 거의 없었고, 목재를 시장으로 끌고 갈 간선 도로나 철로도 없었다. 농장 사람들은 북군 병사들이 다가오자 목숨을 부지하기 위해서 황급히 벽에 "G.T.T.", 즉 "텍사스로 감"이라고 새기고는 얼른 달아났다. 사람들이 떠난 목화밭에서도 나무가 자라기 시작했다.

전쟁이 끝난 뒤 남부를 장악한 재건 시대 정부는 남부에 북군을 주둔시켜 점령을 강화했다. 정부는 옛 노예들에게 자유를 보장하려는 취지에서 그런다고 말했지만, 남부 백인들은 자신들이 전쟁을 일으키고 싸운 데 대한 보복으로서 북군이 와 있는 것이라고 느꼈다. 의회는 남부의 토지 소유자가 땅을 팔아 이익을 내지 못하도록 하는 법을 통과시켰다. 그래서 미시시피, 루이지애나, 조지아, 플로리다 주는 전체 토지의 3분의 1쯤 되는 공유지와 주인 없는 땅을 한 뙈기도 팔 수 없었다. 나무들은 수천 년 동안 그랬던 것처럼 계속 자라고 죽고 재생했다. 만일 오듀본과 윌슨이 이때 남부를 방문했다면, 폐허에 가깝게 변한 찰스턴이나 애틀랜타는 알아보지도 못했겠지만 원시림만큼은 예전처럼 친숙하게 느꼈을 것이다.

옛날에는 북동부도 남부처럼 수목으로 덮여 있었다. 그러나 유럽인이 도착한 뒤 펼쳐진 개척 시대의 정착자들은 흰개미 떼처럼 대륙을 가로질러 서쪽으로 밀려가면서 가는

적이 된 다람쥐

개척 시절에는 오하이오 주에 나무가 하도 울창해서, 다람쥐가 오하이오 강에서 이리 호까지 땅 한번 밟지 않고 건너갈 수 있다는 말까지 있었다. 그러나 정착자들은 곰이나 늑대처럼 사나운 맹수 뿐 아니라 작물을 먹어 치우는 동물이라면 뭐든지 몰아내기로 결심했다.

1807년, 오하이오 주는 납세자들이 세금을 낼 때 다람쥐 머릿가죽 열에서 백 개를 함께 내도록 하는 법을 통과시켰다. 그래도 다람쥐가 줄지 않자, 정착자들은 1822년에 대대적인 다람쥐 사냥을 조직하여 1만 9,666마리를 죽였다.

곳마다 나무를 베어 쓰러뜨렸다. 정착자들은 야생을 싫어했고, 야생에서 사는 생물들을 무서워했다. 유명한 청교도 목사 코튼 매더는 "쓸모없는 것은 악하다."라고 말했다. 인간이 어떻게든 사용할 수 없는 대상은 사악하다는 뜻이었다. 최초의 백인 정착자들에게 나무를 베어 내고 깔끔하게 울타리 친 토지는 문명의 상징이었지만 그대로 서 있는 숲은 앞으로 처리해야 할 일감에 지나지 않았다. 그리고 모든 사람이 토지를 가급적 많이 갖고 싶어 했다. 건물을 지을 때 쓰지 못하는 나무는 태워서 집과 공장을 덥히거나 증기선과 기관차 엔진을 돌렸다.

이런 열풍에 휩싸여, 북부 삼림에서 살던 많은 생물이 사라져 갔다. 많은 곳에서 사슴, 야생 칠면조, 비버를 보기가 힘들어졌다. 나그네비둘기는 수백만 마리가 줄었고, 늑대는 서식지를 다 빼앗겼다. 1800년 무렵에는 애팔래치아 산맥 동쪽의 자연림이 거의 다 잘려 나갔다. 정착자들은 컴벌랜드 고갯길을 넘어서 서쪽으로 밀려가거나 오하이오 강을 따라서 남쪽으로 내려갔다. 유명한 사냥꾼이자 원주민과 싸운 개척자였던 대니얼 분은 등 뒤에서 덮쳐 오는 문명의 입김을 피하기 위해서 1780년대에 켄터키의 집을 떠났다. 분은 숲을 베어 내는 톱날과 횃불보다 한 발짝이라도 앞서려고 노력하면서 연거푸 터전을 옮겼으나, 늘 그것들에게 따라잡혔다. 당시 학교에 다니는 아이들은 이런 노래를 불렀다.

숲에서 피어오르는 연기를 보고,
대니얼 분은 마음이 편치 않았지.
곧 이 땅에는 사냥감이 한 마리도 안 남을 거야.
대니얼 분은 외쳤지. "여지를 달라고!"

분이 1810년에 켄터키를 다시 방문하여 목격한 장면은 그저 마음이 편치 않은 정도가 아니었다. 못 견디게 우울해질 정도였다. 세상에 여지가 전혀 남지 않은 장소가 있다면, 그게 바로 켄터키였다. 분은 절망에 겨워 친구였던 존 제임스 오듀본에게 이렇게 말했다. "선생, 이 땅이 불과 30년 만에 얼마나 달라졌는지 아시오! 〔내가 떠났던 때는〕 어느 방향으로 가든 1마일도 못 가서 수사슴이나 곰을 잡을 수 있었소. 〔그러나 돌아와서는〕 사슴의 흔적을 손에 꼽을 정도로만 보았고, 사슴 자체는 한 마리도 못 보았소."

목재 열풍

1871년 10월 8일, 케이트 올리리 부인이 키우는 소 다섯 마리 중 한 녀석이 등불을 걷어차서 헛간에 불을 냈다. 불길은 금세 걷잡을 수 없이 번졌고, 시카고의 대부분이 타 버렸다. 시카고 사람들이 집을 다시 지으려고 오대호 주변 소나무를 모조리 베어다 썼기 때문에, 1880년에 「시카고 트리뷴」은 미시간, 위스콘신, 미네소타를 통틀어 남은 목재가 10년 치밖에 안 된다고 보도하면서 미국이 뭔가 방식을 바꾸지 않으면 틀림없이 '목재 기근'에 빠질 것이라고 경고했다.

그러나 북부에서 목재가 바닥나던 무렵, 엄청난 양의 공급원이 새롭게 열렸다. 1877년에 남부에서는 정치인들이 자기 지역에 대한 통제력을 되찾았고 북군 병사들은 집으로 돌아갔다. 의회는 남부 주들이 다시 땅을 팔 수 있도록 허가해 주었다. 무언가 팔 것―즉, 물려받은 삼림―이 있고 돈에 목마른 남부인들이 목재가 필요하고 부유한 북부인들과 만난 것이다. 그리하여 목재 열풍이 시작되었다.

남부 목재에 대한 열광은 1849년의 금광열에 뒤지지 않는 기세로 타올랐다. 투자할 생각이 있는 사람들은 우선 '답사자'를 남부로 보내어, 그곳 나무들이 실제로 얼마나 크고 그 나무들을 시장으로 가져오는 게 얼마나 어려울지 살펴보라고 했다. 돌아온 목격자들은 눈이 휘둥그레지고 혀가 꼬여 더듬거리면서 보고했다. 그곳에는 수백만 에이커의 삼림이 펼쳐져 있고, 숲 천장은 하늘을 완전히 가리며, 나무 둥치는 어른 남자 둘이 팔을 맞잡은 것보다 굵다고 했다. 자유인이 된 노예들과 가난한 백인들은 하루에 50센트만 주면 기꺼이 숲에서 일하겠다고 줄을 선다고 했다. 지형은 대체로 평탄했고 땅은 거저나 다름없이 쌌다. 유일한 걸림돌은 인력과 기계를 들이고 통나무를 내오기 위해서 철도와 도로를 놓아야 한다는 점이었다.

북부와 영국의 투자자들은 거의 하룻밤 사이에 우후죽순 목재 회사를 설립했다. 일리노이 센트럴 철도 회사는 시카고에서 미시시피까지 목재 구매자들을 실어다 주는 특별 열차를 마련하고, 남부연합 장교 출신 사내들을 고용하여 기차가 칙칙폭폭 달리는 동안 승객들에게 재미난 전쟁 이야기를 들려주게 했다. 이야기도 시시해지면, 승객들은 『풍요로 가는 길은 남부를 통과한다』와 같은 새로 나온 책들에 코를 파묻었다.

방대한 삼림이 거저나 다름없는 가격에 임자를 바꿨다. 1876년에 북부의 어느 하원의원은 루이지애나의 땅 111,188에이커를 에이커당 1달러도 안 되는 가격에 구입했다(1에이커는 약 0.004제곱킬로미터−옮긴이). 1881년에 플로리다 주는 에이커당 겨우 25센트를 받고서 400만 에이커를 필라델피아의 한 회사에 팔았다. 어느 영국 회사는 에이커당 12.5센트의 가격으로 루이지애나에서 약 100만 에이커를 사들였다.

삼림 구매자를 뒤따라 내려간 것은 강철 그물을 짤랑거리는 철로 건설자였다. 처음에는 대체로 평평한 땅에만 철로를 놓을 수 있었지만, 1881년

벌목꾼들은 사진의 반하트 적재기와 같은 새로운 기계로 나무를 공략했다. 이 적재기를 쓰면 나무를 베자마자 철로에서 대기하고 있는 차량에 곧장 실을 수 있었다. 사진은 1890년대에 미시시피 주 로럴에서 찍은 것이다.

에 에프라임 셰이라는 미시간 목재상이 땅의 굴곡을 따라서 언덕도 넘을 수 있는 작고 강력한 기관차를 발명했다. 1880년 한 해에만 미시시피 강 동쪽에서 철도 회사가 180개나 설립되었다. 기관차들은 귀청을 뚫는 경적을 울리고 희푸르스름한 증기 구름을 토하면서 산맥을 넘어 소나무 숲 속으로, 나중에는 늪지 속으로 톱날과 벌목꾼, 노새와 수레를 날랐다.

새로운 도구 덕분에 사람들은 나무를 무시무시한 속도로 거꾸러뜨렸다. 벌목꾼은 외날 도끼보다 더 깊숙이 날을 박아 넣는 양날 도끼를 받았다. 새로 등장한 가로톱 덕분에, 장정 두 명이 거대한 둥치에 긴 톱날을 대고 앞뒤로 슥슥 밀면 자연이 기르는 데 100년이 걸렸던 것을 한 시간 만에 넘어뜨릴 수 있었다. 고요했던 숲은 기계 굉음으로 가득 찼다. 촉촉한 나뭇잎 향기와 빗물을 머금은 흙 내음이 처음에는 담배와 톱밥 냄새에, 나중에는 기름 냄새에 밀려났다.

숲을 깡그리 파괴하는 일에 과감하게 반대하고 나선 소수의 사람들은 바보라는 꾸지람을 들었다. 1886년에 테네시 주 채터누가의 한 신문은 반대 의견을 낸 사람을 가리켜 사설에서 "정도를 따질 수 없을 만큼 어리석다."고 일갈하면서 이렇게 말했다. "그런 헛소리를 진지하게 받아들이다가는 모든 자연이 그대로 남을 것이다. 우리는 숙련된 벌목꾼과 그의 시끄러운 제재소를 환영한다."

사방에서 야생의 자연이 붕괴하자 점점 더 많은 식물, 새, 박쥐, 뱀, 포유류가 서식지를 잃었다. 흰부리딱따구리도 숲과 늪에서 나무가 잘려 나갈 때마다 한 곳 한 곳 자취를 감추었다. 1885년에는 노스캐롤라이나 전체와 사우스캐롤라이나 남부에서 흰부리딱따구리를 본 사람이 아무도 없었다. 1896년에 조류학자 토머스 너톨은 "이 종은 멕시코 만 연안 주들과 미시시피 계곡 남부에서만 산다."고 경고했다. 정부의 삼림 전문가가 남부의 소나무 숲 개발을 가리켜 "역사상 가장 빠르고 무모한 삼림 파괴 행위"라고 일컬었던 1900년에는 이미 흰부리딱따구리가 미시시피의 지난 역사가 되고 말았다. 그로부터 15년 뒤에는 텍사스, 아칸소, 앨라배마, 그리고 플로리다와 조지아 주 대부분에서도 흰부리딱따구리의 장난감 나팔 같은 울음소리와 두 음조로 나무를 쪼는 소리가 사라졌다. 점차 좁아지는 늪지대 숲으로 후퇴하여 살아남은 몇 안 되는 새들은 예전보다 더 쉽게 눈에 띄었다. 그 새들은 크고 선명하고 시끄러웠기 때문이다. 여느 크고 선명하고 아름다운 것들처럼 일단 수가 적어지면 가치는 훨씬 더 높아진다는 사실 역시 흰부리딱따구리에게는 불행이었다.

4장

두 수집가

윌리엄 브루스터는 수만 점의 새 표본을 모아서 사설 박물관
에 전시했다.

흰부리딱따구리가 한 지역에서 벌목이 아닌 이유로
사라진 듯한 예는 하나뿐이다. 1892년과 1893년에 A. T. 웨인이
플로리다 스와니 강 지역에서 흰부리딱따구리를 말살했던 사건이다.
—제임스 태너, 『흰부리딱따구리』(1942)

1892~1894년, 사우스캐롤라이나와 플로리다

아서 웨인은 1863년에 사우스캐롤라이나 주 찰스턴에서 태어났다. 북부
연합이 매일같이 포탄을 쏘아 대기 시작한 해였다. 공격은 1년 반 동안 이어
졌다. 웨인의 부모는 시골로 피신했다가 안전해진 뒤에 돌아왔다. 누군가는
1865년에 돌아와서 목격한 찰스턴을 "빈 집, 남편 잃은 여자, 썩어 가는 부
두, 버려진 창고, 잡초 무성한 마당, 끝없이 풀이 자란 거리의 도시"라고 묘
사했다.

웨인의 부모는 그럭저럭 돈을 모아서, 학교에 갈 나이가 된 아들에게 공
부를 시킬 수 있었다. 붉은 기가 도는 머리카락을 지닌 소년이 입학한 직후
부터 선생들이 할 수 있는 일이라고는 소년을 건물 안에 잡아 두는 것이 고
작이었다. 소년은 틈만 나면 찰스턴에 널린 암녹색 늪지나 오트밀색 습지에
서 새를 잡고 나무에 올라 둥지와 알을 찾으면서 시간을 보냈다(늪지와 습지

는 둘 다 물이 고인 소택지이지만 늪지는 주로 나무가 우거진 곳, 습지는 풀이 우거진 곳을 말한다—옮긴이). "들어오렴, 아서, 안으로 들어와." 하고 쉴 새 없이 소년을 부르는 목소리가 들리지 않는 곳까지 멀리 나갈 때도 있었다.

그러나 달이 바닷물을 끌어당기듯이 그를 끌어당기는 건물이 하나 있었다. 찰스턴 박물관이었다. 찰스턴 대학의 컴컴한 방 몇 개로 구성된 박물관에는 식물, 동물, 새, 알의 표본이 가득했다. 미국에서 제일 오래된 찰스턴 박물관은 사우스캐롤라이나가 영국 식민지였던 1773년에 세워졌다. 훗날 남북전쟁 중에 윌리엄 T. 셔먼 장군의 북군 군대가 찰스턴으로 다가오자, 박물관 직원들은 죽은 새와 동물의 박제, 곤충이나 개구리가 든 유리병을 황급히 궤짝 108개에 담은 뒤 말이 끄는 수레에 태워서 어느 직원의 시골 농장으로 내려보냈다. 그리고도 하마터면 그 물건들을 구하지 못할 뻔했다. 북군 병사들이 농장을 덮쳐서 궤짝이 보관된 헛간을 강제로 열어젖혔던 것이다. 병사들은 궤짝 두 개를 따 보았다. 그러나 명찰이 붙은 병에 든 거미나 박제한 새가 담긴 서랍장은 북부연합에게 아무런 위협이 되지 않는다고 판단했던 모양이다.

아서는 열 살 무렵부터 거의 매일 학교를 마치면 박물관으로 직행하여 관장이었던 게이브리얼 매니골트 박사를 도왔다. 매니골트 박사는 지식에 그토록 목마른 사람을, 특히 새에 관한 지식에 그토록 목마른 사람을 처음 보았다. 소년은 질문이 떨어지는 법이 없었다. 이 휘파람새랑 저 휘파람새를 어떻게 구별해요? 이 새 아니면 저 새의 표본은 왜 없어요? 소년은 곧 라이플을 들고 여기저기 누비면서 매니골트 박사가 표본으로 만들 새를 잡아 박물관으로 가져오게 되었다.

그러나 새를 잡는 것은 표본 제작의 첫 단계일 뿐이었다. 다음 단계는 표본을 캐비닛이나 서랍장에서 영원히 보관할 수 있도록 처치하는 일이었다. 그 작업은 쉽지 않았다. 학자에게 쓸모 있고 후원자에게 좋은 인상을 주는 표본을 만들려면 새가 진짜 살아 있는 것처럼 보여야 했기 때문이다. 웨인에게는 이 작업을 가르쳐 줄 훌륭한 스승이 있었다. 영국 출신의 늙수그레한 큐레이터로서 박물관 표본 제작을 담당하던 존 댄서였다. 웨인이 잡아 온 흉내지빠귀를 함께 박제했던 일을 계기로, 웨인은 댄서의 제자가 되었다.

웨인은 노인이 이끄는 대로 박제술의 여러 지겨운 단계를 천천히 공들여 습득했다. 맨 먼저 새의 뒤통수를 갈라 열고 뇌를 꺼냈다. 뇌는 여느 내장 기관과 마찬가지로 가만히 놔두면 썩기 때문이다. 빈 두개골에는 솜을 채우고, 살가죽을 도로 꿰맸다. 다음에는 새의 가슴과 배에 칼집을 넣어 다리를 안쪽으로 밀어 넣고, 장갑을 벗을 때처럼 살가죽을 홀랑 뒤집어서 살과 내장 기관을 제거했다. 그다음은 빈 몸통에 솜을 채워서 원래 형체를 복원하는 단계였다. 이 단계가 제일 어려웠다. 화가

아서 T. 웨인은 새 수집과 연구에 인생을 바치기로 결심한 뒤, 가까운 우체국에 다니러 갈 때조차 반드시 산탄총을 소지했다고 한다.

와 마찬가지로 표본 제작자는 새를 정말로 잘 알아야 했다. 그래야만 비례를 정확하게 맞출 수 있었다. 제일 흔한 실수는 가슴에 솜을 너무 많이 채워서 새를 영웅적인 모습으로 빵빵하게 부풀리는 것이었다. 맨 마지막 단계는 새를 도로 꿰매고 깃털에 묻은 먼지나 총탄 파편을 떨어내어 총에 맞은 상처를 최대한 감추는 것이었다.

대부분의 사람은 이 일이 자신의 재능을 한껏 발휘할 만한 일이라고는 생각하지 않았을 것이다. 그러나 아서 T. 웨인은 어려서부터 자신은 새를

수집하고 박제하기 위해서 태어난 것 같다고 생각했다. 그는 시력이 무척 좋아서, 골똘히 집중하면 저 멀리 날아가는 새의 성별까지 알아볼 수 있었다. 새의 종류를 알아맞힐 때 실수를 거의 하지 않았으며, 명사수이기도 했다. 게다가 표본을 제작하는 실력은 새를 찾아내고 쏘아 떨어뜨리는 실력보다 더 좋았다. 오듀본 같은 뛰어난 화가가 그림으로 새를 생생하게 되살리듯이, 아서 웨인은 솜과 빗으로 그렇게 할 줄 알았다. 그는 십대 시절 내내 사랑하는 박물관을 위해서 새를 잡아 표본을 만들면서 기술을 연마했다.

브루스터가 1890년에 스와니 강에서 수집 여행을 하던 중 표본을 만들고 있다.

그러나 고등학교를 졸업한 그는 막다른 골목에 처한 것처럼 보였다. 그는 우등생이었지만, 전쟁 직후에 고등학교에 다녔던 대부분의 남부 학생들과 마찬가지로 그의 집은 자식을 대학에 보낼 돈이 없었다. 그는 일자리를 구해야 했다. 그래서 그렇게 했다. 새 천재인 아서 T. 웨인은 목화 창고에서 판매 서류를 채워 넣는 일을 하기 시작했다. 훌륭한 음악가가 공연으로 돈을 벌지 못하는 것이나 마찬가지였다. 그는 매일 회사에서 이제나저제나 시간이 가기만을 기다리다가, 일이 끝나자마자 총을 쥐고 야외로 달려 나가거나 박물관으로 내뺐다. 그러던 어느 날이었다. 거의 마법처럼,

그는 자신을 자유롭게 만들어 줄 남자를 만났다. 미국에서 제일 유명한 새 전문가로 꼽히던 매사추세츠의 윌리엄 브루스터가 1883년 봄에 찰스턴 박물관을 구경하려고 찾아왔다. 매니골트 박사는 당시 스무 살이었던 아서 웨인을 브루스터에게 소개했다. 훗날 한 친구가 적은 바에 따르면, 웨인은 "뼛속 깊이 전율했다."

세상에서 제일 완벽한 남자

훗날 윌리엄 브루스터의 장례식에서 어느 조류학자는 그를 가리켜 자신이 만난 사람들 중 제일 완벽한 남자였다고 회상했다. 아서 웨인을 소개받았을 때 서른한 살이었던 브루스터는 키가 크고 날씬하고 기품 있는 사람이었다. 옷차림은 소박한 취향이었고, 행동거지는 느릿느릿했고, 말투는 시를 읊는 것 같았다.

겉모습만 보자면 윌리엄 브루스터와 아서 웨인은 공통점이 전혀 없었다. 부유한 은행가의 외동아들이었던 브루스터는 소년 시절에 보스턴의 대저택에서 자라면서 승마를 즐기고 가정교사에게 배웠다. 그가 고등학교를 졸업하자 아버지는 은행 일을 맡으라고 종용했다. 그는 거절했다. 두 사람은 협상을 했다. 그는 딱 1년만 은행 일을 진지하게 배워 보기로 했다. 그런데도 그가 여전히 싫다면, 아버지는 그 문제를 포기하고 다시는 말을 꺼내지 않기로 했다. 그는 아버지의 은행에서 사환부터 시작하여 차근차근 승진한 끝에 관리를 맡았다. 그러나 1년이 지나자, 아버지에게 자신은 금융업에 도무지 흥미를 느끼지 못하겠다고 말했다. 은행 일은 그것으로 그만이었다.

브루스터도 웨인처럼 오로지 새에게만 흥미가 있었다. 그는 단신(총신이

나그네비둘기

백인들이 정착하기 전에는 오늘날 미국에 해당하는 지역에서 서식했던 모든 새의 4분의 1 이상이 나그네비둘기였다. 나그네비둘기가 어찌나 많았던지, 1810년에 알렉산더 윌슨은 나그네비둘기 20억 마리 남짓이 폭 1.5킬로미터, 길이 380킬로미터쯤 되는 무리를 이루어 머리 위로 날아가는 것을 목격했다. 그 새들을 한 줄로 늘어놓으면 적도를 23바퀴는 감을 수 있었을 것이다. 나그네비둘기는 몸통이 예쁜 갈색이었고, 작은 머리통은 회색이었고, 가슴은 볼록했고, 끝으로 갈수록 가늘어지는 긴 날개로 시속 100킬로미터까지 날 수 있었다.

그러나 나그네비둘기에게는 두 가지 문제가 있었다. 사람이 먹을 만하다는 점, 그리고 그 새가 씨앗을 먹음으로써 작물을 해친다는 점이었다. 농부들은 나그네비둘기를 총으로만 잡는 것이 아니라 밭에 커다란 그물을 던져서 한 번에 수천 마리씩 잡았다. 한때 세상에서 가장 많은 새였을지도 모르는 나그네비둘기가 싹 사라지기까지 채 수십 년도 걸리지 않았다. 1900년에 프레스 클레이 사우스워스라는 열네 살 소년이 최후의 야생 나그네비둘기를 총으로 잡았다. 종이 절멸한 것은 1914년이었다. 최후의 포획된 개체였던 마사가 그해에 신시내티 동물원에서 조용히 숨을 거두었다.

하나라는 뜻—옮긴이) 산탄총으로 새 잡는 법을 아버지에게 배웠고, 시체에 솜을 채워 박제하는 법을 이웃 사람에게 배웠다. 찰스턴 박물관을 방문했던 1883년에 윌리엄 브루스터는 벌써 20년 가까이 새를 연구하고 수집해 온 터였다. 그는 왕성한 호기심과 대부분의 시간과 상당한 재산을 쏟아서, 새와 새알에 관한 한 세계 최고로 꼽히는 사설 컬렉션을 구축하기 시작했다. 아서 웨인은 난생처음으로 닮고 싶은 사람을 만난 것이었다. 그는 윌리엄 브루스터처럼 되고 싶었다.

브루스터가 찰스턴에 머무는 동안, 웨인과 브루스터는 거의 날마다 함께 찰스턴에 산재한 넓은 늪지와 습지를 누비며 새를 사냥했다. 브루스터는 특히 스웨인슨휘파람새를 찾고 싶어 안달이었다. 통통하고 정수리가 갈색인 그 노랫새는 40년 동안 어디에서도 눈에 띄지 않았다. 오듀본을 비롯한 초기 자연학자들은 그 새가 사우스캐롤라이나에서 여름을 난다고 기록했지만, 이제 그 종은 사라진 것 같았다. 어쩌면 멸종했을 수도 있었다.

웨인은 그 휘파람새가 여전히 살아 있으며 자신이 찾아낼 수 있다는 사실을 육감으로 느꼈다. 두 사람은 새가 마지막으로 목격되었던 범람 늪지와 대나무 숲을 찾아가서 뒤졌지만, 몇 주를 철벅철벅 돌아다니고도 성과가 없었다. 그래도 브루스터는 굴하지 않고 이듬해 봄에 다시 한 번 찾으러 돌아왔다. 1884년 4월 22일, 웨인이 갑자기 산탄총을 눈높이로 들어 올리고는 작은 갈색 점을 쫓아서 옆으로 휘둘렀다. 총성이 울렸다. 덤불에 떨어진 새는 그들이 바라던 스웨인슨휘파람새였다. 일주일 뒤에 브루스터도 한 마리를 잡았다. 브루스터는 굉장히 기뻐하면서 찰스턴에 석 달 더 머물렀고, 그동안 두 사람은 어린 새도 몇 마리 포함하여 총 마흔일곱 마리를 잡았다. 브루스터가 떠난 뒤에 웨인은 그 새의 알도 발견했다. 그것은 이제까지 아무도 해내지 못한 일이었으므로, 웨인은 자신의 발견을 자랑스럽게 과학 잡지에 발표했다.

브루스터와 웨인은 함께 사냥하고 표본을 만들면서 무수히 많은 시간 동안 새에 관한 이야기를 나누었다. 웨인은 자신도 목화 파는

상업적 사냥꾼

아서 웨인 같은 수집가는 대체로 강인하고 재간 많고 야외 활동에 익숙한 사람들로서, 작업 도구를 늘 지니고 다녔다. 덥고 습한 기후에서는 죽은 새의 가죽을 그 자리에서 벗겨야지, 그러지 않으면 살이 썩는 악취에 숨이 막혔고 들끓는 파리와 싸워야 했다. 헨리 헨쇼라는 현장 수집가는 1878년에 말을 타고 캘리포니아로 수집 여행을 갔을 때 무엇을 가지고 갔는지 이렇게 적었다.

내 장비는…… 단출하다. 큰직한 두 안장 가방에는 작은 표본을 넣을 병 몇 개와…… 탄약통, 솜, 성냥을 담았다. 몸 한쪽에 포충망을 매달았고, 좋은 쌍발 엽총을 안장 머리에 걸었다. 매일의 복장은 그 정도였다…… 튼튼한 상자도 두 개 [가지고 다녔는데] 하나는 화약, 총알, 비소, 솜 따위를 담았고 다른 하나는 새나 동물 가죽을 말리고 담을 쟁반, 알코올이 든 구리 통을…… 튼튼한 상자에 넣고 잠근 것, 식물 압축 도구를 담았다. 가죽을 벗길 때는 상자 하나를 다른 상자에 얹어서 탁자를 급조하고 접는 의자에 앉았다. 그러면 상당히 편하게 새를 벗길 수 있었다. 몇 시간쯤 일하면 등 여기저기가 쑤셨지만.

일을 그만두고 브루스터처럼 살고 싶어서 못 견딜 지경이었다. 그 보스턴 신사의 경제적 독립성은 물려받은 재산에서 왔다는 사실을 잘 알면서도 말이다. 브루스터는 웨인에게 한번 시도해 보라고 격려했다. 브루스터에게는 웨인처럼 자신의 컬렉션을 채울 새 표본을 공급해 줄 사람이 필요했다. 웨인은 브루스터가 남부에서 원하는 새를 찾아낼 줄 알뿐더러 새를 제대로 박제하

워드의 자연과학 기관

세계 일주를 일곱 번 하고, 시나이 산 꼭대기에 앉아 보고, 천연두를 이겨 낸 사람. 헨리 워드 교수가 아니고 누구겠는가? 헨리 워드는 열두 살에 가출한 뒤로 평생 탐험을 멈추지 않았다. 스무 살에 친구를 가르치기 위해서 유럽으로 갔던 그는 이후 이집트로 건너가서 화석, 동물 가죽, 갖가지 물건을 수집했다.

그는 고향인 뉴욕 주 로체스터로 돌아와서 동물 가죽, 골격, 알, 표본을 대규모로 사고팔기 시작했다. 그는 수많은 사람들의 캐비닛에 [또한 대학들의 컬렉션에] 표본을 채워 주었다. 1862년에 로체스터에 세운 자연과학 기관은 그의 활동 본부였다. 그 건물에는 거대한 전시품이 가득했는데, 흥행사 P. T. 바넘의 서커스에서 활약하다가 기차에 치여 죽은 코끼리 점보의 유해도 전시되어 있었다. 아래 사진이다.

그곳은 관람객이 찾는 인기 관광지였을 뿐 아니라 수집들에게는 큰 시장이었다. 아서 웨인이 플로리다 매너티를 전시품으로 추가하려는 워드 교수의 바람을 충족시키고자 열심히 도운 것은 그 때문이었다.

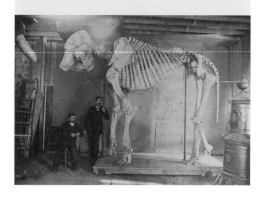

여 형체를 훌륭하게 보존한 채 보스턴까지 보내 줄 수 있는 사람이었다. 브루스터는 희귀하고 화려한 새와 알을 잘 보존된 형태로 구입하고 싶어 하는 수집가가 자기 말고도 많다고 귀띔했다.

웨인은 그래도 계속 주저하다가, 자신을 자유롭게 만들어 줄 두 번째 인물을 만나고서야 직장을 그만두었다. 1889년에 웨인은 사우스캐롤라이나 농장주의 딸인 마리아 포처와 결혼했다. 그녀는 남편의 행복에 자기 일생을 바치기로 결심했다. 부부는 널찍한 습지를 굽어보는 찰스턴 외곽의 집에 자리 잡았다. 아서 웨인은 다시는 목화 뭉치를 검사하러 출근하지 않아도 되었다.

1892년, 1893년, 1894년에 웨인 부부는 봄마다 플로리다로 떠났다. 브루스터와 다른 수집가들에게 팔 희귀한 새를 모으고 헨리 워드 교수의 자연과학 기관에 줄 매너티(대서양에 서식하는 바다소—옮긴이)를 사냥하기 위해서였다. 그즈음 브루스터는 좀 더 본격적으로 수집하는 단계에 들어섰다. 집에 더 둘 곳이 없을 만큼 표본이 넘치자, 그는 콩코드 강에 면한 땅 1.2제곱킬로미터를 구입하여 자신이 사는 집 뒤쪽에 박물관을 지었다. 그는 전 세계에서 점점 더 많이 표본을 사들였고, 방대한 컬렉션을 정리하기 위해서 사서들을 고용했다. 그가 웨인에게 확실히 언질을 준 적은 없었지만, 브루스터가 품질 좋은 흰부리딱따구리 표본과 알에 흥미가 있다는 사실은 분명했다. 웨인은 브루스터가 원하는 것을 정확히 구해 줄 수 있다고 자신만만했다.

1892년 3월, 웨인 부부는 플로리다 주 스와니 강 연안의 브랜퍼드에 도착했다. 웨인은 작업할 공간을 마련한 뒤 자신을 거들 사람을 찾아 나섰다. 그 동네 자연을 잘 아는 사냥꾼이나 덫 놓는 사람을 수소문하며, 상태 좋은 흰부리딱따구리를 가져오는 사람에게는 한 마리당 4~5달러를 쳐주겠다고 소문을 냈다.

평생 처음 집에서 멀리 떠나온 웨인 부부는 새를 사는 사람들이 우편으로 보내오는 대금에 의지하여 꾸려 가는 가난한 처지가 되었다. 브루스터는 지급이 늦었다. 웨인이 보스턴으로 표본을 보낸 뒤 브루스터의 답장을 받기까지 몇 달이 걸릴 때도 있었는데, 그나마 늘 돈이 동봉된 것은 아니었다.

1892년 9월 16일, 웨인은 브루스터에게 절박한 편지를 썼다. "3월에서 8월까지 스와니 강에 있으면서…… 〔흰부리딱따구리〕 표본 열세 개를 확보하여 제일 좋은 것만 남기고 다 팔았습니다…… 여비로 25달러를 미리 주신다면 제가 수집하는 모든 새 중에서 우선적으로 고를 수 있는 권리를 드릴테니, 그렇게 하시겠습니까?"

브루스터는 선불을 주지 않았다. 웨인 부부는 하는 수 없이 겨울 동안 사우스캐롤라이나로 돌아왔다. 그러고는 이듬해 봄에 플로리다로 돌아가서 올랜도 인근에서 캐롤라이나앵무를 잡고 흰부리딱따구리도 더 잡았다. 흰부리딱따구리는 다른 어떤 새보다 월등히 높은 값을 받을 수 있는 인기 상품이었다.

A. T. 웨인의 1893년 7월 29일자 대표 상품 목록	
흰부리딱따구리, 수컷과 암컷	22달러
미시시피솔개, 가격 인하	2달러
캐롤라이나앵무, 다 큰 것 4마리	15달러
(캐롤라이나)앵무, 어린 것 1마리	3.5달러
사우스캐롤라이나칼새 3마리, 마리당 0.5달러	1.5달러
스콧참새 1마리	1.25달러
붉은눈비레오 1마리	0.25달러
노란목비레오 1마리	0.3달러
아카디아딱새 1마리	0.35달러
바흐만휘파람새 1마리	2.5달러
파룰라휘파람새, 푸른 머리 1마리	1달러
검은머리휘파람새 1마리	0.25달러
벌레 먹는 휘파람새 1마리	0.5달러
마나우 습지 굴뚝새 4마리	3.2달러
전체	**53.6달러**

웨인은 직접 총으로 사냥하기도 했지만, 보통은 눈썰미 좋은 다른 사람들이 가져오는 표본을 모으기만 했다. 그는 그런 사람들을 '가난뱅이 시골뜨기'라고 불렀고, 그들이 흰부리딱따구리를 잡아 올 때 부리가 갈라지거나 흠집이 나지나 않을지, 깃털이 훼손되지나 않을지 늘 노심초사했다. 웨인은 다른 수집가들과도 경쟁해야 했다. 역시 플로리다에서 새를 수집했던 W. E. D. 스콧이라는 제일가는 경쟁자에 대해서는 이렇게 씩씩거렸다. "스콧 씨는 지난번 플로리다에 수집차 왔을 때 앵무를(곧 멸종할 캐롤라이나앵무를 말한다.) 한 마리도 못 구했지요!" 그러고는 브루스터에게 이렇게 상기시켰다. "같은 시간 동안 앵무를 저만큼 많이 구한 사람은 또 없습니다. 흰부리딱따구리도 바흐만휘파람새도 저만큼 많이 구한 사람은 없습니다. 뻐길 마음은 없지만, 저는 그만큼 관심을 쏟기 때문에 성공하는 겁니다."

웨인의 현장 일지를 살펴보면, 그가 1892년에서 1894년까지 플로리다에서 직접 잡거나 잡아 온 것을 사들인 흰부리딱따구리는 마흔네 마리였다. 1930년대에 웨인의 '가난뱅이 시골뜨기' 중 몇 명을 인터뷰했던 연구자 제임스 태너에 따르면, 웨인의 작업 탓에 플로리다의 세 강에서 흰부리딱따구리가 싹 사라지다시피 했다. 브루스터는 마흔네 마리 중 일곱 마리만 샀고, 한 마리당 평균 12달러를 냈다. 브루스터는 다른 수집가들로부터도 쉰네 마리를 더 사들여, 흰부리딱따구리에 관한 한 세계 최대의 컬렉션을 꾸렸다.

잡은 것은 역사, 놓친 것은 수수께끼

아서 웨인은 왜 흰부리딱따구리를 마흔네 마리나 죽였을까? 윌리엄 브루스터는 왜 흰부리딱따구리 표본을 예순한 점이나 샀을까? 그 새가 멸종할 위기라는 사실을 몰랐나? 몰랐다면, 관심이 없어서였을까?

당연히 그들은 흰부리딱따구리가 귀하다는 사실을 알았다. 귀하기 때문에 가치 있는 것이었으니까. 브루스터 같은 부자 수집가들은 희귀하고 멸종에 가까운 새들의 몇 남지 않은 표본을 서로 사들이려고 맹렬하게 경쟁했다. 브루스터는 과학자이자 수집가였다. 1800년대 말에는 두 역할이 늘 분명하게 구별되지는 않았다. 과학자로서 브루스터는 새가 성별과 나이, 서식지에 따라 서로 다르게 드러내는 변이를 모두 조사하기 위해서 표본이 많이 필요했다. 대부분의 종은 수컷과 암컷이 다르게 생겼고, 어린 새와 어른 새가 다르게 생겼고, 서식 범위에서 가령 북쪽 끝에 사는 새와 남쪽 끝에 사는 새가 다르게 생겼다. 어느 종을 전체적으로 속속들이 알려면 그 차이를 관찰해야 했고, 그 차이가 새들에게 어떤 의미인지도 알아내려 애써야 했다.

윌리엄 브루스터는 새에 대해서 많은 글

캐비닛과 사설 박물관

"이 새는 전혀 흔하지 않다. 그 표본은 캐비닛에 추가하기 좋은 품목일 수 있다." 1879년에 어느 수집가가 흰부리딱따구리에 대해서 했던 말이다. 이때 '캐비닛'이란 빅토리아 시대에 미국과 유럽 전역의 부잣집 거실에 묵직하게 지키고 섰던 가구로서, 대형 괘종시계만 하고 유리문이 달린 진열장을 뜻했다. 사람들은 캐비닛에 박제한 새를 채워 넣었다. 새는 말린 풀과 나무, 말린 나비, 장식 돌, 조개껍데기, 죽은 딱정벌레, 새알이나 둥지, 심지어 박제한 개구리에 올라앉은 모습이었다. 윌리엄 브루스터처럼 대단히 부유한 소수의 수집가는 커다란 사설 박물관을 짓고 죽은 새를 수만 마리 모아서 박제하고 전시했다. 브루스터는 죽을 때 새 가죽 4만 점을 갖고 있었다. 그것은 북아메리카에서 두 번째로 큰 컬렉션이었다. 그의 수집품은 유언에 따라 하버드 대학으로 넘어갔고, 지금은 하버드 비교 동물학 박물관에 간직되어 있다. 수집가가 으레 그러듯이, 표본 수집가들은 다른 박물관들과 거래할 요량으로 한 종의 표본을 여러 개씩 구입했다.

브루스터 생전에 세계 최대의 컬렉션을 소유했던 사람은 영국 트링의 로스차일드 경이었다. 어마어마하게 부자였던 그는 1937년에 죽을 때까지 새 가죽과 박제를 30만 점 넘게 모았다.

을 썼으며, 조류학에 귀중한 기여를 남겼다. 아서 웨인도 마찬가지였다. 웨인은 사우스캐롤라이나에서 새로운 종을 많이 발견했으며, 사우스캐롤라이나의 새들을 소개한 최초의 휴대용 도감을 썼다. 그 도감은 요즘도 상세하게 잘 쓴 걸작으로 통한다. 그리고 카메라나 휴대용 도감이나 쌍안경이 없던 시절에는 새를 연구하는 가장 믿음직한 방법이 새를 죽여서 눈앞에 두고 조사하는 것이었다. 표본이 없었다면, 우리는 오늘날 조류학의 토대가 된 지식을 얻을 수 없었을 것이다. 수집은 조류학자의 일에서 큰 부분을 차지했다.

그래도 의문은 남는다. 표본이 왜 그렇게 많이 필요했을까? 브루스터나 웨인 같은 사람들이 새를 정말로 잘 알고 아꼈다면, 무슨 수를 써서라도 흰부리딱따구리 같은 종이 생존하도록 돕고 싶지 않았을까? 어쩌면 그랬을지도 모른다. 그러나 두 사람 다 흰부리딱따구리가 몇 마리나 남았는지 확실히 알진 못했다. 한 종의 서식 범위 전체에서 개체수를 몽땅 정확히 헤아릴 방법이 없었기 때문이다.

또한 두 사람 다 자신의 활동이 흰부리딱따구리의 종말을 재촉한다는 사실을 기꺼이 인정하거나 믿지는 않았던 것 같다. 웨인은 플로리다의 와시사 강에서 흰부리딱따구리가 사라지고 있다고 쓰면서 자신이 돈을 주고 죽여 오라고 시켰던 사람들을 비난했다. "한때 이 지역에는 그 근사한 새가 흔해 빠졌습니다. 그러나 요즘은 그 새가 와시사 강에서 빠르게 사라지고 있습니다…… 식용으로 잡는 것인데, 사람들은—가난뱅이 시골뜨기들 말입니다—그 새가 오리보다 낫다고 생각하지 뭡니까!"

브루스터와 웨인이 수집하던 시절에는 멸종이 대단한 문제가 되지 못했다. 북아메리카에 처음 정착했던 백인들은 그 대륙에 새가 워낙 많기 때문에 한 종을 깡그리 죽이는 일은 불가능하다고 믿었다. 그러다가 브루스터와 웨인의 시절로 오면, 과학자들은 큰바다오리와 초원멧닭과 래브라도까치오리가 벌써 사라졌으며 다른 새들도 뒤따를지 모른다는 사실을 깨달았다. 소수의 과학자와 수집가는 자신의 작업이 가하는 위험을 인식하기 시작했다. 조류학자 엘리엇 카우즈는 1890년에 "진정한 조류학자는 새를 가급적 산 채로 연구하며 새의 구조와 기술적 특징을 알아보기 위해서 다른 방법이 전혀 없을 때만 죽인다."고 썼다. 그러나 카우즈 같은 견해는 소수였다. 어떤 새가 사라지고 있다는 사실을 눈치챈 사람이라도, 멸종 위기종의 서식지를 보호해야겠다는 생각은 하지 못했다. 어떤 종이 전체 생태계에서 어떤 역할을 수행하는지도 거의 몰랐다. 조류 전문가는 새를 수집하고, 박제하고, 연구하고, 글을 쓰는 작업에 갇혀 있었다. 흔히들 말하듯이 "잡은 것은 역사, 놓친 것은 수수께끼"였다.

희귀한 새를 사고팔았던 사람들은 자신의 일이 새를 멸종으로 몰아넣는다는 사실을 깨우치고 싶지 않았을 것이다. 흰부리딱따구리는 아서 웨인에게는 돈이었고, 윌리엄 브루스터에게는

> **Special Collections of**
> # BIRDS' EGGS
> ### At Unheard of Prices to Close Out.
> All specimens are first class. side-blown, true to name. Safe delivery guaranteed.
> Collection No 1 Contains:
> Wood Ibis, Great Blue Heron, Snowy Heron, Black-crowned Night Heron, Green Heron, American Coot, Lapwing, Killdeer, Bob-white, Florida Burrowing Owl, Flicker, American

수집가들은 둥지에서 알을 꺼낸 뒤 빨대로 내용물을 뽑아냈다. 사진은 '조란학자'(알을 연구하는 사람)의 상품 목록으로, 여러 알의 가격이 적혀 있다.

영예였다. 웨인은 흰부리딱따구리를 한 마리당 평균 10달러에 팔았다. 그중 4~5달러를 '가난뱅이 시골뜨기'에게 지불했으니, 총 마흔네 마리를 구입하거나 잡았다면 최소한 300달러를 벌었을 것이다. 거기에서 각종 도구의 비용과 플로리다로 오가는 경비를 제해야 했다. 당시에도 그다지 큰돈은 아니었지만, 스스로를 전문 조류학자로 여기고 싶은 마음이 절박했던 웨인에게는 큰돈이었다.

그리고 수집가들은 결국 자신의 일이 어느 종에게 타격이 되든 말든 수집을 계속했다. 수집이 좋았으니까. 누군가는 이렇게 썼다. "수집은 다 큰 어엿한 어른들이 나무를 오르고, 절벽을 굴러 내리고, 캠핑을 가고, 야외에서 자유롭게 활개 치는 것을 사회가 용인하게끔 해 주는 편리한 핑계였다."

아서 웨인과 윌리엄 브루스터는 조류학자이자 사냥꾼이자 장사꾼이었다. 그리고 수집가였다. 그들은 조류학의 선구자로서 중요한 질문을 많이 제기했다. 그러나 웨인이 커다란 흑백 새의 몸통에 솜을 채우고 브루스터가 제대로 만들어진 표본을 캐비닛에 가득 채울 때 두 사람의 머리에 전혀 떠오르지 않았던 것 같은 질문이 하나 있었다. "흰부리딱따구리에게 아직 시간이 남았을까?"

5장

깃털 전쟁

숙녀용 모자를 깃털로
장식하는 유행이 퍼지
면서, 혹은 사진에서처
럼 아예 새를 통째 얹는
유행이 퍼지면서, 깃털
전쟁이 촉발되었다.

풀숲의 새 한 마리가 손안의 두 마리보다 낫다.
—북아메리카 오듀본 협회 연합의 공식 소식지가 된
「버드로어」가 1899년에 채택했던 모토

1870~1920년, 미국의 습지와 늪지, 그리고 그 너머

1887년 어느 포근한 봄날, 뉴욕 길거리에서 상점을 구경하던 여자들은 각진 얼굴에 안경을 쓴 남자가 자신들 뒤를 어슬렁거리다가 이따금 멈춰서 공책에 뭔가 휘갈긴다는 사실을 눈치채지 못했을 것이다. 용케 눈치챈 여자는 남자의 눈길이 여자들의 정수리 밑으로는 좀처럼 내려오지 않는다는 사실에 의아했을지 모른다. 남자는 미국 자연사 박물관의 조류학자 프랭크 채프먼이었다. 그는 어떤 의미에서는 조류학자로서 평소에도 자주 하던 일을 하고 있었다. 그는 새를 헤아리고 있었다.

그러나 그 일은 채프먼이 수행했던 작업 중에서도 가장 심란한 작업이었다. 그는 깃털 달린 모자가 얼마나 유행하는지를 몸소 알아보고 싶어서 그러고 있었다. 그는 두 블록을 슬렁슬렁 걸은 뒤, 잰걸음으로 사무실로 돌아가서 음울한 통계를 취합해 보았다. 그가 본 모자는 총 700개였는데, 그중

1900~1915년
20세기 초에 많은 늪지에서 오래된 나무가 잘려 나갔다. 흰부리딱따구리는 서로 멀찍이 떨어진 더 좁은 숲들로 내몰릴 수밖에 없었다.

OK:오클라호마 MO:미주리 AR:아칸소 IL:일리노이 IN:인디애나 KY:켄터키 TN:테네시 NC:노스캐롤라이나 TX:텍사스 LA:루이지애나 MS:미시시피 AL:앨라배마 GA:조지아 FL:플로리다 SC:사우스캐롤라이나

542개에 깃털이 달려 있었다. 깃털은 40종에서 나왔다. 딱따구리, 파랑새, 딱새, 올빼미, 왜가리, 휘파람새 등이었다. 어떤 모자챙은 흡사 작은 탁자와 같아, 그 위에 깃털이 수북이 쌓여 있었다. 게다가 깃털만도 아니었다. 그해 봄에 제일 각광받았던 스타일은 죽은 까마귀의 부리, 발톱, 다리까지 얹은 모자였다. 무언가 조치를 취해야 했다.

프랭크 채프먼은 모자에 장식할 깃털을 얻고자 새를 학살하는 짓으로부터 새를 보호하려고 싸웠던 이른바 '깃털 전쟁'에서 핵심적인 병사가 되었다. 전쟁은 50년 가까이 이어졌다. 그동안 사람들의 욕망이 들끓었고, 운의 향방이 바뀌었으며, 심지어 사람이 살해되기까지 했다. 그 씁쓸한 싸움을 거치면서 미국 최초의 자연보호 단체들이 탄생했다. 그중에는 훗날 흰부리 딱따구리를 구하는 노력에 앞장선 오듀본 협회도 있었다. 깃털 전쟁 때문에 또한 강력한 조류 보호 법안들이 만들어졌고, 새를 위한 보호 지구가 처음으로 지정되었다. 그런데 그보다 더 중요한 결과는 따로 있었다. 그 시기에

쇠백로.

미국 어린이 수백만 명이 코 묻은 동전으로 오듀본 어린이 회원에 가입함으로써 새를 쏘지 말고 이해하고 보호해야 한다고 배운 점이었다. 깃털 전쟁에 군복을 입은 병사는 없었다. 그럼에도 엄청나게 많은 피가 흘렀고, 무수한 생명이 목숨을 잃었다.

금보다 귀한 깃털

유럽에서는 수백 년 전부터 모자에서 삐죽 튀어나온 깃털이 맵시 좋은 기품의 징표로 통했다. 나폴레옹은 모자에 깃털을 꽂았다. 삼총사, 후크 선장, 시라노 드 베르주라크 같은 소설 속 인물도 깃털을 꽂았다. 1850년 무렵부터는 여자들도 깃털 달린 모자를 썼고, 1870년 무렵에는 유행이 미국으로 건너왔다. 유행은 대단했다. 미국 여자들은 기다란 깃털이 최소한 하나 이상 얹히지 않은 모자는 아예 살 생각을 하지 않았다.

새를 쏘아서 박물관이나 캐비닛에 보관할 표본으로 만드는 것보다 더 많은 돈을 벌 방법이 등장한 셈이었다. 모자 제작자들은 색깔이 화려한 새를 잡아서 시체에서 깃털을 뽑아낸 뒤 잔뜩 뭉쳐서 유럽이나 뉴욕으로 보내주는 사냥꾼에게 큰 보수를 치렀다. 1900년에

크리스마스 새 조사

1900년, 오듀본 협회를 이끌던 프랭크 채프먼은 "크리스마스 새 조사라는 새로운 크리스마스 사냥"을 제안했다. 그는 「버드로어」 독자들에게 다들 크리스마스에 시간을 내어 주변의 새를 몽땅 헤아린 뒤 어떤 종을 보았고 각각 몇 마리였는지 보고해 달라고 요청했다. 그날 스물일곱 명이 밖으로 나가 총 90종을 보고해 왔다.

크리스마스 새 조사는 100년이 지난 요즘도 계속된다. 미국, 캐나다, 다른 몇몇 나라에서 1,500건이 넘는 행사가 벌어진다. 참가자 수천 명이 기록한 내용은 바로 그날 새들의 모습을 포착한 거대한 사진이나 다름없다. 100년 넘게 이어진 기록을 보면 그동안 어떤 종의 개체수가 늘었는지 줄었는지 그대로인지를 알 수 있다. 게다가 크리스마스 새 조사는 아주 재미있다. 가장 많은 종이 기록된 곳은 350종이 기록된 파나마 운하 근처였고, 가장 적은 종이 기록된 곳은 큰까마귀 1종이 기록된 알래스카 프루도 만이었다.

는 미국인 여든세 명 중 한 명꼴로 모자 제작 산업에 종사하게 되었다. 3년 뒤에는 새 네 마리를 죽여야 얻을 수 있는 깃털 1온스(28그램—옮긴이)가 금 1 온스보다 두 배 더 비쌌다.

깃털 중에서도 가장 귀한 깃털은 키가 크고 다리가 긴 두 섭금류(다리, 목, 부리가 모두 길어서 물속에 있는 물고기나 벌레 따위를 잡아먹는 새를 통틀어 이르는 말—옮긴이), 중대백로와 쇠백로에서 나왔다. '에이그레트'라고 불리는 그 새들의 긴 깃털은 봄철 번식기에는 더더욱 길고 매끄럽고 우아하게 어깨에서 발끝까지 뻗었다. 에이그레트가 깃털 하나당 1달러에 팔리기 시작하자, 깃털 사냥꾼들은 번식지(왜가리와 백로가 떼로 둥지를 지은 곳)로 숨어들어 불을 질렀다. 그러나 어른 새들은 안전하게 날아가 버리는 대신 대부분 알과 새끼와 함께 남는 편을 택했다. 대량 학살의 사연이 곧 신문들의 귀에 들어갔다. 한 목격자는 이렇게 썼다. "목숨을 잃은 새 여덟 마리가 진흙탕 여기저기 널려 있었다. 사람들은 새를 총으로 쏘아 잡은 뒤 깃털 달린 가죽만 등에서 벗겨 냈다. 파리가 윙윙 들끓었다…… 네 군데 둥지에서 부모를 잃은 새끼 새들이 애처롭게 아우성치면서 죽은 부모가 다시는 물어다 주지 못할 먹이를 요구하고 있었다."

1896년 1월 어느 날, 새를 사랑하는 한 보스턴 여성은 그런 기사를 읽는 것은 이제 그만 됐다고 생각했다. 해리엇 헤먼웨이는 부자였고, 발이 넓었고, 타고난 지도자였다. 그녀는 부유한 엘리트 시민들의 연락처가 나열된 『보스턴 명사록』을 꺼내어, 사촌 민나 홀과 함께 나달나달한 책장을 한 쪽 한 쪽 넘겼다. 민나 홀은 훗날 이렇게 썼다. "우리는 사교계 여자들 중에서 모자나 머리에 백로 깃털을 꽂을 것 같은 여자들을 표시한 뒤, 그들에게 통신문을 돌려서 새를, 특히 백로를 보호하는 협회에 가입해 달라고 요청했다. 어떤 여자들은 가입했고, 깃털 꽂기를 좋아하는 여자들은 가입하지 않

오듀본 협회가 후원한 1917년 새집 설계 대회에서 수상한 참가자들이 작품을 보여 주고 있다.

았다."

　헤멘웨이와 홀은 새로 만든 단체를 매사추세츠 오듀본 협회라고 불렀다. 깃털 달린 새들을 걱정하는 사람이 많아짐에 따라 다른 주에서도 속속 오듀본 지부가 생겨났다. 프랭크 채프먼은 오듀본 협회들을 위해서 「버드로어」라는 잡지를 내기 시작했는데, 매 호마다 아이들을 위한 기사도 실었다. 수천 명의 어린이가 오듀본 어린이 클럽에 가입해서 새를 그리고 색칠하는 방법을 배웠고, 그 뒤에는 들판과 숲으로 뛰쳐나가서 현실에서 새를 배웠다. 가끔 무료로 가입하는 아이도 있었는데, 그때는 반드시 "나는 새와 알을 해치지 않고 능력이 닿는 한 새와 알을 보호하겠다고 맹세합니다."라고 적힌 서약서에 서명해야 했다.

　1905년에는 각 주의 오듀본 협회 지부들이 뉴욕에 본부를 둔 전국 오듀본 협회 연합을 결성하여 세력이 한층 커졌다. 협회 지도자들은 대중에게 강연을 했다. 그러나 새를 죽여서 판 사냥꾼이나 시체를 산 모자 제작자가 아니라 깃털 달린 모자를 산 여자들에게 깃털 전쟁의 책임을 돌리는 경우가 많았다.

오듀본 협회는 각 주에서 조류 보호 법률을 제안하여 속속 통과시켰고, 그다음에는 무장 관리인을 고용하여 번식지를 순찰하게끔 했다. 그러나 깃털 달린 모자의 인기가 여전했기 때문에 아직 새를 죽여서 돈을 벌 길이 있었고, 사냥꾼들은 계속 총을 쏘아 댔다. 사냥꾼과 무장 관리인은 마지막으로 남은 몇 안 되는 큰 번식지에서 서로를 경계하며 맴돌았다. 그토록 많은 것이 달린 문제였으니, 최후의 결전이 불가피했다.

커스버트 호수의 살인

지금까지는 새들의 생명이 대가였지만, 이제 사람의 피가 더해졌다.
—「버드로어」, 1905년

플로리다 남부, 적막하고 모기가 들끓는 어느 호수는 깃털 전쟁의 게티즈버그(미국 남북전쟁의 최대 격전지—옮긴이)로 기억된다. 에버글레이즈(플로리다 반도 남단의 광활한 늪지—옮긴이) 깊숙이 자리 잡은 커스버트 호수는 얽히고설킨 맹그로브 나무들이 호숫가를 두른 얕은 연못이다. 전하는 말에 따르면, 커스버트라는 이름은 팔랑거리는 흰 깃털을 쫓아서 에버글레이즈로 들어갔다가 맹그로브 늪지 깊숙이 숨은 커다란 번식지를 발견한 한 깃털 사냥꾼의 이름을 땄다고 한다. 시선을 가린 나뭇가지를 마지막으로 제치고서 셀 수 없이 많은 새를 눈앞에서 목격했을 때, 사냥꾼의 눈은 사금 그릇에서 금

덩어리를 건진 금광꾼처럼 휘둥 그레졌을 것이다. 그는 라이플을 들고 탄약이 떨어질 때까지 쏘았다.

포획물을 자랑하는 깃털 사냥꾼.

1901년에 플로리다 주가 조류 보호법을 통과시키자, 훗날 전국 오듀본 협회라고 불릴 단체의 대표는 플로리다키스(플로리다 반도 남단에서 서쪽으로 뻗은 산호초 제도—옮긴이) 최후의 대형 번식지들을 지킬 일꾼으로서 다부지고 가무잡잡한 가이 브래들리를 고용했다. 브래들리는 플로리다키스를 잘 알았다. 깃털 사냥꾼들도 개인적으로 많이 알았다. 브래들리 자신도 한때 돈을 받고 새를 사냥했기 때문이다. 그는 열여섯 살에 형제 루이스와 세 친구와 함께 배를 타고 플로리다 남단을 누비면서 '프랑스 사람'이라고 알려진 마이애미의 한 박제술사에게 팔 새를 사냥했다. 당시에는 브래들리도 그 일을 즐겼으나, 서른다섯이 된 지금은 깃털 산업이 못마땅했다. 몇몇 종류의 새가 눈에 띄게 수가 줄었다는 사실은 누구나 뻔히 알 수 있었는데도, 사냥꾼들은 새 법률을 웃어넘길 뿐이었다. 브래들리는 오듀본 협회 회장이 주급 35달러에 관리인 자리를 제안하자 망설이지 않았다. 위험한 일이라는 건 알았지만, 그에게는 먹여 살릴 어린 아들이 둘이나 있었다. 더군다나 그는 그 일이 중요하다고 믿었다.

브래들리가 처음 한 일은 잘 알고 지내던 사냥꾼 몇 명을 체포한 것이었다. 이제 그가 방에 들어설 때면 오랜 친구들이 목소리를 낮추었다. 그러던 1905년 7월 8일 토요일 아침이었다. 브래들리는 에버글레이즈 끄트머리에 있는 자기 집 현관에서 실눈으로 멀리 내다보다가, 흰 돛단배 한 척이 플로리다 만을 가로질러 커스버트 호수로 향하는 모습을 보았다. 그는 부리나케 물가로 달려가서 작은 보트를 띄우고 돛단배를 쫓아 나섰다. 그것이 가이 브래들리의 마지막 모습이었다. 며칠 뒤, 보트를 타고 항해하던 사람 둘이 텅 빈 것 같은 보트 위에서 콘도르가 맴도는 모습을 수상쩍게 여겨 다가갔다가 그 속에서 총에 맞은 브래들리의 시체를 발견했다. 몇몇 깃털 사냥꾼이 살인죄로 체포되었으나 곧 풀려났다.

오래지 않아 오듀본 관리인 두 명이 더 살해되었다. 여론은 깃털 사냥꾼에게 등을 돌리고 오듀본 협회를 지지하는 방향으로 급속히 선회했다. 점점 더 많은 여자가 깃털 달린 모자를 사기를 거부했고, 친구들에게도 그렇게 하라고 압박했다. 시어도어 루스벨트 대통령도 오듀본 협회를 뒤에서 지원하여, 죽은 새 가죽을 벗기는 공장들을 폐쇄하도록 도왔다. 늪에서도 승전보가 울렸다. 1909년, 관리인들은 늘 자신들보다 한발 앞서서 법망을 빠져나가는 바람에 좀처럼 붙잡을 수 없었던 깃털 사냥꾼 중의 책략가 아서 램버트를 쫓는 데 성공했다. 예전에 램버트는 샘핏 강에서 경찰에게 쫓기자 배에서 물로 풍덩 뛰어들어 건너편 둑까지 잠수한 다음에 수달처럼 슬그머니 갈대숲에 몸을 숨기고 사라진 적도 있었다. 그런 램버트도 결국 체포되었다. 제보를 받은 관리인들은 선박용 트렁크의 문짝을 열어젖히고 그 속에 숨었던 램버트에게 총을 겨눴다.

1910년에 뉴욕 시는 왜가리와 백로를 포

보브 헤어스타일

새로운 헤어스타일이 깃털 전쟁을 끝내는 데 도움을 주었다. 1914년, 배우이자 유명 댄서였던 아이린 캐슬이 짧고 뭉툭하게 자른 머리카락으로 쇼에 출연했다. 그녀는 그 헤어스타일을 '보브' 커트라고 불렀다. 맹장 수술을 앞두고 거추장스럽지 않게 자른 머리가 공연 때까지 도로 길지 않던 것이다. 아무려나 상관없었다. 그녀의 참신한 헤어스타일은 당장 유행하기 시작했다. 미장원마다 바닥에 머리카락이 산더미처럼 쌓였다. 보브 헤어스타일을 하면 머리통이 작아졌기 때문에 깃털을 수북하게 쌓은 탁자만 한 거대한 모자를 얹고 있을 수가 없었다. 그래서 '보브'가 유행하자 깃털 수요가 줄었다.

함하여 모든 보호종의 깃털을 판매하거나 소지하는 행위를 금하는 법률을 제정했다. 오듀본 협회에게는 굵직한 승리였다. 미국의 모자 제작자들은 대부분 뉴욕을 기반으로 삼았기 때문이다. 그러나 너무 늦은 감이 없지 않았다. 같은 해에 과학자들이 추산한 바에 따르면, 전 세계에서 중대백로는 겨우 1,400마리쯤 남았고 쇠백로는 250마리쯤 남았다.

3년 뒤, 미국 의회는 "과학 연구나 교육 이외의 용도로…… 야생 조류의 깃털, 큰 깃, 머리, 날개, 꼬리, 가죽, 가죽 일부를" 미국으로 가지고 들어오는 것을 금지했다. 파리나 런던에서 흥청망청 쇼핑한 직후 대양 정기선에 올랐던 우아한 숙녀들은 배에서 내리자마자 미국 세관 직원들의 정중한 인사를 받았다. 직원들은 얼른 배지를 보여 준 뒤, 숙녀들의 모자를 채 갔다.

로저 토리 피터슨의 유명한 책

로저 토리 피터슨은 스물여섯 살까지(사진에서는 나이 든 모습이다.) 미국 동부에 사는 모든 새를 그림으로 그렸다. 그는 새들의 초상을 주머니에 들어갈 만한 크기의 책으로 묶어서 아마추어 관찰자들이 종을 쉽게 알아보도록 돕고 싶었다. 다섯 출판사에서 퇴짜를 맞은 뒤, 피터슨은 호턴 미플린 출판사에서 『휴대용 새 도감』을 펴냈다. 책은 일주일 만에 매진되었다. 그의 책은 간단하게 종을 구별하는 방법을 알려 줌으로써 새 관찰을 대중화했고, 20세기 가장 중요한 책의 반열에 올랐다.

"박사"

깃털 전쟁이 한창일 무렵, 미국의 어린 학생들은 오듀본 어린이 회원에 가입할 때 선물로 받은 새 그림들을 공부하면서 그 새들을 찾아 야외를 누볐다. 그런 학생 중 하나였던 로저 토리 피터슨은 뉴욕 주 제임스타운의 7학년 학생으로 열한 살이었던 1919년에 그림 세트를 손에 넣었다. 구입하는 데는 10센트가 들었는데, 한동안은 돈 낭비로만 보였다. 그러던 어느 날 그가 학교에서 큰어치 그림에 색깔을 칠하기 시작했는데, 왠지 몰라도 그 색깔들이 그의 상상력을 일깨웠다.

그는 다음 토요일에 친구와 함께 놀러 가서도 여전히 그 그림을 생각하고 있었다. 두 소년이 막 언덕 꼭대기에 올랐을 때, 웬 갈색 깃털 뭉텅이가 참나무 둥치에 붙어 있는 모습이 눈에 들어왔다. 그 물체는 꼭 죽은 것 같았는데도 어째서인지 나무에 매달려 있었다. 어리둥절해진 피터슨은 나무로 걸어가서 팔을 뻗어 물체를 건드렸다. "그러자 새가 순식간에 살아나서 사나운 눈으로 나를 노려보더니, 금색 날개를 반짝이며 휙 날아가 버렸다." 그는 나중에 그렇게 회상했다. 그 새는 딱따구리의 일종인 쇠부리딱따구리였다. 새는 등 깃털에 얼굴을 파묻은 채 자고 있었던 것이다. 짧은 그 순간이 로저 피터슨의 인생을 바꿨다. "이후 내게는 새야말로 생명의 가장 생생한 표현인 것 같았다. 머릿속은 새에 대한 생각으로 가득 찼고, 새에 관한 책만 읽었으며, 꿈에서도 새를 만났다."

수백만 명의 아이가 오듀본 협회의 잡지 「버드로어」에서 새에 관한 정보를 배웠다. 아이들이 잡지에서 가장 좋아했던 부분은 새의

브롱크스 새 클럽

1920년대 말, 로저 토리 피터슨을 포함한 아홉 명의 청소년은 뉴욕의 다섯 자치구를 종횡무진 내달리면서 희귀한 새를 쫓고 알아보는 방법을 익히는 일에 맹렬한 경쟁심을 불태웠다. 스스로 '브롱크스 새 클럽'이라고 불렀던 그들은 새 관찰을 스포츠로 바꿔 놓았다. 할렘 강 근처에 공간을 마련한 그들은 뉴욕의 다른 새 관찰 클럽들에게 도전장을 보내어 정해진 24시간 동안 더 많은 새를 발견하는 쪽이 이기는 시합을 하자고 청했다. 브롱크스 새 클럽은 지도, 쌍안경, 협동 전략을 동원하여 마치 전쟁에 나가는 사람들처럼 새 관찰 시합을 준비했다. 그들은 특히 자기들보다 나이가 많은 뉴욕의 다른 새 관찰 클럽 사람들에게 본때를 보여 주기를 좋아했다. 나이 많은 경쟁자들이 회사에 처박힌 동안, 소년들은 학교를 마치고 남는 오후 시간을 활용하여 시합 장소를 미리 답사했다. 그들이 좋아했던 장소 중 하나는 브롱크스의 한 쓰레기장이었다. 그곳에서 흰올빼미네 마리가 쥐를 잡아먹는 모습을 발견한 적도 있었다.

브롱크스 새 클럽은 좀처럼 패하지 않았다.

전기를 다룬 코너였다. "나는 검은가슴물떼새입니다." 하는 식으로 시작하여, 가상의 새의 목소리로 그 새가 어떻게 먹이를 찾고, 짝을 유혹하고, 새끼를 기르고, 먼 길을 날아 이주하는지 설명하는 글이었다. 매 호마다 다른 새가 출연했다.

그 이야기들을 쓴 사람은 코넬 대학 교수로서 조류 행동학의 세계적 전문가였던 아서 오거스터스 앨런이었다. 조류학과 학생들이 간단히 '박사님'이라고만 불렀던 그의 집에는 역시 조류학자인 아내 엘사와 다섯 아이 외에도 가시올빼미 한 마리, 제멋대로 돌아다니는 까마귀 한 마리, 되샛과의 붉은가슴밀화부리 한 가족, 집 뒤 연못에서 첨벙거리는 야생 오리 수십 마리가 살았다.

특별한 손님도 늘 있었다. 한번은 어느 농부가 어린 검독수리를 잡아서 앨런의 코넬 대학 연구실로 보냈다. 박사는 새를 집으로 데려와서 야외 우리에 넣었다. 큰 새는 보름 동안 어떤 먹이도 거부했다. 죽은 생쥐를 주면 부리를 돌렸고, 죽은 토끼에는 콧방귀를 뀌었으며, 죽은 닭도 무시했다. 신선한 생선마저 거절했다. 박사는 독수리들이 보통 먹이를 직접 죽인다는 사실을 떠올리고는 산 검정 암탉을 우리에 넣고 문을 닫아 보았다. 두 새는 서로 가만히 바라보다가 나란히 앉아 잠이 들었다. 독수리는 곧 단식 투쟁을 마치고 박사가 주는 먹이를 뭐든지 받아먹었다. 그러나 친구인 암탉만은 절대 건드리지 않았다. 박사는 원래 산 동물을 잡아먹는 포식자인 독수리가 포식 습성을 잃은 걸까 궁금해서 다른 암탉을 밀어 넣어 보았다. 문이 닫히자마자 독수리는 새로 들어온 닭을 덮쳐 잡아먹었다.

쌍안경

쌍안경에 강력한 확대 렌즈를 장착할 수 있게 되자, 새를 쏘아 표본을 얻을 필요가 점차 줄었다. 처음에는 부자만 쌍안경을 살 수 있었지만, 1920년 무렵에는 브롱크스 새 클럽의 어린 회원들도 7달러만 내면 새를 실제보다 네 배 더 크게 보여 주는 쌍안경을 통신 판매로 살 수 있었다. 요즘의 가벼운 쌍안경은 영상을 40배 이상 확대해 보여 준다.

앨런 교수는 늘 새로운 장비를 실험했다. 특히 카메라와 녹음 기기를 실험했다. 1924년 봄, 그와 아내 엘사는 모델 T 포드 자동차에 카메라, 렌즈, 필름 통, 쌍안경을 챙겨 넣고 남쪽으로 향했다. 미국의 희귀 조류 몇 종을 촬영하고 녹화하기 위해서였다. 그들은 플로리다에 도착해서 모건 틴들이라는 남자를 소개받았는데, 호리호리하고 비바람에 단련된 얼굴을 지닌 그 남자는 흰부리딱따구리 한 쌍이 사는 곳으로 부부를 안내하겠다고 제안했다.

앨런 부부는 얼른 제안을 수락했다. 흰부리딱따구리는 한동안 보고되지 않았던 터라, 많은 조류학자는 그 새가 멸종했으리라고 짐작하고 있었다. 사실은 그렇지 않다면, 얼마나 멋진 발견이겠는가! 앨런 부부는 엔진의 굉음 너머로 들려오는 틴들의 방향 지시에 따라서 범람한 늪지로 차를 몰았다. 널찍하게 늘어선 거대한 사이프러스 나무에서 늘어진 회색 이끼가 커튼처럼 드리워져 있었다. 포드 자동차는 바퀴가 완전히 물에 잠긴 채 27킬로미터를 달렸다. 어느 날은 저녁에 엔진이 털털거리면서 멎더니 다시 켜지지 않았다. 도움의 손길은 수 킬로미터나 떨어져 있었고, 차는 앨리게이터가 들끓는 늪에 뜬 섬이 되었다. 다행히 다음 날 아침에 엔진이 부르릉 살아나서 앨런 부부는 가슴을 쓸어내렸다.

흰부리딱따구리에 대한 틴들의 말은 옳았다. 4월 12일에 동이 튼 직후, 앨런 박사는 야자 잎으로 만든 잠복처 뒤에서 쭈그리고 밖을 내다보다가 사이프러스 나무 사이로 커다란 흑백 딱따구리 두 마리가 날아오는 모습을 목격했다. 새들은 날개 아래쪽에 안장 모양으로 널찍하게 난 흰 무늬를 똑똑히 보여 주면서 위로 휙 솟구쳐서 죽은 소나무 꼭대기의 옹이에 앉았다. 앨런은 손가락을 진정시키고 새에게 겨눴다. 산탄총이 아니라 카메라였다. 그는 역사상 최초로 흰부리딱따구리 사진을 찍었다.

새들은 몇 차례 울더니 함께 늪으로 날아가 버렸다. 앨런은 정신없이 철벅철벅 뒤따르다가, 이내 멈춰 서서 숨을 고르고 부츠에 고인 물을 뺐다. 그러나 새들은 그날 밤에 돌아왔다. 그다음 날도. 그리고 드디어 탐사자들을 꼭대기에 뒤틀린 옹이가 있는 죽은 사이프러스 나무로 이끌었다. 갓 뚫은 것이 분명한 커다란 타원형 구멍이 땅에서 9미터 높이에 나 있었다. 둥지였다. 그것은 곧 흰부리딱따구리가 아직 번식하고 있다는 뜻이었다. 앨런은 좀 더 선명한 사진을 찍었고, 흰부리딱따구리의 구애 활동을 기록했다. 새끼가 부화할 때까지 머물진 못하고 돌아와야 했지만 말이다.

놀라운 발견은 미국 전역의 신문들에 크게 실렸다. 기자들은 학자인 앨런 부부를 사파리의 영웅으로 둔갑시켰다. 한 신문은 부부의 여행을 가리켜 "희귀한 새를 찾아서 온갖 질병이 창궐하는 플로리다 늪지대 깊숙이 파고든, 위험과 모험이 가득한 탐험"이라고 묘사했다. 기사들은 "코넬 전문가들 상아 부리 새를 발견하다", "미답의 플로리다 늪지에서 희귀하고 괴상한 새 발견되다" 따위의 제목으로 연신 선전했다.

사실 그보다 더 중요한 점은 앨런 박사가 대부분의 미국인이 보지 못한 희귀한 새들을 찍은 사진 약 7,000장과 활동사진 필름 약 500미터를 가지고 돌아온 점이었다. 그는 총 한 발 쏘지 않고도 미국의 조류에 대한 지식을 넓혔고, 물론 흰부리딱따구리도 재발견했다. 그런데 그와 엘사가 플로리다를 떠나기 직전에 틴들이 보낸 전갈이 그들의 탐사에 음울한 그림자를 드리웠다. 앨런 부부와 틴들이 플로리다를 수색할 때, 그 동네 수집가 두 명이 그들의 뒤를 밟았던 것이다. 흰부리딱따구리가 귀한 새라는 사실을 알았던 수집가들은 그 동네 보안관에게 사냥 허가를 내 달라고 요청했다. 놀랍게도 보안관은 요청에 따랐다. 틴들은 이제 그 새들이 사라지고 없다고 했다.

평소에는 여간해선 동요하지 않았던 아서 앨런이 기자들에게 다음과 같이 간결하게 전할 때 그 말에 우울한 기색이 서린 것은 그 때문이었다. "플로리다 주가 [흰부리딱따구리를] 합법적으로 잡도록 계속 허락하는 한, 이 종은 분명히 절멸할 것입니다." 그가 개인적인 감정을 드러내진 않았지만, 어쩌면 그는 멸종이 벌써 닥쳤을지도 모른다고 걱정했을 것이다. 더더욱 나빴던 점은, 미국의 유일한 전업 조류학 교수이자 야생의 새를 이해하는 데 평생을 바친 아서 앨런 자신이 미국에서 가장 희귀한 새의 운명을 정하는 데 무심코 기여했을지도 모른다는 생각이었을 것이다.

앨런 박사가 세계 최초로 찍은 흰부리딱따구리 사진.

6장
새처럼 생각하는 법을 배우다

내 가장 좋은 친구는
말을 주고받지 않는 친구들이지.
—에밀리 디킨슨

1914~1934년, 뉴욕 주 중부

지미 태너가 여덟 살인가 아홉 살 때 찍은 가족사진이 있다. 그는 공원 벤치에 앉아서 쌍안경으로 세상을 내다보고 있다. 옆에는 지미보다 키가 큰 형 에드워드가 몸을 숙인 채 골똘히 책에 집중하고 있고, 그의 어머니도 책을 읽고 있다. 지미는 자신만의 세계에 빠져, 무엇을 보는지 모르겠지만 그것에 완전히 몰두해 있다. 보나마나 새였을 것이다.

쌍안경을 보고 있는 잿빛 머리카락의 날씬한 소년은 자라서 흰부리딱따구리와 영원히 이어질 것이었다. 그는 그 새를 누구보다 잘 알게 되고, 누구보다 많은 시간을 함께 보내고, 그 새의 소리를 기록하고, 가장 훌륭한 사진을 찍고, 그 새의 멸종을 막기 위해서 인생의 몇 년을 바칠 것이었다. 만약에 몇십 년만 더 일찍 태어났더라면, 그도 아서 웨인처럼 흰부리딱따구리를 표본으로 수집하여 연구하는 사람이 되었을지 모른다. 그러나 그는 오듀본

87

운동의 자식이었다. 그는 새들의 행태를 주로 자연의 서식지에서 연구하도록 배운 첫 세대 조류학자였다.

짐 태너는 뉴욕 주의 작은 마을 코틀랜드에서 1914년에 태어났다. 최후의 나그네비둘기 마사가 신시내티 동물원에서 죽은 해였다. 그의 부모님은 두 아들에게 책으로 하는 공부뿐 아니라 활발한 야외 활동, 종교적 가르침, 기계 다루는 기술까지 아울러서 다방면의 교육을 제공했다. 짐은 거의 모든 물건을 고칠 줄 알았고, 고치지 못할 때는 아예 새로 만들었다. 복잡한 물건을 분해하면 모든 부속을 어디에 놓았는지 죄다 외웠다가 도로 말끔하게 조립해 냈다. 사람들은 그에게 언젠가 뭔가 유용한 물건을 발명해서 부자가 될 수도 있겠다고 말했다. 짐과 에드워드 형제는 시어도어 루스벨트 대통령처럼 자신을 단련하기 위해서 뉴욕의 쌀쌀한 한겨울에도 방충망으로 둘러싸인 집 밖 현관에서 잠을 잤다. 형제는 잔뜩 떨었지만, 그 덕분인지 좀처럼 아프지 않았다.

짐은 무엇보다도 자연을 사랑했다. 학교를 마치면 집 근처를 쏘다니면서 탐사하느라 '저녁 먹을 때까지' 귀가해야 한다는 집안 규칙을 거의 지키지 못했다. 주말에는 배가 고프면 불을 피워 구워 먹을 요량으로 납지에 싼 소고기 덩어리를 배낭에 쑤셔 넣고서 기나긴 하이킹에 나섰다. 그는 때로는 혼자서, 때로는 친구 칼 매캘리스터와 함께 호수들이 즐비한 뉴욕 중부의 낮고 평평한 구릉지를 걸으면서 골짜기와 새파란 빙하 연못을 탐험했고, 화강암 바위로 몸을 끌어 올렸고, 늪지를 탐사했고, 조용해지는 법을 익혔다.

작은 마을에 사는 여느 소년처럼 짐에게도 라이플이 있었고, 그도 총 쏘기를 좋아했지만, 총을 가지고 다니지는 않았다. 친구늘이 나비를 수집할 때도 그는 혼자 거부했다. 날개에 차마 핀을 꽂을 수 없었기 때문이다. 그는 자연의 생명체를 자신의 방식이 아니라 그들의 방식으로 만나고 싶었다.

짐에게는 모든 자연이 관심의 대상이었지만, 그중에서도 새만큼 매혹적인 것은 없었다. 그는 특히 새소리 듣기를 좋아했다. 새들의 노랫소리를 흉내 내려고 연습해서, 가끔은 답을 듣기도 했다. 그는 어느 새가 땅에서 우는지, 어느 새가 나무 허리에서 소리 내는지, 어느 새가 꼭대기 가지에서 노래하는지를 독학으로 배웠다. 그는 가락도 없이 외마디로 내지르는 날카로운 경고의 소리만 듣고서도 어느 새인지 구별할 수 있을 만큼 새들을 속속들이 알았다. 둥지와 알을 알아보는 법도 익혔다. 올빼미가 미처 소화하지 못한 먹이를 덩어리 형태로 토해 낸 펠릿을 소나무 밑에서 발견하면, 작대기로

짐 태너와 그가 구한 검독수리.

89

그 털 뭉치를 헤집어서 작은 생쥐 뼈를 드러냈다. 가끔은 하이킹을 갈 때 무거운 카메라를 가지고 가서 사진을 찍었고, 집에 돌아온 뒤 화장실을 암실로 삼아 직접 현상했다.

짐은 학교에서도 많이 배웠지만, 가장 귀중한 교훈들은 그 기나긴 하이킹에서 배웠다. 그는 날짜와 시각을 맨 위에 적고 날씨와 풍향을 기록한 일지를 작성했다. 끼니를 미루고 오래 걷는 데 익숙해졌다. 나무에 등을 대고선 채, 나무껍질이 어깨뼈를 파고들어 미치도록 가려워도 꼼짝 않고 참는 법을 배웠다. 그중에서도 제일 중요한 교훈은 우리가 비록 야생동물들과 미리 약속을 잡고 만날 수는 없어도 동물들을 충분히 세심하게 조사한다면 녀석들이 어디에 있을지 예측할 수 있다는 사실이었다.

짐은 십대가 될 무렵에는 벌써 보이스카우트의 조류학 배지들을 전부 순조롭게 획득했고, 새에 관한 한 마을 최고의 전문가로 알려졌다. 한번은 한 마을 사람이 제 영역에서 멀리 떠나온 다친 검독수리를 발견하고는 당연하다는 듯이 짐에게 데려왔다. 짐은 집에 마련한 우리에 검독수리를 넣고 쥐를 먹이면서 보살폈다. 이윽고 새가 기운을 찾자, 짐은 매사냥꾼처럼 검독수리를 자기 팔에 얹고서 사냥을 가르쳤다.

고등학교 졸업반이 된 짐 태너에게는 많은 선택지가 눈앞에 있었으나, 그에게는 이미 계획이 있었다. 대단히 운 좋게도, 그의 집은 조류학에 관한 한 세계 최고의 기관으로 꼽히며 아서 오거스터스 앨런 교수가 미국 유일의 조류학과를 운영하는 코넬 대학에서 불과 35킬로미터 떨어져 있었다. 짐이 버스를 타고 한 시간만 가면 새를 배우고 가르치고 도우면서 살 수 있는 기회가 열린다는 뜻이었다. 반에서 3등을 한 그는 코넬에 지원하여 쉽게 입학 허가를 받았다.

1931년 늦여름에 가족과 작별할 때, 짐 태너는 어떤 새 못지않게 숲에

통달한 숲의 자식이었고 생쥐를 노리는 올빼미 못지않게 지식에 목마른 학생이었다. 그는 세계적으로 유명한 앨런 박사 밑에서 공부하기 위해 뉴욕 주 이타카로 향했다. 이제 "저녁 먹을 때까지 귀가해야 한다."는 규칙은 없었다. 이제 저녁은 언제든 먹을 짬이 날 때 먹을 것이었다.

낡은 맥그로홀

코넬 대학 조류학과 학생들에게 세상의 중심은 맥그로홀이었다. 걸핏하면 눈으로 뒤덮이는 캠퍼스를 지나 그 삐걱거리는 건물로 들어선 사람은 침침한 조명에 얼른 눈을 적응해야 했고, 콧구멍으로는 싸한 포름알데히드 냄새를 맡았다. 시끄러운 3층 건물에는 작은 교실, 연구실, 수납실이 수십 개 있었고 박물관도 있었다. 먼지 쌓인 창틀마다 뼈만 남은 날개를 들어 올린 새 골격이 서 있었다. 박제된 매와 올빼미와 섭금류가 건물 구석구석에서 말없이 사람들을 지켜보았다. 실험실 선반에 놓인 유리병 속에는 소금에 절여진 새의 각종 부위가 짠물에 나른하게 떠 있었다.

새를 공부하는 학생들은 밤낮으로 조사하고 실험했다. 연구는 새들이 무엇을 먹는지 알아내는 것과 관련된 내용이 많았다. 맥그로홀의 개수대에서는 산 황소개구리가 물을 튀겼고, 실험실에 보관된 커다란 수조에서는 들

맥그로홀의 속 비우기 방

새를 공부하고 싶다면 벌레를 알아야 한다. 거의 모든 새가 곤충과 거미를 먹기 때문이다. 낡은 맥그로홀의 외풍 심한 탑 꼭대기에는 '속 비우기 방'이 있었다. 학생들은 그곳에서 무참하게 가죽이 벗겨진 새와 동물의 시체를 딱정벌레 떼가 공격하여 뼈대만 남기고 분해하는 모습을 관찰하고 기록했다. 그렇게 얻은 뼈대를 나중에 연구하는 것이었다.

코넬 대학 교수 조지 서턴은 이렇게 썼다. "속 비우기 방에서는 암모니아 냄새가 하도 강해서 다른 냄새를 거의 압도했다. 에드거 앨런 포가 이 무시무시한 방에 딱 2분만 있었더라면 오늘날 세계의 서가에 꽂히지 않은 전혀 새로운 미스터리 스릴러를 써냈을 텐데."

앨런 박사가 코넬 대학의 맥그로홀에서 조류학 수업을 감독
하고 있다. 창틀에 선 새 골격을 보라.

쥐가 매끄러운 벽면을 발톱으로 긁어 댔다. 냉장고에는 죽은 고양이가 들어 있었고, 마대 자루에는 나중에 위장을 검사하려고 보관한 죽은 매와 올빼미가 들어 있었다. 심지어 어느 학생은 개인적으로 뱀을 수집해서 길렀는데, 어느 날 뱀들이 몽땅 탈출해 버렸다. 이후 몇 달 동안 건물 곳곳에서 곧잘 등골이 서늘해지는 비명이 울려 퍼졌으나, 시간이 좀 흐르자 학생들은 신경조차 쓰지 않았다. 비명이 들리면 누군가 표본 플라스크 뒤에 도사린 푸른 채찍뱀과 마주쳤거나, 검정뱀이 높은 도서관 책장에서 어느 학생이 펼쳐 둔 교과서 위로 떨어졌다는 뜻일 뿐이었다.

1931년, 대공황이 닥쳐서 너 나 할 것 없이 가난해지자 자식을 대학에 보내기 힘든 가족이 많아졌다. 앨런 박사는 조류학과 학생들을 학교에 붙잡아 두려고 갖은 애를 썼다. 몇 명에게는 맥그로홀에서 살아도 좋다고 허락하기까지 했다. 플로리다에서 온 한 청년은 방을 빌릴 돈이 없어서 밤이면 교실의 길쭉한 실험대에 침낭을 펼치고 잤다. 아침이 되어 이른 수업을 들으려고 교실로 들어오는 학생들 소리에 벌떡 잠에서 깨면, 그는 황급히 바지를 꿰고 캐비닛 뒤에 숨어 면도를 했다. 저녁은 큰 냄비에 직접 조리했다. 보통 당근, 콩, 빵 부스러기를 넣은 스튜였고 그날 캠퍼스에서 덫으로 잡은 붉은날다람쥐나 얼룩다람쥐 따위가 추가되곤 했다.

가족에게 경제적으로 지원받는 짐 태너는 남학생 전용 하숙에 짐을 풀었다. 일주일에 5달러로 침대와 저녁을 제공하는 하숙이었다. 그것으로 충분했다. 태너와 동료 조류학과 학생들에게는 거의 하루 종일 새, 새, 새뿐이었다. 그는 곤충학, 동물학, 그리고 새에 관한 문헌에 많이 쓰이는 언어인 독일어 수업을 들었다. 드로잉, 세균학, 식물학, 유전학도 공부했다. 그는 특히 앨런 교수가 새로 개설한 '야생동물 보전' 수업을 좋아했다. 야생동물을 자연 서식지에서 어떻게 보존할 것인지를 논하는 수업이었는데, 미국에서 그런 수업이 개설된 것은 처음이었다.

월요일 밤마다 태너는 친구들, 교수들, 손님들과 함께 맥그로홀로 가서 새에 관해서 토론했다. 매주 열렸던 그 세미나는 각자 지난주에 캠퍼스에서 목격한 새를 참가자들에게 말하는 것으로 시작되었다. 그것은 남들 앞에서 실력을 뽐낼 기회일 수도 있었고, 거꾸로 부끄러운 실수를 입 밖에 낼 수도 있는 자리였다. 세미나를 이끈 앨런 박사는 새를 잘못 알아본 실수에 대해 결코 웃음이나 가혹한 말로 반응하지 않았고, 부드러운 질문과 사려 깊은 논평으로 대응했다. 되레 그것이 더 가혹할 수도 있었다. 샐리 호이트 스포퍼드라는 학생은 자신이 3월에 노래참새를 목격했다고 말했던 일을 기억하는데, 이타카에서 그 새를 보기에는 너무 이른 시기였다. 다른 참가자들은 아래를 내려다보면서 웃음을 감추려고 애썼고, 샐리의 얼굴은 붉어졌다. 앨런 박사는 부드러운 목소리로 그저 이렇게 말했다. "정말 흥미롭군. **정말** 이른 녀석인걸."

태너는 열심히 공부했고, 빠르게 배웠고, 좋은 성적을 받았다. 그는 4년 과정을 3년 만에 마쳤다. 그가 그렇게 대학을 마치고 앞으로 무얼 할까 궁리하던 1934년 봄, 맥그로홀은 박사가 안식년 휴가를 어떻게 쓸 것인지를 두고 갖가지 소문과 내기가 난무했다. 박사는 코넬 대학에서 긴 휴가 한번 없이 20년 넘게 학생들을 가르치면서 그동안 코넬을 조류학의 세계적 선두 주자로 만들었다. 그런 그가 드디어 반년의 휴가를 얻어 원하는 것을 마음껏 연구할 수 있게 되었던 것이다.

대부분의 사람들은 박사가 새소리와 관련된 연구를 하리라고 예상했다. 1929년에 할리우드의 영화 제작사가 박사에게 연락하여 영화에 배경음으로 쓸 새소리를 제공해 줄 수 있느냐고 물었다. 박사에게는 그런 녹음 자료가 없었기 때문에 바로 제공하진 못했지만, 박사는 영화에 쓸 새소리를 녹음한다는 생각에 매력을 느꼈기 때문에 제작자들에게 코넬로 와서 몇몇 새를 녹음해 보라고 제안했다. 발성 영화 초기였던 당시에는 영화에 쓸 소리를 녹음하려면 '소리 녹음 카메라'에 '활동 사진 발성 필름'을 넣고 대상을 촬영하는 방법밖에 없었다. 그렇게 녹음한 필름을 스크린에 영사하는 것이었다. 그해 봄, 할리우드 기술자들이 트럭에 3만 달러나 나가는 녹음 장비를 싣고서 이타카로 왔다. 그들은 코넬 캠퍼스에서 박사를 태운 뒤 곧장 시내 공원으로 달려갔다. 그곳에서 노래하는 새들을 녹음할 수 있는지 알아보기 위해서였다.

사람들은 무거운 카메라와 마이크를 든 채 공원을 비틀비틀 쏘다녔다. 보통은 새에게 가까이 다가가기도 전에 겁을 주어 날려 보내기 일쑤였다. 그래도 이럭저럭 조금 촬영하는 데 성공했다. 맥그로홀로 돌아와서 들어 보니, 노래참새, 집굴뚝새, 붉은가슴밀화부리의 새된 소리를 희미하게나마 알아들을 수 있었다. 박사는 그 소리에서 미래를 들었다.

이후 몇 년 동안 박사는 점점 더 많은 학생과 함께 새소리 녹음 방법을 갖가지로 실험했다. 그 활동의 중심에는 앨버트 브랜드가 있었다. 뉴욕 출신의 땅딸막한 브랜드는 새를 공부하기 위해서 월스트리트의 주식 중개인 일을 때려치우고 코넬로 온 사내였다. 브랜드는 제 돈으로 녹음 기계를 구입했고, 박사와 세 엔지니어와 함께 밤낮으로 기계를 만지작

소리 거울

코넬 대학 조류학과 학생 피터 킨은 어느 날 오후에 뉴욕으로 놀러 갔다가 라디오 시티 뮤직홀 건물을 짓는 현장에 발길을 들였다. 킨은 그곳에 사운드 시스템의 일부로서 설치되는 거대한 포물선형 반사판을 보고 흥미를 느꼈다. 대형 접시 같은 반사판은 소리를 집중하고, 증폭하고, 원하지 않는 잡음을 차단하는 역할을 했다.

킨은 반사판을 작은 규모로 쓸 순 없을지 자문해 보았다. 작은 이동식 반사판을 만들어서 새 둥지에 가져다 대면 어떨까? 마침 코넬 대학 물리학과의 다락방에는 제1차 세계대전 중 적군 비행기를 감지하는 데 썼던 포물선형 반사판을 만들던 틀이 보관되어 있었다. 킨과 동료 학생 앨버트 브랜드는 그 틀을 써서 크고 반짝거리는 접시를 만든 뒤 '소리 거울'이라고 이름 붙였다.

어느 날 아침, 그들은 장치를 바깥으로 가져갔다. 접시를 삼각대에 세우고, 접시 중앙에 마이크를 연결한 뒤, 노래하는 새에게 겨누었다. 효과가 있었다. 평소에 배경으로 잡히던 개 짖는 소리나 강물 소리 같은 잡음이 대부분 사라졌고, 새소리는 더 크고 또렷하게 들렸다.

거렸다. 그들은 희미하게 녹음된 새소리를 알아들을 수 있도록 소리를 한껏 키웠다. 그들의 실험실 옆방에 있었던 한 교수는 "다이얼이 돌아가고 필름이 영사되면 몹시 야성적인 고함, 포효, 굉음, 비명이 들려왔다. 노란 휘파람새의 쾌활하고 귀여운 노랫소리가 음조를 낮추고 소리를 키워서 들으면 꼭 석탄이 운송관을 통해 어느 집 지하실로 쏟아지면서 내는 굉음처럼 들렸다."고 전했다.

브랜드는 역시 코넬의 학생인 피터 킨과 함께 2년 만에 40종의 새소리를 녹음했다. 박사의 안식년 휴가에 대한 최종안을 제공한 것도 브랜드였다. 브랜드는 박사에게 권했다. 전국을 여행하면서 미국에서 가장 희귀한 새들의 소리를 녹음하고 행동을 촬영하면 어떨까요? 그러면 그 새들이 멸종하기 **전에** 미국인들이 그 노래를 듣고 그 움직임을 볼 수 있을 것이다. 브랜드는 코넬 사람들로 팀을 꾸린 뒤 할리우드 영화 트럭처럼 차에 녹음 장치를 설치하면 된다고 했다. 돈은 브랜드 자신이 모금하겠다고 했다. 새들이 짝을 유혹하고 번식 영역을 방어하기 위해서 가장 시끄럽게 노래하는 봄에 작업에 나서면 될 것이었다.

박사는 계획이 마음에 들었다. 오래전부터 그는 나그네비둘기의 구구거림, 초원멧닭의 뛰뛰거림, 래브라도까치오리의 꽥꽥거림, 큰바다오리의 꿀꿀거림을 더는 들을 수 없다는 사실을 아쉬워했다. 예전에는 미국인들에게 너무나도 친숙한 소리들이었으나, 이제 그 새들이 멸종했으니 그 소리들도 인류의 기억에서 영영 사라지고 말았다. 이제 다른 새들도 그처럼 사라질 위기에 처해 있었지만, 브랜드의 발상을 따른다면 새들이 사라지기 전에 소리를 보존할 수 있었다. 그리고 그들이 프로젝트에 성공한다면 코넬은 새소리에 관한 한 세계적 선구자로 알려질 것이었다.

박사의 열의에는 물론 다른 이유도 있었다. 그는 1924년에 아내와 함께 플로리다에서 보았던 흰부리딱따구리 두 마리를 잊지 못했다. 그들이 목격한 직후에 총에 맞아 죽은 그 새들을. 그 뒤에는 흰부리딱따구리를 보았다는 확실한 보고가 한 건도 없었는데, 얼마 전에 갑자기 희망이 생겼다. 박사는 1932년에 메이슨 D. 스펜서라는 변호사가 루이지애나 늪지에서 흰부리딱따구리 한 마리를 쏘아 잡았다는 사실을 전해 들어 알고 있었다. 그 당시 조류학자들이 당장 현장으로 달려가서 흰부리딱따구리를 몇 마리 더 발견했다. 흰부리딱따구리를 필름에 기록하는 것은 박사에게 주어진 두 번째 기회일 것이었다. 아름다운 유령 같은 그 새를 죽이지 않고도 '수집하는' 새로운 방법일 것이었다. 박사는 흰부리딱따구리의 생활사를 연구하고 싶었고, 어떻게 하면 너무 늦기 전에 그 종을 서식지에서 보호할 수 있는지도 알아보고 싶었다.

앨런은 기자들에게 "브랜드-코넬 대학-미국 자연사 박물관의 조류학 탐사"가 새로운 형태의 "사냥"이 될 것이라고 말했다. 탐사대원들은 "총을 집에 놔두고 카메라, 마이크, 쌍안경으로 새를 '잡을' 것"이라고 설명했다.

그 발상은 대중과 과학계의 상상력을 모두 사로잡았다. 한 기사는 "역사상 이토록 민감한 장비를 갖추고 나서는 탐험은 없었다."고 단언했다. 코넬 대학에는 따라나서고 싶어 하는 과학자, 큐레이터, 새 관찰자의 지원서가 물밀듯 들어왔다.

브랜드가 자금을 마련하고 코넬 대학 교수 피터 폴 켈로그가 트럭에 녹음 기계를 설치하는 동안, 박사는 자신이 바라는 대로 팀을 조직했다. 박사 자신은 새를 영상으로 촬영하고 사진으로 찍을 것이었다. 브랜드는 비용을 치르고 녹음을 도울 것이었다. 켈로그는 트럭에서 기계를 작동할 것이었다. 그리고 예리한 눈썰미의 조류 화가 조지 서턴은 새를 알아보고 서식지를 정찰하는 일을 도울 것이었다.

박사에게는 한 명이 더 필요했다. 새를 잘 알면서도 프로젝트에서 고된 일을 담당할 수 있을 만큼 힘세고 민첩한 사람, 원숭이처럼 잽싸게 나무를 오를 줄 아는 사람. 누가 되었든 그는 새벽 5시에 짜증 내는 교수들이 내리는 명령도 흔쾌히 받아들일 만큼 명랑한 사람이어야 했다. 누구하고도 원만하게 어울리는 사람이어야 했다. 탐사대는 미국 전역을 다니면서 자신들과는 시각과 방식이 다른 사람들을 잔뜩 만날 테니까.

어차피 그 결정은 전혀 어렵지 않았다. 박사는 신문사들에게 내보낸 보도 자료에서 이렇게 말했다. "대학원생 제임스 태너는 필요한 일은 뭐든 담당하는 일손으로서 탐사에 동반하기로 했다."

7장
마이크로로 찍다

짐 태너가 코넬 대학 과
학자들이 설계한 '소리
거울', 즉 소리 반사판을
조작하여 흰부리딱따구
리 소리를 포착하려 하
고 있다.

시야를 조준기 너머로 넓히자, 더없이 경이롭고 아름다운 꽃이

봉오리를 벌리듯이 지금까지와는 전혀 다른 세상이 눈앞에 펼쳐졌다.

—분송 레카굴 박사, 태국의 조류학자

1935년, 미국

1935년 2월 13일, 건강이 나빠서 뒤에 남은 브랜드를 제외한 코넬 탐사
대는 산뜻하게 칠한 검은 트럭 두 대에 나눠 타고 이타카를 떠났다. 둘 중
작은 트럭에는 녹음 기계가 갖춰져 있었다. 큰 차량에는 야영 도구와 사진
장비, 식량, 텐트, 각종 물자가 실려 있었다. 큰 트럭 지붕에 설치된 나무 상
자 속에는 관측용 발판이 접힌 채로 담겨 있었는데, 마치 용수철 달린 인형
이 튀어나오는 장난감 상자처럼, 발판을 한껏 감아올리면 새 둥지가 있는
높이인 지상 7미터까지 그 위에 탄 사진사를 받쳐 올릴 수 있었다.

탐사대는 플로리다로 가서 흰부리딱따구리를 찾아보았지만 허사였다.
그래도 대원들은 시간을 허비하지 않았다. 그들은 매일 아침 녹음을 연습했
다. 동트기 전에 꼬박꼬박 일어나서 새소리가 플로리다의 우유 트럭과 트랙
터 소리, 수탉과 개 짖는 소리에 묻히기 전에 작업했다. 그들은 일과를 정했

다. 밭이나 늪에 도착하면, 폴 켈로그는 간이 의자를 끌어다가 녹음 트럭 앞에 앉은 뒤 머리에 헤드폰을 쓰고 다이얼을 돌리며 소리를 조정하기 시작했다. 그동안 짐 태너는 마상 창 시합에 나간 기사가 방패를 쥐듯이 소리 거울을 몸 앞으로 내밀고는, 까끌까끌하고 칙칙한 플로리다의 잡목림 사이로 천천히 발을 끌면서 새들을 향해 조금씩 나아갔다. 번쩍거리는 거대한 원반을 든 태너가 다가오면, 새들은 고개를 돌려 그를 바라보고는 깃털을 부풀리며 시끄럽게 경고의 노래를 불렀다. 그 소리를 켈로그가 트럭에서 빠짐없이 녹음했다.

플로리다와 조지아에서 한 달을 보내고 4월이 되자 두 트럭은 미시시피 주 나체스에서 드넓은 갈색 미시시피 강을 건너 루이지애나 주 털룰라로 향했다. 털룰라 시내 광장은 한가운데 법원을 둘러싸고 사무실 건물과 집이 몰린, 편평하고 먼지 날리는 교차로였다. 탐사대는 광장을 지나 몇 블록 더 간 뒤, 정확히 3년 전에 흰부리딱따구리를 쏘아 잡았던 메이슨 D. 스펜서의 법률 사무소 앞에서 차를 내렸다.

스펜서는 풍채가 좋고 혈색이 불그스레한 정치인으로 흰 리넨 양복을 입고 밀짚모자를 썼다. 그리고 담배를 직접 말아 피웠다. 푸른 담배 연기가 어수선한 사무실 천장에 피어올라 구름처럼 걸려 있었다. 서로 소개를 한 뒤, 스펜서는 코넬 학자들을 탁자로 모으고 지도를 펼쳐 보였다. 그러고는 자신이 새를 쏘았던 지점을 짚으면서 유명한 발견 이야기를 다시 들려주었다. 사건의 발단은 야생동물에 관련된 업무를 맡은 루이지애나 주 공무원들이 뉴올리언스에서 만난 자리였다. 그 자리에서 누군가 털룰라 근처 싱어 보호구역에 흐르는 텐사스 강에서 흰부리딱따구리가 목격되었다는 소문을 써냈다. 한바탕 웃음이 잦아든 뒤, 누군가 농담이랍시고 대체 그 동네 사람들이 헛소리를 얼마나 잘하면 그런 말을 믿는 사람이 다 있겠느냐고 말했다.

메이슨 스펜서는 웃지 않았다. 스펜서는 텐사스에 사냥용 야영지를 갖고 있었고, 모두가 그 사실을 알았다. 사람들은 그가 어떻게 반응할지 궁금해서 들볶았고, 그러자 그는 "내가 그 새를 직접 봤소."라고 단언했다. 사람들은 스펜서에게 그렇다면 새를 쏘아서 뉴올리언스로 가져와 보라고 부추

드넓은 늪지대를 지나는 아이크의 수레.

겼다. 스펜서는 자기도 그러고 싶지만 그러려면 주 정부가 허가증을 써 줘야 한다고 대답했다. 스펜서는 허가증을 얻었고, 새를 잡았으며, 1932년 4월에 뉴올리언스로 새를 가져와서 자연보호 공무원의 책상에 갓 잡은 수컷 흰부리딱따구리 시체를 툭 던졌다.

스펜서에게 경의를 표하는 침묵이 흐른 뒤, 조지 서턴 교수가 용기를 내어 태너와 앨런과 켈로그의 마음에도 똑같이 들어 있는 질문을 감히 끄집어냈다. 서턴은 목청을 가다듬고 물었다. "스펜서 씨, 말씀하신 새가 큰 도가머리딱따구리가 아닌 게 확실합니까?" 방은 쥐 죽은 듯 조용해졌다. 스펜서는 서턴을 노려보았다. 그러더니 코웃음을 치며 말했다. "이봐요! 내가 당신들한테 이야기하는 이 새는 **킨트**란 말입니다! 나는 킨트를 평생 봐 왔소. 내가 꼬마일 때 우리 아버지가 나한테 보여 줬지. 가을에 사슴 사냥을 갈 때마다 본단 말이오. 아주 **큰** 새죠. 크고 흑백이고 꼭 고방오리처럼 숲 속을 날아다니지!"

코넬 탐사대에게는 그 말이면 충분했다. 고방오리를 언급한 부분이 특히 그랬다. 흰부리딱따구리는 정확히 그렇게 나는데, 그 사실은 직접 본 사람만 알 수 있었다. 스펜서는 늪에 있는 안내인의 오두막으로 가는 길을 지도에 그려 주었고, 탐사대는 다시 트럭에 올랐다. 오래지 않아 그들은 물 잠긴 땅을 철벅철벅 달리는 트럭 속에서 고개를 쭉 뺀 채, 길 양쪽으로 대성당 벽처럼 까마득히 솟아오른 거대한 나무들을 얼빠진 듯 올려다보았다.

몇 킬로미터쯤 갔을까, 노새 한 무리가 끄는 빈 수레를 모는 웬 남자가 그들에게 손짓하여 차를 세웠다. 남자는 자기를 아이크라고만 소개했고, 그들을 도우라는 시시를 받고 왔다고 말했다. 탐사대는 기꺼이 트럭을 길가에 주차하고, 장비를 아이크의 수레로 옮긴 뒤, 자신들도 수레에 탔다. 노새들은 숲 속 질척한 길을 8킬로미터쯤 걸어서 J. J. 쿤의 오두막으로 갔다. 쿤은 탐사대의 흰부리딱따구리 수색을 돕기로 한 삼림 관리인이었다. 당장 일을 시작하기에는 날이 너무 늦었기 때문에, 그들은 방충망이 쳐진 널찍한 현관에 침낭을 펼치고 장비는 부엌에 쌓았다. 기쁘게도 아이크의 아들 앨버트가 벌써부터 그들이 먹을 저녁을 준비하려고 땔감으로 나무를 패는 소리가 들려왔다.

"봤습니까?"

이튿날 아침, 박사와 태너와 서턴은 쿤을 따라 한 줄로 늘어서서 울창한 늪지대 숲으로 들어갔다. 켈로그는 녹음 트럭에서 작업하려고 뒤에 남았다. 3월에 내린 비로 숲은 거대한 웅덩이로 변했고, 제일 높은 지대만 간신히 물 위로 나와 있었다. 쿤은 성큼성큼 시원스러운 걸음으로 길을 이끌었다. 후텁지근한 더위에도 쿤은 긴팔 플란넬 셔츠를 목까지 채우고 사냥용 모자로 머리를 보호했다. 쿤은 말이 거의 없었다. 늘 수다스러운 서턴 교수는 빳빳하게 다린 셔츠와 보기 좋게 맨 넥타이 차림으로 철벅철벅 뒤를 따랐다. 젊은 태너도 말쑥하게 입었고, 보통은 생각을 입 밖으로 내지 않았다. 늘 구깃구깃한 차림인 박사가 맨 뒤를 맡았다.

구깃구깃하든 빳빳하든 모든 바지가 곧 다리에 철썩 들러붙었다. 그러나 남자들은 축축하고 불편한 것도 잊은 채, 덩굴식물에 휘감긴 야생의 숲에 매료되었다. 숲은 꽃 내음으로 향기로웠고 봄의 휘파람새들이 노래하는 소리가 들렸다. 제일 좋은 점은 모기 철이 되려면 아직 2주나 남았다는 점이었다. 그들은 좁은 길을 통과하여 쿤이 존 지류라고 부르는 널찍한 호수로 걸어 들어갔다('지류'라고 옮긴 'Bayou'는 강물이 본류에서 벗어나 느리게 흐르면서 늪

흰부리딱따구리가 둥지에서 떠나는 모습. 앨런, 서턴, 태너는
이와 비슷한 모습을 목격했다.

지를 형성한 곳을 말한다—옮긴이). 이윽고 쿤이 어느 높다란 참나무 앞에서 멈췄다. 마치 커다란 당근을 벗긴 것처럼 나무껍질이 벗겨져 있었다. 죽은 나무의 껍질이 길게 늘어진 천처럼 줄기에 대롱대롱 매달려 있었다. 대단히 힘센 무언가가 벗겨 낸 게 분명했다. 모두들 두리번두리번 용의자를 찾아보았지만 아무것도 눈에 들어오지 않았다.

그들은 이틀 더 지류들을 훑었다. 숲은 나무를 쪼아 대는 딱따구리들로 부산했지만, 흰부리딱따구리 소리는 들리지 않았다. 짝을 부르는 소리도 나무를 쪼는 소리도 들리지 않았다. 셋째 날이 되자 쿤은 초조해졌다. 그는 흰부리딱따구리가 거기 있는 게 분명하고 자기가 몇 주 전에 똑똑히 봤다고 우겼다. 급기야 그는 더 깊은 물로 들어가는 수밖에 없다고 결론 내렸다. 탐사대는 존 지류로 되돌아간 뒤, 이제 속까지 흠딱 젖은 몸을 동쪽으로 돌려서 서턴이 "거인 같은 나무들, 덩굴옻나무, 보이지 않는 웅덩이의 여명"이라고 표현한 세상으로 철벅철벅 들어갔다.

네 탐험가는 아프리카 사파리에서 사냥감을 모는 사람들처럼 서로 거리를 두고 일렬로 늘어서서 걸었다. 서로 모습이 보이지 않으니 자주 소리쳐 부르면서 걸었다. 몇백 미터를 갔을까, 서턴의 귀에 쿤이 흥분해서 뭐라고 외치는 소리가 들리는 것 같았지만, 뭐라고 하는지는 알 수 없었다. 서턴은 쿤을 따라잡으려고 뛰기 시작하면서 어깨 너머로 태너에게도 얼른 쫓아오라고 불렀고, 태너도 달리기 시작하면서 뒤따르는 앨런을 소리쳐 불렀다. 모두가 쿤을 따라잡고 보니, 쿤의 얼굴이 흥분으로 벌겠다. 쿤은 손가락으로 숲 속을 찌르면서 말했다. "바로 **저깁**니다, 여러분. 누구 그 소리 들은 분 없나요?" 그들은 손바닥을 오므려 귀에 댔다. 도가머리딱따구리 소리만 들릴 뿐이었다.

그들은 다시 전진했다. 이번에는 좀 더 천천히, 서로 좀 더 가까이 붙어서. 쿤과 서턴이 먼저 땅에 쓰러진 큼직한 사이프러스 나무로 깡충 뛰어올라 팔을 펼치고 뒤뚱뒤뚱 걸었다. 그러면 좀 더 잘 보이고 잘 들릴까 싶어서였다. 갑자기 쿤이 우뚝 서면서 속삭였다. "저기 있습니다, 박사님! 봤습니까?" 쿤이 서턴의 어깨를 잡고 빙글 돌려세우는 바람에 둘 다 통나무에서 떨어질 뻔했다. 쿤은 이제 아예 고함을 질렀다. "둥지예요! 저기! 저기 있어요, 바로 저 위에!" 서턴은 주저거렸다. 그도 **뭔가** 보기는 했다. 뭔지 몰라도 화살 같은 그림자가 죽은 나무로 날아가는 모습이었다. 그러나 그게 뭔지는 알 수 없었다. 서턴의 눈길은 서서히 나무 꼭대기에 뚫린 큼직한 타원형 구멍으로 집중되었다.

기쁨에 겨운 쿤이 고명한 아이비리그 교수를 붙잡고 촐랑거리면서 춤을 추려는 동안, 태너가 서둘러 달려오다가 그들과 부딪혀 하마터면 다 함께 통나무에서 떨어질 뻔했다. 뒤이어 앨런 박사가 곰처럼 수풀을 헤치며 달려와 합류했다. 네 남자는 껄껄거리면서 통나무 위에서 춤을 췄다. 그러나 그것은 쿤을 치하하기 위해서였다. 그들은 아직 쿤이 본 것을 보지 못했다. 그렇게 그들이 춤추고 있는데, 새가 노래하기 시작했다. 그들은 그 자리에 얼어붙었다. 서턴은 이렇게 썼다. "염소가 우는 것처럼 이상한 소리였다. 그 소리를 듣는 순간, 내가 한 번도 들어보지 못한 소리라는 걸 바로 알았다."

그 순간, 커다란 흑백 창처럼 생긴 것이 나무로 휙 날아왔다. 남자들은 모두 엎드렸다. 태너와 서턴은 마침내 전설의 새를 처음 보았고, 앨런은 옛 친구를 다시 만났다. 암컷 흰부리딱따구리가 둥지로 날아들었고, 금세 다시 고개를 내밀더니, 도로 나와서 날아갔다. 서턴은 이렇게 회상했다. "날개에 흰 부분이 많이 보였다. 길고 검은 볏은 끄트머리가 앞쪽으로 멋지게 휘었다. 눈은 하얗고 사납도록 또렷했다. 거침없이 재빠르게 날았다."

암컷은 짝과 함께 돌아왔다. 수컷은 약간 더 컸고, 검은 볏이 앞으로 쏠린 암컷과는 달리 붉은 볏이 뒤로 휘었다. 남자들을 발견한 수컷이 그들을 정면으로 보기 위해서 고개를 돌렸다. 수컷은 그들의 머리 위 나뭇가지로 날아가서 고개를 모로 꼬고는 영롱한 호박색 눈동자 한쪽으로 그들을 바라보고, 뒤이어 다른 쪽 눈동자로 바라보았다. "얼마나 근사한 생명체였는지! 새는 크게 울고, 깃털을 가다듬고, 부르르 몸을 털고, 반항적으로 뭐라고 지껄이더니, 줄기를 타고 좀 더 아래쪽으로 내려와서 나를 좀 더 가까이 쳐다보았다. 새의 선홍색 볏과 흰 어깨띠를 바라보노라니 그보다 더 인상적이고 잘생긴 새는 본 적이 없다는 생각이 들었다." 서턴은 이렇게 회상했다.

흰부리딱따구리는 정말로 거기 있었다. 뜬소문과 막다른 탐색과 거짓 제보의 세월이 흐른 뒤, 박사는 이윽고 두 번째 기회를 얻었고 코넬 탐사대는 녹음 프로젝트의 스타를 만났다. 그것도 한 마리가 아니라 짝을 이뤄 둥지를 지은 두 마리를. 그들은 그날 밤 쿤의 오두막에서 다음 할 일을 의논했다. 그들은 흰부리딱따구리를 찾아냈다. 이제 할 일은 그 소리를 녹음하는 것이었다. 그러나 미국에서 가장 섬세하고 680킬로그램이나 나가는 녹음 장비를 푹푹 빠지는 진흙탕 한가운데로 어떻게 끌고 갈 것인가?

악몽 같은 늪

코넬 탐사대가 발 들인 야생의 자연은 미시시피 강 삼각주의 일부였다. 방대한 삼각주는 봄마다 저 멀리 미네소타에서부터 내려온 눈 녹은 물과 빗물로 한껏 불어난 강물이 강둑으로 흘러넘쳐서 강바닥에 깔린 실트라는 흙을 토해 낸 탓에 생겨났다. 수천 년 동안 반복된 범람으로 길이 800킬로미터, 폭 80킬로미터의 땅에 실트가 마치 케이크를 덮은 갈색 설탕 옷처럼 두

텁게 깔렸다. 미시시피 삼각주는 세상에서 나무가 자라기에 가장 알맞은 토양 중 하나였다. 사람들이 저지대 숲이라고 부르는 그곳 삼림은 흰부리딱따구리의 주된 서식지였다.

삼각주는 이제 대부분 벌목되어 정착지로 변했다. 그러나 아직 야생 상태를 간직한 큰 숲이 털룰라 남서쪽에 한 군데 남아 있었다. 미시시피 강의 오래된 지류인 텐사스 강은 인간의 기억보다 앞선 먼 과거에 그랬던 것처럼 지금도 뱀처럼 느릿느릿 그 숲을 통과하여 흘렀다. 1830년대에 소수의 정착자들이 그곳에 도달하여 나무를 베고 강둑을 따라 목화를 심었다. 미시시피 강의 봄철 범람을 가둘 제방을 짓고 난 뒤에는 더 많은 가족이 와서 흰 기둥으로 받친 큼직한 집들을 지었다. 그런 큰 집들로부터 조금 떨어진 곳에는 꾀죄죄한 판잣집들이 촘촘하게 생겨났다. 그 일대 인구에서 백인 한 명에 아홉 명의 꼴로 수가 더 많아진 흑인 노예들이 사는 곳이었다.

집들 뒤로는 목화밭이 펼쳐졌다. 목화송이가 터지면, 온 밭은 작열하는 햇살을 받아 표백한 듯 새하얗게 빛났다. 목화밭 뒤로는 악몽 같은 텐사스 늪지에 당당하게 선 나무들이 늘 흐릿하게 시야를 압박했다. 사람들은 목화밭 바로 너머 그 늪에 기고, 짖고, 숨고, 쪼고, 울고, 내지르고, 미끄러지는 온갖 것이 살고 있다고 믿었다. 옳은 생각이었다. 시어도어 루스벨트는 1907년에 늪을 여행한 뒤 이렇게 썼다. "앨리게이터와 민물꼬치고기를 보았다. 그리고 사람만큼 무거운 데다가 크고 딱딱한 부리로 단번에 사람의 손발을 물어뜯을 수 있는 무서운 야수인 늑대거북도 보았다…… 물가에는 몸통이 두꺼운 늪살무사, 사악하고 위험한 그 녀석이 늘 도사렸다. 더 멀리 늪에서는 방울뱀과 미국살무사를 발견하여 죽였다."

1861년에 남북전쟁이 터졌고, 이듬해 북군이 미시시피 강 유역을 대부분 장악했다. 북군 병사들은 텐사스 농장까지 내려와서 말과 소와 식량을 훔쳤고, 노예를 풀어 주었고, 주로 여자와 아이뿐인 농장에 남은 사람들을 위협했다.

농장에서 살던 가족들은 절망적인 선택에 마주했다. 그들은 집에 남아서 북군 병사를 기다릴 수도 있었고, 무서운 늪을 통과하여 텍사스로 도망칠 수도 있었다. 많은 가족은 기도를 올리고 목화밭에 불을 지른 뒤 걷거나 말을 타고서 컴컴한 숲으로 들어갔다.

그로부터 70년이 지난 1935년, 코넬 조류학자들이 흰부리딱따구리를 찾아 그 늪지로 왔을 때는 목화 농장이나 남북전쟁의 흔적은 전혀 남아 있지 않았다. 드문드문 폐허가 된 농장 건물이 향기로운 꽃을 피운 덩굴식물에 파묻혀 있을 뿐이었다. 텐사스 강을 따라 나무들이 쑥쑥 자라서 금세 그 너머의 거인 같은 숲과 한 덩어리가 되었다. 마치 원래부터 아무도 살지 않았던 것만 같았다.

그러나 드넓은 미시시피 삼각주의 나머지 지역은 크게 바뀌었다. 1900년 무렵에 마침내 텐사스 강까지 철로가 놓여서 벌목 인부와 장비를 속속 실어 왔다. 벌목꾼들은 30년 가까이 거대한 앨리게이터의 아가리처럼 텐사스 늪지를 위아래에서 서서히 조여 왔다. 어느새 텐사스 늪은 한때 테네시 주 멤피스에서 멕시코 만까지 초록 융단처럼 뻗었던 미시시피 강 저지대 삼림에서 마지막으로 남은 큼직한 숲이 되고 말았다.

텐사스 강을 따라 우뚝 선 참나무와 물푸

텐사 부족

텐사스 늪지에는 여기저기 거대한 언덕이 솟아 있어서, 공중에서 내려다보면 꼭 진흙탕에 뾰루지가 돋은 것 같다. 그것은 백인들이 나타나기 전에 일대에서 살았던 텐사 원주민이 만든 고분이다. 라살의 르네로베르 카블리에라는 프랑스 탐험가는 1862년에 미시시피 강을 따라 내려가며 삼각주를 탐험하던 중 텐사 마을을 방문하여 환대받았다. 카블리에의 기록에 따르면, 텐사 사람들은 커다랗고 훌륭한 건물을 짓고 살았다. 그들은 태양을 숭배했고, 신전에 피운 불을 꺼뜨리지 않고 보살폈다. 신전 지붕은 세 마리 새를 실물처럼 본떠 조각한 것으로 장식했다. 추장이 죽으면 친구와 친척 여럿을 함께 묻어서 내세까지 따라가게 했다. 훗날 텐사 부족은 백인들이 옮긴 천연두와 홍역 때문에 거의 절멸했다. 원주민들에게는 그런 바이러스에 대한 면역이 없었기 때문이다.

레나무와 풍나무도 금세 사라질 운명인 것 같았다. 그런데 그때 뜻밖의 일이 벌어졌다. 1913년 어느 날 뉴욕에서 누군가 종이에 갈긴 서명 때문에, 개발의 강력한 아가리는 입을 다물다 말고 그대로 멈췄다. 그해 3월 28일, 통통한 몸집에 양복을 차려입은 백발의 더글러스 알렉산더는 뉴욕 법원에서 우아한 아내 헬렌의 곁에 서서 아내가 흰부리딱따구리에게 최후의 기회를 주는 증서에 서명하는 모습을 지켜보았다. 사실 그녀는 딱따구리를 도우려고 서명한 게 아니었다. 남편의 회사가 재봉틀을 계속 팔 수 있도록 하는 조치였다. 더글러스 알렉산더는 싱어 제조 회사의 사장이었던 것이다. 싱어 사는 참나무가 필요했다. 싱어 재봉틀은 사용하지 않을 때는 착착 접어서 평평한 탁자로 바꿀 수 있었다. 전 세계 여성들은 그 참나무 선반이 아름답기 때문에 좋아했고, 붐비는 집과 비좁은 방에서 공간을 아껴 주기 때문에 좋아했다. 그러나 미국의 참나무는 차츰 바닥나고 있었다.

알렉산더의 지시로 정찰에 나선 사람들은 경재(단단해서 목재로 쓸모 있는 활엽수를 일컫는 말—옮긴이)가 베어 나가지 않은 최후의 숲을 발견했다. 미시시피 삼각주에서 루이지애나 북동쪽에 해당하는 그 일대는 팔려고 내놓은

루스벨트와 곰과 흰부리딱따구리

1907년 가을, 시어도어 루스벨트 대통령은 "옛 남부 농장주의 방식으로" 곰 사냥에 나섰다. 말을 타고 개를 풀어 흔적을 맡게 하면서 곰을 쫓겠다는 뜻이었다. 루스벨트의 대규모 사냥단은 곰이 우글거리기로 악명 높은 텐사스 강 늪지를 사냥터로 골랐다.

대통령은 큰 나무라면 이전에도 많이 봤다고 생각했지만, 그곳 늪 바닥에서 마천루처럼 자라난 나무들을 올려다보느라 목에 쥐가 날 지경이었다. "나무들은 높이 면에서, 하늘을 찌르는 장엄함 면에서, 동부의 어느 숲도 능가한다. 시에라 산맥의 세쿼이아와 삼나무를 제외하고는 초록 잎사귀의 세상에서 이보다 더 당당한 제왕은 없을 것이다."

야생동물도 경이롭기는 마찬가지였다. 루스벨트는 밍크, 너구리, 주머니쥐, 사슴, 검은다람쥐, 숲쥐, 퓨마가 남긴 자취를 보았다. 물론 곰도 보았고, 한 마리를 죽였다. 그런데 그에게 무엇보다도 깊은 인상을 남긴 대상은 따로 있었다. "새 중에서 가장 눈에 띄고 인상적인 종류는 커다란 흰부리딱따구리였다. 나는 세 마리를 보았는데, 모두 거대한 사이프러스가 우거진 숲 속에서였다. 눈부시게 새하얀 부리는 전체적으로 까만 깃털과 멋진 대비를 이루었다. 새는 시끄럽지만 경계심이 많았다. 그 새는 우리가 사냥하는 다른 어떤 맹수에 못지않게 야생의 늪을 돋보이게 하는 존재로 느껴졌다."

땅이었다. 싱어 사는 텐사스 늪지를 에이커당 약 19달러에 사들였고, 새로 획득한 부동산을 즉각 '보호구역'이라고 명명했다. 싱어 사의 허락 없이 그곳 나무를 베어서는 안 된다는 뜻이었다. 사냥은 금지되었다. 숲은 루이지애나 지도에서 싱어 보호구역이라는 이름으로 표기되었고, 나중에 자연보호 활동가들은 그냥 싱어 구역이라고 부르기 시작했다.

싱어 사는 지도에 '보호구역'이라는 단어를 붙이기는 쉬워도 사냥감의 천국에서 사냥꾼을 몰아내기는 훨씬 더 어렵다는 사실을 금세 깨우쳤다. 사람들은 오랫동안 그 숲에서 식량을 사냥하며 살아왔고, 메이슨 스펜서 같은 거물 정치인들은 축축한 저지대에 곰과 사슴과 칠면조가 우글거리는 텐사스 강가에 사냥용 오두막을 짓고서 즐겨 찾았다. 재봉틀 회사 때문에 사냥을 그만둘 사람은 아무도 없었다.

1920년에 싱어 사는 루이지애나 주 수렵부에게 땅을 관리할 권리를 넘기겠다고 제안했다. 주 정부가 관리인을 고용해서 사냥꾼과 벌목꾼을 통제한다는 조건이었다. 태너, 앨런, 켈로그, 서턴이 털룰라에서 만난 J. J. 쿤은 그 계약에 따라 싱어 구역 관리인으로 고용된 사람이었다. 처음에 쿤은 자기 일을 단순히 사냥꾼을 쫓아내는 것으로 여겼다. 그러나 메이슨 스펜서가 큰 딱따구리를 잡은 이래 3년 동안, 쿤은 흰부리딱따구리를 찾아 숲을 누비는 과학자를 안내하는 일을 점점 더 많이 하게 되었다. 멋진 새에 대한 쿤의 호기심은 부쩍부쩍 커져서, 급기야 새가 어디 있는지 알 뿐만 아니라 숲 전체를 샅샅이 외우는 지경에 이르렀다. 이전에는 그저 사냥하는 숲으로만 보

거대한 싱어 제국

싱어 제조 회사가 텐사스 늪지의 큰 땅덩어리를 사들였던 1913년, 회사는 저 멀리 스페인, 러시아, 일본까지 아우르면서 전 세계에서 재봉틀 250만 대를 팔아 치웠다. 싱어 사의 본사인 싱어 빌딩은 뉴욕 브로드웨이를 굽어보는 47층의 고층 빌딩으로서 당시 세상에서 제일 높은 건물 중 하나였다. 그런 회사의 사장이었던 더글러스 알렉산더는 세계 최대의 기업 제국을 호령하는 셈이었다. 그는 엄청난 부자였고 대단히 존경받았다. 몇 년 뒤에 영국에서 기사 작위를 받을 정도였다.

였던 것이 이제 그 이상이 되었다. 쿤은 자신의 일터가 말하자면 나무로 덮인 오아시스라는 사실을 깨우쳤다. 그 숲은 사방에서 차오르는 잔디밭, 포장도로, 목화밭의 물결에 둘러싸인 채 홀로 옛 모습을 지킨 섬이었다.

8장

캠프 에필루스

폴 켈로그가 관측 스코프로 흰부리딱따구리를 관찰하고 있고,
짐 태너는 텐트에 몸을 감추고 녹음 장비를 통해 새소리를 듣
고 있다.

자연은 무언가 할 일이 있을 때는 그 일을 할 천재를 만들어 낸다.

—랠프 월도 에머슨

1935년, 루이지애나 주 싱어 보호구역

쿤의 오두막에서, 코넬 연구자들은 진창길을 8킬로미터나 달려 녹음 장비를 흰부리딱따구리 둥지까지 운반할 방법을 밤늦게까지 고민했다. 선택지는 하나같이 별로였다. 트럭으로 늪을 통과하기는 불가능할 것 같았다. 녹음용 트럭의 무게만도 1톤 가까이 나갔고, 땅은 수프처럼 질척했다.

그들은 마침내 기발한 계획을 생각해 냈다. 털룰라의 마른땅 어딘가로 트럭을 몰고 간 뒤, 녹음용 트럭을 분해하여 장비를 모조리 트럭에서 떼어 내기로 했다. 그 후 아이크의 수레에 녹음 장비를 다시 설치해서 **수레를** 녹음용 트럭으로 개조하기로 했다. 아이크의 노새들은 늪에서 수레를 끌 수 있을 것이었다. 그러니 흰부리딱따구리 둥지 근처의 마른땅에 야영지를 마련하고 그곳에서 필요한 만큼 오랫동안 새를 촬영하고 녹음하고 연구하면 될 것이었다. 가능할 것 같았다.

그들은 트럭을 몰고 시내로 갔다. 박사가 시장에게 작업할 만한 장소를 물었다. 시장이 한 곳을 골라 주었다. 몇 분 뒤, 털룰라 교도소의 죄수들은 육중한 트럭 두 대가 잔디밭에 와서 서는 모습을 감방 창살 사이로 얼굴을 내밀고 어리둥절히 지켜보았다. 말쑥하게 차려입은 낯선 사람 세 명이 트럭에서 내리더니, 죄수들에게 쾌활하게 인사한 뒤 트럭 안쪽에서 전선을 뽑아내어 땅바닥에 가지런히 늘어놓기 시작했다. 그들이 무슨 일을 하는지 소문이 돌고 나자 한 죄수가 외쳤다. "이봐요! 나를 여기서 꺼내 주면 딱따구리가 어딨는지 정확히 알려 드리리다!"

코넬 탐사대가 캠프 에필루스로 녹음 장비를 나르는 모습.

앨런 박사가 관측
스코프 당번을 서
는 모습.

그들은 4월 8일 월요일 새벽에 모든 장비를 아이크의 수레에 재조립했
다. 네 마리 노새는 따가닥따가닥 늪으로 나섰다. 서턴 교수는 흰부리딱따
구리 스케치를 다 마친 터라, 딱따구리 관찰은 앨런과 켈로그와 태너에게
맡기고 자신은 다른 희귀한 새를 찾아 텍사스로 떠난 뒤였다. 둥지에 다다
르는 데는 꼬박 하루가 걸렸다. 켈로그와 앨런은 앞에 가는 두 노새에 탔고,
태너와 쿤과 아이크의 아들 앨버트는 잰걸음으로 뒤따랐다. 마침내 그들은
흰부리딱따구리 둥지에서 90미터쯤 떨어진 우람한 참나무 앞에서 멈췄다.

남자들은 캔버스 천으로 된 넓찍한 텐트를 서커스 천막처럼 녹음용 트
럭에 덮은 뒤, 작은 나무줄기로 천을 떠받치고 근처 나무 둥치에 동여맸다.
나무뿌리 사이에 야자 잎을 잔뜩 쌓고, 밤에도 물에 잠기지 않을 만큼 지대
가 충분히 높아졌기를 바라면서 그 위에 침낭을 펼쳤다. 삼각대에 쌍안경을
설치하고, 쌍안경이 둥지 구멍을 바라보게끔 겨누었다. 그 앞에는 정원 의

자를 하나 놓아, 날 밝은 동안에는 한 사람이 그곳에 앉아 둥지를 관찰할 수 있게끔 했다. 소리 거울은 둥지를 향하도록 두었다. 요리할 공간도 마련했다. 그들은 새 집을 '캠프 에필루스'라고 불렀다. 흰부리딱따구리의 속명인 캄페필루스로 말장난을 친 것이었다('Campephilus'를 'Camp Ephilus'로 띄어쓰기하여 읽은 것이다—옮긴이).

다음 날 오후, 흰부리딱따구리 두 마리가 모두 잠시 둥지를 떠났다. 짐 태너는 둥지 나무에서 6미터밖에 떨어지지 않은 느릅나무로 얼른 기어올라, 나뭇가지 사이에 널빤지를 박았다. 그 위에 재빨리 작은 틀을 설치하고, 캔버스 천을 덮어 드리웠다. 그리고 나무에서 내려오면서 둥치에 발판 삼아 못을 박았다. 이제 그들에게 '잠복처'가 생겼다. 새들이 그렇게 가까운 이웃을 받아들인다면, 그들은 그곳에서 새들을 더 가까이 관찰할 수 있을 것이었다.

남자들은 조류학자의 기본 활동을 수행하는 일과로 돌아갔다. 날이 밝은 동안에는 교대로 앉아서 둥지에서 한시도 눈을 떼지 않았고, 새의 평범하기 짝이 없는 움직임조차도 일일이 일지에 적었다. 박사가 4월 11일에 쓴 글에서 알 수 있듯이, 흰부리딱따구리들은 처음에 새 이웃에게 의심의 눈초리를 보냈다.

[오전 8:45] 태너가 잠복처로 올라가서 카메라를 세웠다. 암컷이 둥지로 한 차례 날아왔지만 옹이 꼭대기까지 기어오른 뒤 경계심을 느끼고 날아가 버렸다. 태너가 카메라를 설치하는 동안, 이번에는 수컷이 와서 둥지로 들어갔다. [내가] 나무를 문질러서 수컷을 겁먹게 하여 날려 보냈다. 수컷은 20분쯤 뒤에 돌아왔고, 구멍으로 올라간 뒤, 주변을 둘러보고 구멍 안도 보았다. 그렇게 30초 남짓 있다가 카메라가 달그락거리는 소리에 경계심을 느껴 날아가 버렸

다. 새는 10분 내지 15분 뒤에 돌아왔고…… 마침내 구멍으로 들어갔다.

수컷 흰부리딱따구리가 둥지에 도착하자 암컷이 구멍에 나타났다. 코넬 탐사대는 가까운 나무에 설치한 잠복처에서 이 클로즈업 사진을 찍었다.

박사와 태너와 켈로그는 자신들이 위험을 감수한다는 사실을 잘 알았다. 그들이 새를 겁주어 날려 보내면, 새를 다시 볼 수 있다는 보장이 없었다. 더 심각한 문제는 그들이 방해하는 바람에 새가 번식기를 망칠지도 모른다는 점이었다. 그러나 한편으로 그들이 그 종의 절멸을 막으려면, 그 종에 대해서 더 많이 알아야만 제대로 된 권고를 할 수 있었다. 그들은 이제까지 아무도 얻지 못한 최고의 기회를 얻은 게 분명했다. 그들의 탐사는 새소리 녹음을 넘어서 구조 임무까지 띠게 되었다.

흰부리딱따구리의 일과는 매일 같았다. 수컷과 암컷이 번갈아 가며 둥지에 있는 알을 품었다. 밤교대는 수컷이 맡아서, 대충 새벽 6시 30분까지 알을 품었다. 그 시각이 되면 수컷은 구멍 속에서 나무를 톡톡 두드렸고, 초조한 전갈은 온 숲에 울려 퍼졌다. 수컷은 암컷이 늦게 도착하면 구멍에서 고개를 내밀고 "얍" 아니면 "켄트" 같은 소리를 몇 번 질렀지만, 암컷이 돌아올 때까지 절대로 자리를 떠나지는 않았다. 암컷이 돌아오면 두 새는 잠시 뭐라고 재잘댔다. 수컷은 20분쯤 더 둥지에 남아서 깃털을 고르다가 쏜살같이 어딘가로 날아갔다. 아마도 먹이를 먹거나 잠을 자러 가는 모양이었다. 그 후 두 새는 대충 두 시간마다 교대하면서 알을 품었다. 암컷은 늘 오후 4시 30분쯤 떠나서 밤새 돌아오지 않았다.

잠을 거의 못 자고 밤마다 다른 곳으로 떠나는 숲 생물이 또 있었다. 짐 태녀였다. 그는 박사가 "필요한 일은 뭐든지 담당하는 일손"이라고 자신을 묘사했던 것이 무슨 뜻인지 이제야 깨달았다. 태녀는 캠프 에필루스의 요리사이자 목수이자 나무 오르는 사람이자 짐꾼이자 카메라와 소리 거울을 새에게 가져다 대는 곡예사였다. 그는 곧 녹음 장비를 작동할 줄도 알게 되었다. 캠프에는 두 사람이 잘 공간밖에 없었기 때문에, 태녀는 밤마다 아이크의 집까지 3킬로미터를 허위허위 걸어간 뒤 앨버트의 침대로 기어들어 짧지만 깊게 잠들었다. 새벽에는 매일 4시 30분에 일어나 컴컴한 물을 헤치며 캠프로 돌아왔다. 그 후 모닥불이 꺼지지 않게 지피고, 교수들을 위해 요리할 때 쓸 땔감을 팼다. 설거지까지 끝나면 드디어 아침나절의 흰부리딱따구리 관찰 당번을 섰다. 관찰은 보통 6시쯤 시작되었다. 태녀는 피곤하긴커녕 짜릿하기만 했다. 북아메리카에서 가장 희귀한 새를 눈앞에서 연구할 수 있는데 그깟 잠이 대수이겠는가? 추저분하고 진득진득하고 벌레 물리고 언제나 약간 피곤하고 아직 스물한 살도 안 된 짐 태녀는 자신을 세계 최고의 행운

아로 여겼다.

서쪽으로 전력 질주

닷새 동안 새를 관찰한 뒤, 탐사대는 기로에 섰다. 그들은 알이 부화하고 새끼가 자랄 때까지 흰부리딱따구리 가족과 함께 있고 싶었지만, 전국에 흩어진 다른 희귀한 새들도 녹음해야 했다. 그때 쿤이 박사에게 온 전보를 갖고서 캠프를 방문했다. 5월 1일까지 오클라호마 서부에 당도하지 않으면 역시 희귀한 새인 작은초원뇌조를 녹음할 기회를 날릴지도 모른다고 환기하는 동료의 전언이었다.

탐사대는 다시 밤늦게까지 논의하여 계획을 세웠다. 일이 바라는 대로 순조롭게 굴러간다면, 그들은 오클라호마까지 전속력으로 달려가서 초원뇌조를 녹음한 뒤 2주 후에 캠프 에필루스로 돌아올 수 있을 것이었다. 그때쯤에는 흰부리딱따구리 새끼가 알을 깨고 나왔겠지만, 아직 날지는 못해서 둥지에 머물면서 부모가 주는 먹이를 받아먹고 있을 것이었다. J. J. 쿤은 그들이 자리를 비운 동안 둥지를 살펴봐 주겠다고 자진했다. 그것이 그들이 할 수 있는 최선인 것 같았다.

박사는 아이크와 노새를 불러왔다. 탐사대는 녹음 트럭을 재조립한 뒤 서쪽으로 향했

생태적 재앙

제1차 세계대전 동안, 미국 대초원 지대의 농부들은 뿌리를 깊게 내리는 토착종 잔디를 갈아엎고 해외로 나간 군인들에게 먹일 뿌리 얕은 밀을 심었다.

한동안은 수확이 풍성했다. 그러다가 어째서인지 비가 내리지 않게 되었다. 코넬 탐사대가 오클라호마로 갔을 때는 땅을 흠뻑 적시는 비가 장장 4년 동안 내리지 않은 상황이었다. 반면에 바람은 쉴 새 없이 불었다. 바람은 땅에 착 붙지 못한 채 부슬부슬한 흙을 쓸어 올려 높다란 모래 구름으로 일으켜 세웠다. 모래 구름은 태양을 가렸고, 기계를 덮었고, 농장 동물들을 질식시켰다. 사람들은 잘 때도 마스크를 썼고, 음식에서 모래를 떨어내려고 애썼고, 쉼 없이 기도했다.

다. 그리고 미국 역사상 최악의 모래 폭풍 속으로 정면으로 돌진했다. 1935년 4월 14일 일요일은 쨍하게 새파란 날로 시작했다. 그러나 곧 바람이 불기 시작했다. 바람은 오클라호마와 캔자스의 흙을 쓸어올려 높이가 2,000미터가 넘는 무섭고 시커먼 모래 장벽을 솟구쳐 세웠다. 모래는 온 나라를 휩쓸며 동쪽으로 날아갔고, 대서양에 뜬 배들에게도 초원의 흙을 퍼부었다. 코넬 탐사대는 엄청난 모래 폭풍이 올 것이라는 예보 때문에 루이지애나 서부에서 사흘간 발이 묶였다. 그들이 다시 차를 몰고 떠나면서 목격한 풍경은 달 표면인 양 낯설었다. 그들은 와이퍼를 쉴 새 없이 움직이고 내내 기침하면서 초원을 가로질렀다.

그들이 마침내 여드레째 녹음하는 데 성공한 작은초원뇌조의 소리에는 으스스한 바람 소리가 배경으로 깔려 있다. 캠프 에필루스와 흰부리딱따구리 가족을 항시 마음에 품었던 그들은 거의 논스톱으로 콜로라도와 캔자스로 돌아와서 다른 녹음을 좀 더 한 뒤, 쏜살같이 루이지애나로 달려갔다. 쿤에게 전화할 방법은 없었다. 아직 늦지 않았기만을 바랄 뿐이었다.

꼬물거리는 톱밥

작은 것이 세상을 지배한다.
—하버드 대학 생물학자 에드워드 O. 윌슨

탐사대는 5월 9일에서야 흰부리딱따구리 둥지로 돌아왔다. 떠난 지 한 달 가까이 지난 뒤였다. 그들은 기회를 놓쳤다. 새들은 떠나고 없었다. 쿤은 4월 말에 둥지를 찾았다가 두 새가 이상하게 행동하는 것을 보았다고 했다.

새들은 초조한 기색으로 연신 구멍에 머리를 들이밀었고, 둥지에는 겨우 몇 분만 들어가 있다가 얼른 나와서 가까운 다른 나무로 날아갔다. 거의 쉴 새 없이 깃털을 다듬었다. 한참 뒤에는 둥지로 먹이를 물고 오는 일마저 그만 두었다. 그러고는 훌쩍 사라졌다.

과학자들은 새들이 새끼를 키우지 않고 떠난 이유를 알아낼 단서라도 있을까 하여 둥지를 샅샅이 뒤졌다. 구멍 속에는 잘게 부서진 알껍데기가 있었고, 톱밥처럼 보이는 가루가 얇고 고르게 깔려 있었다. 핏자국이나 싸움이 벌어진 흔적은 없었다. 매나 올빼미나 너구리가 둥지로 잠입하여 새끼를 물고 가거나 잡아먹었음을 암시하는 찢긴 깃털이나 그 밖의 증거도 없었다. 탐사대는 둥지 내용물을 종이봉투에 쓸어 담고 털룰라의 호텔로 돌아왔다. 다음 날 아침, 박사가 봉투 내용물을 책상에 쏟고 더 자세히 살펴보려고 등을 켰다. 태너와 켈로그도 모여들었다. 그 순간, 전구의 뜨거운 열을 받은 '톱밥'이 순식간에 살아 움직이기 시작했다. 꼬물거리는 작은 진드기들이 책상을 온통 뒤덮고 그들의 손으로 기어올라 물어 댔다. 세 남자는 비명을 지르면서 수돗물로 달려가서 팔을 북북 씻었고, 작은 생물들을 최대한 도로 봉투에 쓸어 담았다. 박사는 봉투를 봉한 뒤 코넬로 부쳐, 진드기 전문가에게 어떤 종인지 알아봐 달라고 했다.

확인 결과, 진드기는 아홉 종이었다. 나무와 균류와 조류藻類만 먹는 종도 있었지만, 적어도 세 종은 온혈 동물에게 탐욕스럽게 기생하는 종류였다. 앨런은 흰부리딱따구리 부모가 둥지에서 초조한 기색을 보였던 것과 깃털 다듬기에 시간을 쏟았던 것을 떠올렸다. 갓 알에서 깬 새끼가 진드기 떼에 뒤덮였을지도 모른다는 생각이 들었다. 어쩌면 아예 부화하지 못했을지도 모른다. 부모가 제 깃털에서 진드기를 떼어 내느라 바쁜 나머지 알을 품는 데 시간을 쏟지 못했을 수도 있다. 하지만 알껍데기가 남아 있었던 걸 보면 새끼가 알에서 나오기는 한 것 같았다. 그렇다면 새끼에게는 무슨 일이 일어났을까?

다음 날, 앨런과 쿤과 태너는 국립공원 관리청에서 나온 사람과 함께 말을 타고 다른 둥지를 찾아가 보았다. 11킬로미터를 힘겹게 이동한 끝에, 그들은 캠프 에필루스의 둥지에서 부모 새가 교대할 때 냈던 소리와 비슷한 소리가 희미하게 들려오는 것을 포착했다. 쿤이 말에서 내려 발돋움질로 다가갔다. 그리고 좁은 공터를 굽어보는 죽은 참나무 꼭대기, 높이 15미터 가까이 되는 구멍 속으로 수컷의 붉은 볏이 사라지는 모습을 목격했다. 그들은 말을 묶고 덩굴옻나무와 밀나물덩굴 덤불에 몸을 숨긴 채, 두 시간 동안 둥지를 관찰하며 기록을 적었다. 정오 즈음에 그들은 바라던 신호를 포착했다. 수컷이 "큼직한 나무좀 굼벵이를 가로로 물고" 둥지로 날아왔다. 새끼에게 줄 먹이였다. 아니나 다를까, 몇 분 뒤에는 박사가 "약하게 징징거리는 듯한 새끼의 소리"라고 표현한 소리가 들려왔다. "새끼는 굼벵이를 삼키지 못할 만큼 작은 모양이었다. 〔수컷이〕 굼벵이를 도로 물고 나와 30미터 떨어진 나무로 날아가서 자기가 먹어 버리는 것 같았기 때문이다."

마침내 그들은 원하던 것을 찾았다. 새끼

새들에게 목소리를 찾아 주다

코넬의 녹음 원정대, 그중에서도 주로 태너와 앨런과 켈로그는 24,000킬로미터 가까이 여행한 뒤 16킬로미터 길이의 필름을 가지고 돌아왔다. 그들은 100종 가까운 희귀한 새들의 소리를 녹음했다. 사진에 보이는 검독수리도 그중 하나였다. 녹음은 나중에 축음기판으로 변환되어 미국의 수천 가정에 팔렸다.

흰부리딱따구리의 유일한 녹음 외에도, 당시에 그 못지않게 희귀했던 휘파람고니의 끼룩거림, 작은초원뇌조의 골골거림, 매의 비명, 두루미사촌의 통곡하는 듯 기이한 울음소리도 녹음되었다. 코넬의 개척자들 덕분에 깃털 달린 생물들이 동물들의 합창단에서 더 많은 자리를 차지하게 되었고, 미국은 좀 더 다채로운 곡조가 흐르는 땅이 되었다.

가 든 둥지였다. 그들은 황급히 털룰라로 돌아가서 교도소 마당에서 다시 아이크의 수레를 조립한 뒤, 장비를 몽땅 끌고 늪으로 돌아왔다. 그들은 5월 14일 정오가 되기 전에 둥지에 도착했다. 그러나 이번에도 숲은 고요했다. 흰부리딱따구리는 사라졌다. 그들은 오후 내내 새가 돌아오기를 기다리다가 결국 포기하고 둥지를 조사했다. 이번에는 진드기도 없었다. 꼭 부모 새가 둥지를 꼼꼼하게 청소하고 확인한 것 같았다.

앨런 박사는 여러 단서를 끼워 맞춰서 하나의 패턴으로 배열해 보려고 노력했다. 그러나 매번 빠진 조각이 있었다. 새들이 두 둥지에서 보였던 행동은 쿤이 2년 전에 목격했다는 또 다른 둥지의 새들과 비슷한 데가 있었다. 쿤이 옛날에 보았던 딱따구리들도 열심히 알을 품고 새끼를 먹이는 것 같았지만 한편으로는 대단히 초조하고 과민했다. 한 시간에 스무 번 자리를 옮기는 경우도 있었다. 그러다가 새끼가 날거나 스스로 먹이를 잡기도 전에 둥지를 버렸다. 쿤은 그때 둥지를 들여다보았지만 텅 비어 있었고 진드기가 있었던 것 같지도 않았다고 했다. 박사가 볼 때 세 둥지를 잇는 유일한 공통점은 매번 부모가 알을 부화시키는 데는 성공했으나 그 직후에 새끼를 잃었다는 점이었다.

앨런은 포식자에 대해 생각해 보았다. 흰부리딱따구리 둥지는 수리부엉이나 큰 매가 너끈히 들어갈 만큼 구멍이 크다. 그러나 싸움이나 살해의 흔적은 없었다. 어찌 된 일일까? 박사는 몹시 심각한 문제가 벌어지고 있는지도 모른다고 생각했다. 유전적인 문제일까? 어쩌면 개체수가 너무 적어져서 튼튼한 후손을 생산하지 못하게 되었는지도 모른다. 벌목과 표본 사냥이 오래 진행된 탓에, 살아남은 소수의 성체들끼리 연관 관계가 너무 가까워서 그 후손은 태어나도 겨우 며칠밖에 못 사는지도 모른다. 가까운 친척끼리 짝짓기 하는 여러 종에서 실제로 그런 현상이 일어나곤 했다. 흰부리딱따구리 집단들은 갈수록 서로 고립되었고, 그래서 갈수록 같은 집단 내에서만 어울리게 되었다. 짝으로 고를 상대가 몇 되지 않았다. 과학자들은 이런 현상을 '근친 교배'라고 부른다.

앨런 박사는 아직 그 종을 구할 시간이 있기를 바랐다. 그는 멸종이 비극일 뿐 아니라 인간의 패배를 뜻하는 일이라고 느꼈고, 만일 우리 인간에게 함께 살아가는 생물을 구할 능력이 있다면 끝까지 포기하지 않아야 할 도덕적 책임도 있다고 느꼈다. 그러나 그러려면 우선 더 많이 알아야 했다. 의사가 바이러스나 세균의 행동을 이해해야만 감염에 대한 처방을 쓸 수 있듯이, 그는 새들이 왜 죽어 가는지를 정확하게 알아야만 새들을 구할 수 있었다.

코넬 탐사대는 다시 서쪽으로 가서 다른 새들을 녹음한 뒤, 필름 깡통을 잔뜩 싣고서 이타카로 돌아갔다. 필름 중에서도 가장 귀중한 부분, 앞으로 온 미국에서 수없이 자주 상영될 부분은 겨우 30초 분량이었다. 영상은 할리우드 감독 같은 (켈로그의) 목소리가 "흰부리딱따구리, 코넬 카탈로그, 커트 원"이라고 말하는 것으로 시작된다. 그 후 시청자는 노새 네 마리가 끄는 아이크의 트럭이 카메라로부터 멀어지면서 텐사스 늪지로 들어가고 태너와 앨버트가 바삐 걸어서 뒤따르는 광경을 본다.

그다음이 마법 같은 부분이었다. 갑자기 수컷 흰부리딱따구리가 둥지로 고개를 들이밀었다가 뺐다가 하는 영상이 나온다. 클로즈업으로 찍힌 새는 에너지가 넘쳐서 주체하지 못하는 모습이다. 새는 뿔피리처럼 시끄럽게 계속 "얍" "켄트" 하는 소리를 낸다. 소리가 이어지는 동안, 카메라는 시선을 박사에게로 돌린다. 박사는 벌레에 물리지 않으려고 셔츠를 모조리 채운 차림으로 캠프 에필루스의 정원 의자에 앉아서 쌍안경으로 둥지를 보고 있다. 배경에서는 모닥불이 탁탁 타오른다. 카메라는 이윽고 방향을 틀어, 녹

코넬의 역사적 필름에
포착된 흰부리딱따구리
와 둥지.

음 트럭에서 다이얼을 돌리는 폴 켈로그를 비춘다. 그러고는 화면이 캄캄해진다.

그 짧은 울음소리는 75년이 지난 지금까지도 흰부리딱따구리 소리를 기록한 유일한 녹음이고, 그 필름은 그 놀라운 새가 어떻게 움직였는지 보여주는 유일한 기록이다. 코넬 탐사대원들은 자신들이 과학에 중요한 기여를 했고 미국 역사에 중요한 영상과 소리를 기록했다는 사실을 자랑스럽게 여기면서 돌아왔을 것이고, 다시 강의하고 가르치고 실험하는 일상으로 돌아갔을 것이다. 그러나 그들은 싱어 보호구역에 남겨 둔 크나큰 수수께끼로 자꾸만 마음이 달아나는 것을 단속하기가 힘들었을 것이다.

9장

미국에서 가장 귀한
새를 수배합니다

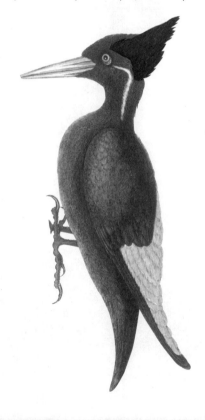

짐 태너의 1931년형 모
델 A 포드 쿠페.

〔딱따구리의〕 오래된 흔적을 보았다.

거의 뚫고 지날 수 없는 덩굴이 잔뜩 있었고 흰부리딱따구리는 없었다.

—제임스 태너의 일지에 흔히 등장하는 문장

1937~1939년, 미국 남동부 저지대 늪지

존 베이커는 원하는 것을 손에 넣을 줄 아는 사람이었다. 그는 제1차 세계대전에 전투기 조종사로 참전했을 때도 결코 물러서는 법이 없었고, 나중에 투자 금융가가 되어서는 협상하기 까다로운 상대라는 지당한 평판을 쌓았다. 그러나 이 거친 남자는 새를 사랑했다. 1934년에 오듀본 협회를 이끌어 보겠느냐는 제의를 받자, 그는 뒤도 돌아보지 않은 채 금융업에서 손을 떼고 월스트리트를 박차고 나왔다. 그는 곧바로 젊은 과학자, 조류 전문가, 교사를 모집하여 최고의 팀을 꾸렸다. 그중에는 갓 출간된 『휴대용 새 도감』으로 하룻밤 새에 수천 명의 새로운 새 관찰자를 만들어 낸 놀라운 젊은 화가 겸 교육자 로저 토리 피터슨도 있었다. 베이커는 오듀본 협회의 임무를 좀 더 넓혀서 새만 보호하는 것이 아니라 물, 토양, 식물, 다른 야생동물까지 생태계 전체를 보호하기로 했다. 베이커가 썼듯이 "모든 동식물은 생명의 공동체에서 제가끔 역할이 있다. 해로운 종이란 없다. 모든 종이 유익하다."

베이커는 흰부리딱따구리 몇 마리가 기적적으로 루이지애나에 살아 있다는 소식을 듣고는 그 종을 구하기로 마음먹었다. 우리가 어떤 생물이 사라지는 것도 모른 채 사라지도록 내버려 두는 것은 어쩔 수 없다 해도, 코넬대학의 필름과 녹음 덕분에 흰부리딱따구리에게는 아직 희망이 있다는 사실이 증명되었다. 앨런 박사처럼 베이커도 흰부리딱따구리의 생존을 좌우할 열쇠는 우리가 그 종에 대해 더 많이 아는 데 있다고 믿었다. 베이커는 신속히 수천 달러를 모금하여 '오듀본 연구 기금'을 마련했다. 그 돈으로 전문가를 후원하여 코넬의 앨런 박사 감독하에서 3년 동안 흰부리딱따구리를 연구하게끔 할 계획이었다. 그 전문가가 할 일은 무엇보다도 미국에 남은 흰부리딱따구리를 샅샅이 찾아내려고 노력하는 것이었다. 새의 생태, 건강, 역사를 꼼꼼하게 조사한 뒤, 의사가 깃털 달린 환자에게 처방을 쓰는 것처럼 그 종을 구할 활동 계획을 작성해야 했다. 그것은 한 조류 종을 대상으로한 작업으로서는 미국 역사상 가장 상세한 보존 계획이 될 것이었다.

코넬 대학의 앨런 박사는 이번에도 자신이 원하는 사람이 누구인지 잘알았다. 그러나 이번에 짐 태너가 흰부리딱따구리에게 헌신해야 하는 정도는 이전보다 훨씬 클 것이었다. 태너는 도망자를 쫓는 보안관처럼 쉴 새 없이 이동하면서 새를 쫓아서 야생의 서식지를 누벼야 할 것이었다. 몇 년 동안 정해진 주소도 없이 살아야 할 것이었다.

박사는 예상되는 어려움을 태너에게 설명했다. 친구와 가족과 함께 지내는 정상적인 삶은 불가능했다. 태너는 대체로 전화나 전보가 닿지 않는 곳에 있을 테고, 마주치는 문제는 스스로 풀어야 했다. 3년은 긴 시간이었다. 외로울 수도 있었다.

그러나 짐 태너에게 그깟 괴로움은 그 기회가 안길 보상에 비하면 한갓 깃털보다 가벼웠다. 그는 자신이 알고 싶어 애태우는 문제를 깊이 이해하게 될 것이었다. 조류학에 기여할 수 있었다. 작업은 박사 논문으로 간주될 테고, 그래서 장차 가르치는 일을 하는 데 도움이 될 수도 있었다. 무엇보다 멋진 점은 그가 깊이 사랑하게 된 그 멋진 새를 구하는 데 도움이 된다는 사실이었다. 태너는 스물세 살이었고 독신이었다. 자동차도 있었다. 1931년형 모델 A 포드 쿠페는 소형 트럭만큼 튼튼했다. 그는 조금도 망설이지 않았다. 박사는 전문가를 구했다.

코넬에서 박사와 태너는 조사 목표를 세심하게 설정했다.

생태학

1930년대와 1940년대에 조류학자들은 특정 종의 생물학만이 아니라 생태학에도 점점 더 관심을 쏟았다. 생태학이란 어느 종이 살아가는 자연환경 전체를 연구하고 그 종이 주변 모두와 어떻게 상호 작용하는지 연구하는 것을 말한다. 제임스 태너가 흰부리딱따구리를 연구하기에 알맞은 후보자였던 것은 그의 관심사가 폭넓었기 때문이다. 그는 흰부리딱따구리를 구하려면 온 숲이 어떻게 살아가는지를 알아야 한다는 사실을 깨우쳤다.

자연 생태계를 연구하는 사람들은 인간이 무엇이든 단순하게 만드는 데 비해 자연은 복잡하게 만든다는 점을 배운다. 가령 인공 조림지의 동식물 종수는 이전의 천연 삼림지에 비해 더 적다. 원래의 자연림에 '생태적 지위'가 더 많다. 생태적 지위란 어느 종이 먹이를 찾고 새끼를 보호하고 포식자를 피하며 안전하게 살아가는 방식을 진화시킨 작은 환경을 말한다. 싱어 숲처럼 크고 다채로운 생태계에는 주변 벌목지의 농장과 거주지보다 생태적 지위가 훨씬 더 많다.

1. 태너는 흰부리딱따구리가 예전에 살았던 장소를 최대한 알아낼 것이었다. 흰부리딱따구리가 한 번이라도 발견되었던 곳은 모두 알아낼 것이었다. 그것은 엄청나게 많은 자료를 읽고, 전문가들에게 편지를 쓰고, 도서관과 박물관을 방문하고, 옛 기억을 갖고 있는 노인들과 이야기하고, 흰부리딱따구리 표본을 수집했던 사람들이 남긴 기록을 샅샅이 찾아서 목록화하고 지도화해야 한다는 뜻이었다.

2. 태너는 흰부리딱따구리가 현재 서식하는 장소를 알아내려 애쓸 것이

흰부리딱따구리의 별명

제임스 태너는 과학 문헌에 적힌 이름이나 자신이 만난 사람들이 흰부리딱따구리를 부르는 이름을 다음과 같이 나열했다.

펄리 빌Pearly Bill(진줏빛 부리)

펄 빌Pearl Bill(진주 부리)

로그 갓Log-god(큰나무 신)

로그 콕Log-cock(큰나무 닭)

우드콕Woodcock(나무 닭)

킹 우드척King Woodchuck(숲의 왕)

킹 오브 더 우드페커즈King of the Wood peckers (딱따구리의 왕)

인디언 헨Indian Hen(인디언 닭)

서던 자이언트 우드페커Southern Giant Woodpecker(남부 큰 딱따구리)

페이트Pate 혹은 파이트Pait

아이보리 빌드 카이프Ivory-billed Caip(상아 부리 딱따구리)

팃카Tit-ka(세미놀 부족이 부르는 이름)

그랑 피크 누아 아 베크 블랑Grand Pic Noir a bec blanc(프랑스어로 '흰 부리의 크고 검은 딱따구리'라는 뜻)

풀 드부아Poule de bois(남부 루이지애나에서 부르는 이름으로, 프랑스어로 '숲닭'이라는 뜻)

그랑 피크부아Grand pique-bois(남부 루이지애나에서 부르는 이름으로, 프랑스어로 '큰 딱따구리'라는 뜻)

하벤슈페히트Habenspecht(독일어로 '딱따구리'라는 뜻)

엘펜바인슈나벨 슈페히트Elfenbeinschnabel-Specht(독일어로 '상아 부리 딱따구리'라는 뜻)

켄트Kent(북부 루이지애나에서 부르는 이름)

었다. 필요하다면 노스캐롤라이나에서 텍사스 사이의 모든 늪지와 사이프러스 숲을 일일이 방문할 것이었다. 사냥꾼, 삼림 관리인, 사냥감 관리인, 새 관찰자를 면담하고 아직 살아 있는 흰부리딱따구리를 모두 찾으려고 애쓸 것이었다. 흰부리딱따구리가 사는 장소를 목록과 지도로 작성할 것이었다. 현재의 지도와 과거의 지도를 비교하면 서식지가 얼마나 줄었는지, 흰부리딱따구리가 가장 좋아하는 숲은 어떤 종류인지 알 수 있을 것이었다.

3. 태너는 흰부리딱따구리의 생태를, 즉 새와 환경의 관계를 조사할 것이었다. 흰부리딱따구리는 무엇을 먹을까? 먹이를 어떻게 찾을까? 흰부리딱따구리를 먹는 동물이 있을까? 진드기? 모기? 올빼미? 흰부리딱따구리는 좋아하는 먹이를 찾지 못하면 다른 것이라도 먹을까? 먹는다면 무엇을? 먹이와 쉴 곳을 구하기 위해서 특정한 종류의 나무를 필요로 할까?

4. 태너는 흰부리딱따구리가 번식하고 둥지를 짓는 행동을 조사할 것이었다. 흰부리딱따구리는 어떤 나무에 둥지를 틀까? 땅에서 얼마나 높은 곳에 만들까? 알은 몇 개나 낳을까? 한배가 부화하는 데 실패하면 같은 해에

또 한 번 알을 낳을까? 그렇다면 몇 번이나 낳을까? 둥지를 이룬 가족이 먹는 먹이의 양은 얼마나 될까? 그만한 먹이를 얻는 데 필요한 서식 공간은 얼마나 될까? 부모가 둘 다 알을 품고 새끼를 먹일까? 물론 태너는 박사를 몹시 괴롭히는 문제에도 대답하도록 노력할 것이었다. 싱어 구역의 둥지들은 왜 살아 있는 새끼를 배출하는 데 실패했을까?

5. 마지막으로 태너는 흰부리딱따구리 보호 계획을 작성할 것이었다. 그것은 보호 운동을 하는 사람들이 바로 사용할 수 있는 상세한 청사진이어야 했다.

태너는 새로운 삶을 살 채비를 철저히 했다. 그는 여행 중에 박사, 베이커, 친구와 가족에게 보낼 1센트 엽서를 수십 장 구입했다. 자동차 앞좌석을 뜯어서 들어내는 방법을 터득했다. 땅바닥에 놓고 침대로 쓰기 위해서였다. 그러면 시간과 돈을 아낄 수 있을 테고, 필요하다면 숲 속에서 잘 수도 있었다. 지도, 작업 도구, 책, 쌍안경, 부츠, 구급상자, 옷, 야영 장비를 꾸렸다. 박사가 아는 사람들의 연락처를 나열한 주소록을 만들고, 낯선 사람들에게 보여 주라고 박사가 써 준 추천서를 조심스레 챙겨 넣었다. 추천서는 이런 내용이었다.

이 편지를 보는 분에게: 태너 씨는 신뢰할 만하고 믿음직한 사람입니다. 귀하의 정보가 이 이상 더 퍼지지 않기를 바란다면, 제가 장담하건대 태너 씨는 흰부리딱따구리의 안위에 관한 문제에서 절대로 비밀을 지킬 것입니다. —아서 A. 앨런

태너는 도가머리딱따구리와 흰부리딱따구리를 나란히 그린 그림을 발

견하고는 그것을 카드만 한 크기로 축소하여 수십 장 복사했다. 두 종을 혼동하는 사람이 많았기 때문에, 그 카드는 유용할 것이었다. 그가 만날 많은 사람에게 뭔가 연락처를 남기는 용도로도 쓸 수 있을 것이었다. 그것은 명함이자 수배 포스터인 셈이었다.

태너는 코틀랜드에서 부모님과 신년 명절을 즐긴 뒤, 1937년 1월 4일에 로드스터를 몰고 떠났다. 소년 시절에 하이킹했던 낮은 구릉지를 지나 캐츠킬 산맥을 넘고 뉴욕으로 내려가서 내처 남쪽으로 달렸다. 차에는 라디오가 없었다. 그는 노래를 곧잘 부르는 타입도 아니었다. 그의 꿈이 곧 그의 오락이었다. 그는 아무도 해낸 적 없는 일을 하려고 나선 데다가, 마침 그 일은 그가 무엇보다도 하고 싶은 일이었다. 그는 살아남은 흰부리딱따구리를 모조리 찾아내고, 이해하고, 돕는 데 최선을 다할 것이었다. 남부의 드넓은 강변 늪지대를 향해 달리는 그는 자신의 여정에 이런 제목을 붙여도 좋았을 것이다. "미국에서 가장 귀한 새를 수배합니다."

적응하는 연구자

1937년 1월 20일, 짐 태너는 손으로 그린 지도를 따라 먼지투성이 길을 달려서 조지아 주 남부 알터머하 강가의 한 나루터에 다다랐다. 포드가 멈춰 선 것은 정오 무렵이었다. 태너는 차에서 나와 기지개를 켰다. 날은 화창하고 푸근했다. 웬 늙수그레한 남자가 물가에서 조잡한 나무 보트를 타고 낚시를 하고 있었다. 두 사람은 유쾌한 대화를 나누었다. 몇 분이 지나고 4달러가 건네진 뒤, 보트는 짐 태너의 것이 되었다. 태너는 필요한 장비를 배에 싣고, 차는 곁길로 빼서 세워 둔 뒤, 보트를 떼밀어 하류로 내려갔다.

태너가 알터머하 강에 온 것은 흰부리딱따구리에 관한 11년 된 제보를
확인하기 위해서였다. 그는 자료를 조사하던 중, 1926년에 버스터 브라운
시니어라는 사람이 조지아 주 백슬리 근처 강가 늪지에서 흰부리딱따구리
를 목격했다는 기록을 보았다. 목격담이 세세해서 확인해 볼 가치가 있는 제임스 태너의 그림
것 같았다. 태너는 닷새 동안 강에서 노를 저

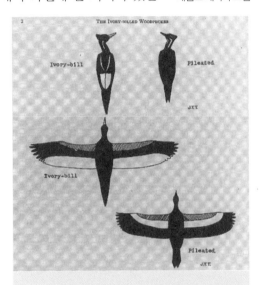

으면서 총 80킬로미터를 이동했다. 간간이 노
를 끌어 올리고 흰부리딱따구리 소리가 들릴
까 하여 가만히 귀 기울였지만, 한 번도 듣지
못했다. 강가 나무는 최근에 대부분 잘려 나
갔다. 보고 들을 만한 야생동물은 종류를 불
문하고 별로 없었다. 그 지역 사람들도 유용
한 정보는 거의 몰랐다. 그는 보트를 강가로
끌어 올려 두고 히치하이킹을 하여 차로 돌아
갔다. 그는 일지에 "소득은 없었지만 예쁜 강
에서 멋진 여행을 했다."고 적었다.

흰부리딱따구리와 도가머리딱따구리

태너는 플로리다로 내려갔다. 플로리다
는 어느 주보다도 흰부리딱따구리 목격담이
많은 곳이었다. 태너는 두 종류 딱따구리가
그려진 그림을 셔츠 주머니에서 꺼내면서 수
십 명의 벌목꾼, 사냥꾼, 덫 놓는 사람, 밀렵
꾼, 야생동물 관리인에게 자신을 소개했고,
그들로부터 그 지역을 잘 아는 노인들의 이름
을 더 알아냈다. 태너는 성실하게 그 대부분
을 만났지만, 어디에서든 이야기는 같았다.

태너는 자신에게 흰부리딱따구리 이야기를 들려
준 사람들이 사실은 그보다 훨씬 흔한 도가머리
딱따구리를 본 것인 경우가 많다고 생각했다. 둘
다 몸집이 크고 깃털이 흑백이다. 수컷의 볏이 붉
은 것까지 같기 때문에 더 헷갈리기 쉬웠다.
태너는 이렇게 썼다. "현장에서 확인할 때 가장
믿을 만한 특징은 날개에서 하얀 부분이 있는 위
치이다. 흰부리딱따구리는 날개 아래쪽 절반이
희기 때문에 나무에 앉아서 날개를 접었을 때 등
에 흰색이 보인다. 도가머리딱따구리는 날개 앞쪽
절반이 희기 때문에 날개를 접으면 안 보인다."

그래, 흰부리딱따구리, 아니면 숲닭, 아니면 하느님 맙소사 새라고도 하던 새가 여기에 살았지. 하지만 요즘은 통 안 보여. 뜬소문은 모기떼처럼 자욱했고, 역시 모기떼처럼 더 많은 뜬소문을 낳았다.

2월 초에 태너는 에버글레이즈에 다다랐다. 햇볕에 그을고 비바람에 단련된 사냥감 관리인들은 가는눈을 하고 턱을 어루만지면서 말했다. 그래요, 15년인가 20년쯤 전에 사이프러스 숲에서 그 새를 봤던 것도 같군요. 그중 듀이 브라운이라는 안내인은 태너에게 최근에 빅 사이프러스 늪이라는 곳에서 흰부리딱따구리 소리를 들었다고 했다. 그리고 기꺼이 그곳을 보여 주겠다고 했지만, 가는 데 며칠이 걸린다고 했다. 이때쯤 태너는 어떤 소문에 시간을 얼마나 투자할 가치가 있는지를 정확히 판단하는 감각이 생겼다. 이 정보는 가망이 좀 있었지만 아주 많은 것은 아니었다. 태너는 "그에게 내년에 좀 더 찬찬히 여행할 시간이 생기면 돌아오겠다고 말했다."

태너가 플로리다에서 마지막으로 찾은 곳은 흰부리딱따구리로 유명한 스와니 강이었다. 1890년에 윌리엄 브루스터와 프랭크 채프먼이 그 강을 따라 내려가면서 흰부리딱따구리 한 마리를 죽이고 또 한 마리의 소리를 들었다. 2년 뒤에는 아서 웨인과 그가 고용한 '가난뱅이 시골뜨기'들이 브루스터 같은 수집가를 위해서 흰부리딱따구리를 사냥했다. 그로부터 40년도 더 지난 지금도 그때 웨인을 위해서 사냥했던 남자들 중 몇 명이 살아 있었다. 주름이 자글자글하고 늙은 산사람들은 옛 기억을 갖고 있었다. 태너가 나중에 썼듯이, 그들은 "웨인이 왔다 간 뒤 흰부리딱따구리가 드물어진 걸 보면 웨인이 거의 다 잡아 버린 게 틀림없다."고 말했다. 태너는 거대한 나무가 늘어선 강둑을 둘러보면서 그 말이 사실이 아니기를 바랐다. 스와니 강은 아직 조사할 가치가 충분해 보였다.

태너의 지도에는 시내에서 몇 킬로미터 하류로 내려간 곳에 길이 강기

늪으로 이어지는 나루터가 있다고 나와 있었다. 어쩌면 그곳에서 또 보트나 카누를 구할 수 있을지 몰랐다. 태너는 두 줄로 파인 바퀴 자국을 따라 차 천장에 덜컹덜컹 머리를 부딪혀 가면서 한 시간 동안 달린 끝에 강기슭 공터에 다다랐다.

그는 차에서 내렸다. 차가 일으킨 먼지가 차츰 가라앉았다. 어둠이 빠르게 다가오고 있었다. 그는 숲으로 가서 나뭇가지를 한 아름 모아 왔다. 그것을 작은 피라미드로 쌓은 뒤 불을 붙였다. 몇 분 뒤에 그가 만족스럽게 저녁 식사에 고개를 묻고 있으려니, 웬 트럭이 덜컹거리며 달려오는 소리가 들렸다. 트럭은 공터에서 멈췄고, 남자 몇 명이 차에서 내렸다. 그들은 태너에게 얼른 인사한 뒤 땔감을 모으러 가 버렸다. 얼마나 지났을까, 태너의 모닥불로 다가오는 신발 소리가 들렸다. 어둠 속에서 불쑥 나타난 세 얼굴이 불꽃에 환하게 밝혀졌다. 남자들은 쭈그려 앉으면서 자기소개를 했다. 그들은 밤낚시를 하러 왔다고 했다.

누구든 태너의 입장에 처한 사람은 어찌할 바를 몰라 겁에 질리기 쉬웠을 것이다. 그는 어딘지도 모를 곳에서 무기도 없이 낯선 사람들에게 둘러싸여 있었다. 어쩌면 그들은 태너의 차를 노릴지도 몰랐다. 아니면 그의 돈을. 그러나 앨런 박사가 말했듯이 짐 태너는 "적응할 줄 아는" 사람이었다. 태너는 어디에서든 사람들과 어울릴 줄 알았다.

"여기에서 뭐 합니까?" 한 남자가 운을 뗐다. 태너는 불길을 지피면서 대답했다. "딱따구리를 찾고 있습니다." 남자들은 조용했다. 태너는 몇 번이나 연습했던 이야기를 풀어 놓았다. 이 동네에는 큰 딱따구리가 두 종류 산다는 것, 한 종류는 흔하고 다른 하나는 귀하다는 것, 자기는 그중 귀한 종류를 찾고 있다는 것. 말하면서 보니 남자들의 눈이 의심스러운 듯 가늘어졌다. 태너는 계속 지껄였다. 돌연 한 남자가 웃음을 터뜨렸다. 다른 남자들도 뒤따랐다.

먼저 웃음을 터뜨렸던 남자는 가까스로 진정한 뒤 이렇게 말했다. "맙소사, 잠깐이나마 당신이 **정말로** 딱따구리를 잡으러 온 줄 알았지 뭐요!" 남자는 숨을 가다듬고 태너에게 이 지방에서 '딱따구리'는 새를 가리키기도 하지만 산사람을 가리키기도 한다고 설명했다. 몇 년 전에 또 다른 이방인이 인간 '딱따구리'를 찾아서 강을 타고 내려온 적이 있었다. 눈동자에 복수심이 가득했던 그는 자신을 배신하고 강으로 내뺀 남자를 찾는다고 했다. 남자들은 태너도 그 도망자를 쫓는 게 아닐까 짐작했다가 태너가 찾는 것은 진짜 새라는 사실을 깨달았던 것이다.

남자들은 어둠 속으로 쿵쿵 사라졌다. 그들은 낚싯줄을 드리우고, 싸늘한 밤공기를 데울 모닥불을 활활 지폈다. 그러고는 태너에게 이쪽으로 건너오라고 소리쳐 불렀다. 태너는 그렇게 했다. "우리는 튀긴 물고기, 구운 얌, 비스킷으로 배불리 먹었다. 나는 이미 식사를 했지만 또 먹었다. 그 후 그들은 짐을 도로 트럭에 싣고 자정 즈음에 좁은 길을 달려 사라졌다." 그날은 태너가 계획한 대로 일이 풀리지 않은 수많은 낮과 밤의 한 예였다. 그런 탐험에서는 무슨 일이든 다 일어날 수 있고 실제로 일어난다는 걸 보여 준 사건이었다.

험난한 여행

이후 3주 동안 태너는 플로리다 곳곳에서 차를 달리고, 하이킹을 하고, 달리기를 하고, 물속을 헤쳤다. 단서를 쫓고, 기록을 휘갈기고, 그림 명함을 남기고, 좌절하지 않으려고 애썼다. 스와니 강은 가망 있는 서식지였지만 흰부리딱따구리를 직접 보지는 못했다. 그는 제일 괜찮은 단서를 따라서 플로리다 주 브룩스빌 근처의 숲으로 갔다. 그곳에서 불과 1년 전에 흰부리딱따구리가 목격되었다고 했다. 태너는 그 동네 사람 둘과 함께 일대를 뒤진 끝에 흔적을 발견했다. "죽은 소나무 껍질이 완전히 벗겨져 있었는데, 흰부리딱따구리의 소행이 분명했다." 그러나 태너는 새가 그곳을 지나가기만 했으리라고 짐작했다. 둥지를 틀 만큼 좋은 서식지로 보이지 않았기 때문이다.

3월 17일에 태너는 루이지애나를 향해 서쪽으로 출발했다. 싱어 보호구역은 그가 실제로 흰부리딱따구리를 찾을 수 있는 유일한 장소였다. 좋은 소식 두 가지가 그를 기다렸다. 연전에 코넬 탐사대를 솜씨 좋게 안내했던 J. J. 쿤이 이번에도 태너를 도울 수 있었고, 기꺼이 돕겠다고 했다. 그 못지않게 반가운 소식은 태너와 쿤이 숲에 있는 싱어 사의 오두막을 작업 기지로 쓸 수 있다는 점이었다. 그것은 곧 생필품을 사러 시내에 나갈 때 말고는 모든 시간을 숲에서 보낼 수 있다는 뜻이었다.

태너와 쿤은 텐사스 강 동쪽 기슭으로 수색을 집중했다. 3월 26일에 그들은 어른 흰부리딱따구리 한 쌍이 존 지류라는 후미진 소택지를 쏜살같이 가로지르는 모습을 목격했고, 이후 나흘 동안 힘겹게 뒤진 끝에 어느 풍나무 꼭대기에 뚫린 둥지를 태너가 발견했다. 부모 새는 한 마리 있는 새끼에게 하루 종일 번갈아 가면서 길고 흰 굼벵이를 먹였다. 새끼는 노상 입을 벌리고 먹이를 달라고 짹짹거렸다.

바로 다음 날, 새끼가 구멍 가장자리로 폴짝 올라앉더니, 균형을 잡고, 날개를 펼치고, 훌쩍 첫 비행에 나섰다. 새끼는 다시는 둥지로 돌아오지 않았다. 가족의 주소는 그곳에서 400미터쯤 떨어진 다른 나무로 옮겨졌고, 새들은 그곳에서 매일 밤 함께 잤다.

태너는 자랑스러운 듯이 적었다. "[새끼는] 처음부터 잘 날았다. 이후 두 달 동안 가족은 둥지 근처에서 함께 사냥했다. 새끼는 날이 갈수록 강해지고 독립심을 키웠다. 한 달 만에 부모와 함께 집에서 3킬로미터 떨어진 곳까지 먹이를 찾으러 나갔다. 7월 중엽에는 어미와 아비만큼 덩치가 커졌고, 강인한 비행사이자 강력한 굼벵이 사냥꾼이 되었다." 그러나 어린 새가 으레 그렇듯이 새끼는 아직도 부모에게 먹이를 달라고 졸랐다. 태너는 새끼의 능숙함에 기뻤지만, 가족이 알을 하나만 낳았다는 사실이 걱정되기도 했다. "새들은 일찌감치 둥지를 틀었으면서도 둥지를 한 번 더 틀 조짐은 보이지 않았다."

5월과 6월에 태너와 쿤은 숲을 이 잡듯 뒤지면서 흰부리딱따구리를 더 찾아보았다. 매일 산속을 걷다 보니 태너의 머릿속에 숲의 지도가 그려졌다. 그는 지류라고 불리는 물길이 어디에서 숲으로 스미는지, 호수가 어디에 있는지, 땅이 낮아지거나 높아지고 젖거나 마를 때 나무들이 어떻게 변하는지 알게 되었다. 흰부리딱따구리가 둥지를 마련하거나 잠자리로 선택하는 곳은 오래전에 미시시피 강이 범람했을 때 쌓인 마른 산등성이를 따라 자란 풍나무와 참나무였다. 태너는 그런 능선을 '1차 저면'이라고 불렀다.

쿤과 태너는 두 배로 넓게 수색하기 위해서 보통 따로 행동했다. 그들은 주로 새들의 활동이 가장 많은 아침에 수색했다. 태너는 400미터마다 멈춰서 귀를 기울이는 전략을 썼다. 흰부리딱따구리 소리는 800미터쯤 퍼졌기 때문이다. 그가 흰부리딱따구리를 목격한 경우에는 반드시 그 전에 소리부터 들었다. 새를 찾지 않을 때는 연구에 관련된 다른 일을 했다. 나무를 헤아리고, 굼벵이를 수집하여 검사하고, 새로운 장소를 답사했다. 그 밖에도 여러 방식으로 흰부리딱따구리의 생리와 생태를 조사했다.

가끔은 그냥 가만히 앉아 있었다. 태너는 어릴 때 야외에서 오랫동안 꼼짝 않고 앉아 있는 법을 터득했는데, 그 기술이 이제 일에 도움이 되었다.

그는 가만히 앉아서 귀를 기울이고, 벌레를 쫓고, 기록을 하고, 덩굴옻나무에 쏠린 곳을 긁지 않으려고 애쓰고, 간간이 몽상에 잠기거나 깜박 졸았다. 흰부리딱따구리 소리를 흉내 낸 뒤 대답이 돌아오는지 들어 보기도 했지만 성공한 적은 없었다. 한번은 색소폰 마우스피스(관악기에서, 입을 대고 부는 부분—옮긴이)를 불어 보았다. 역시 운은 따르지 않았다. 그러나 이따금 흰부리딱따구리가 먼저 숲 저 멀리에서 소리를 냈고, 그러면 그는 벌떡 일어나서 소리를 쫓아 덤불을 헤치며 달려갔다.

1937년 겨울과 봄에 태너와 쿤은 싱어 보호구역의 일곱 장소에서 어른 흰부리딱따구리들의 흔적을 발견했다. 흰부리딱따구리는 평생 한 상대와 짝을 이루어 1년 내내 함께 지내므로, 태너는 흰부리딱따구리가 일곱 쌍 있는 것이라고 추측했다. 새끼는 한 마리밖에 못 봤지만 말이다. 또 다른 부모 새가 굼벵이를 물고 호수를 가로지르는 모습도 본 적이 있으니 어딘가 먹여야 할 새끼가 있다는 뜻이 분명했지만, 그들은 그 둥지를 찾지 못했고 새끼도 보지 못했다.

태너는 왜 새들이 새끼를 그렇게 적게 낳는지 계속 의아했다. 근친 교배에 대한 박사의 생각이 옳았나? 진드기가 괴롭히는 걸까? 자기들이 생각하지 못한 다른 이유가 있을까? 쿤과 태너가 3월 26일에 발견한 흰부리딱따구리 가족이 둥지를 버린 뒤, 태너는 풍나무 꼭대기로 기어올라 둥지를 검사했다. 이번에도 기생충이나 진드기의 흔적은 없었고 싸움이 벌어진 흔적도 없었다. 흰부리딱따구리가 왜 사라지는지는 여전히 수수께끼였다.

여름이 되자 넓적한 잎사귀 때문에 나무 꼭대기를 관찰하기가 거의 불가능했고 사방은 모기로 가득했다. 태너는 침낭을 개키고, 부츠를 챙기고, 털룰라까지 걸어가서 집으로 돌아갈 채비를 했다. 그런데 그가 떠나기 전에 그와 쿤에게 충격적인 소식이 들려왔다. 싱어 사가 삼림 24제곱킬로미터를 목재 회사에게 팔았고 벌목이 벌써 시작되었다는 소식이었다. 그곳은 텐사스 강 서쪽 기슭이라 흰부리딱따구리 서식지로 제일 좋은 장소는 아니었지만, 벌목꾼들이 이제 문 앞까지 쳐들어온 셈이었다. 설상가상, 싱어 사는 서쪽 기슭의 나머지 삼림을 그보다 더 큰 시카고 제재 및 목재 회사에 팔았다. 이 회사는 털룰라에 큰 제재소를 갖고 있었다. 싱어 사는 석유 회사가 흰부리딱따구리의 주요 서식지에서 시험 유정을 파는 것까지 허락했다.

6월 29일에 쿤과 헤어진 태너는 루이지애나와 사우스캐롤라이나에서 한 달 동안 단서를 더 찾아본 뒤 북쪽으로 방향을 돌려 집으로 돌아왔다. 그는 코넬에서 그동안 작성한 수백 쪽의 기록을 정리하면서 알아낸 내용을 숙고했다.

탐정 활동의 첫 해에 태너는 싱어 보호구역에서만 흰부리딱따구리를 찾아냈다. 플로리다의 빅 사이프러스 늪과 역시 플로리다의 스와니 강 하류도 서식지로 여전히 가망이 있었다. 그 장소들은 추후에 다시 방문할 가치가 있었다. 그 밖에도 괜찮아 보이는 곳이 네 군데 더 있었지만, 앞에서 말한 곳만큼은 못했다. 싱어 보호구역의 새들은 번식을 잘하지 못했는데, 이유는 아직 오리무중이었다. 그러나 태너는 이제 새가 어떤 나무를 좋아하는지, 무엇을 먹는지, 둥지를 튼 한 가족에게 얼마나 넓은 공간이 필요한지를 더 잘 알았다.

싱어 보호구역의 흰부리딱따구리 서식지가 팔린 것은 사태에 어두운 그림자를 드리우는 사건이었다. 태너는 감정을 쉽게 비치지 않는 편이었지만, 오듀본 협회의 존 베이커에게 보낸 연례 보고서에서는 좌절감을 드러냈다. 시간이 바닥나고 있었다. 태너는 "그 숲을 **보존해야만** 합니다. 일대를 국가 보호 지역으로 정해야 합니다. 목재 회사의 이해와 유정 가능성 때문에 어렵기는 하겠지만, 어쨌든 그 목표를 향한 운동을 개시할 것을 강력하게 권

J. J. 쿤은 싱어 보호구
역 관리인이자 태너에
게 없어서는 안 될 동지
였다.

합니다."라고 썼다.

　지난겨울과 봄을 돌아본 태너는 자신이 아직 답하지 못한 질문이 많다는 것을 잘 알았다. 그러나 한 가지는 분명했다. 자신이 정말이지 고된 여행을 해냈다는 점이었다. 그는 불굴의 포드 자동차에게 바치는 글을 썼는데, 어쩌면 그 차는 태너 자신을 연상시켰을지도 모른다. "이 차는 수많은 진흙탕 도로를 최초로 달리면서 길을 텄다. 용수철 여러 개가 부서졌고, 소음기는 망가졌고, 발판은 헐거워졌고, 범퍼는 나무에 부딪혀 찌그러졌고, 앞 차축은 휘었다. 그래도 여전히 달렸다."

10장

최후의
흰부리딱따구리 숲

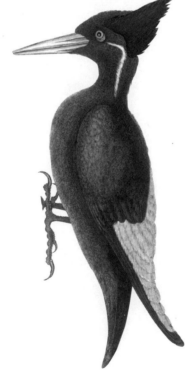

싱어 구역은 한때 수천 제곱킬로미터를 뒤덮었던 방대한 저
지대 삼림에서 마지막으로 남은 큼직한 구역이었다.

흰부리딱따구리는 종종 어둡고 음산한 늪의 거주자로 묘사된다.

진창과 안개와 함께 묘사되고, 우수 어린 새라고 이야기된다.

그러나 전혀 그렇지 않다…… 흰부리딱따구리는 나무 꼭대기에서 햇빛을

받으며 산다. 햇살 속에서 산다…… 새의 깃털만큼 밝은 환경에서 산다.

그 새를 관찰하고 쫓으려는 사람이 꺾어진 나무와 휘감은 덩굴을 헤치며

그늘과 진흙에 몸담아야 하는 것은 사실이지만, 흰부리딱따구리에게는 그것이

아무런 영향을 미치지 못한다. 새는 그 모든 것보다 높은 곳에 머문다.

흰부리딱따구리는 잘생기고 힘차고 우아한 새다.

—제임스 태너

1937년 12월~1938년 10월, 루이지애나 주 싱어 구역

넉 달 뒤, 태너는 남부로 돌아갔다. 지난봄 조사로 흰부리딱따구리가 살 만한 후보지를 좁혔으니, 낭비할 시간이 없었다. 그가 제일 탐사하고 싶은 곳은 사우스캐롤라이나의 샌티 강 주변 늪지였다. 박물관 표본과 지역 자료를 보면 한때 그곳에 흰부리딱따구리가 많이 살았다는 사실은 의심할 여지가 없었다. 그 지역 전문가들은 흰부리딱따구리가 아직 여덟에서 열두 쌍쯤 남아 있다고 자신만만하게 예측했다.

12월 초, 태너와 안내인은 샌티 늪지를 이 잡듯이 뒤져서 흰부리딱따구리를 찾아보려고 부츠를 신고 나섰다. 그러나 그들은 열하루 만에 실망만 안고 돌아왔다. 껍질이 벗겨진 나무를 몇 그루 보았지만 흰부리딱따구리가 한 일인지는 확신할 수 없었다. 소리도 전혀 듣지 못했다.

샌티를 탐사하고 나서 태너는 흰부리딱따구리에게 필요한 서식지 넓이

1937년
이즈음 흰부리딱따구리는 단 한 곳, 루이지애나 북동부 싱어 구역에서만 발견되었다.

OK:오클라호마 MO:미주리 AR:아칸소 IL:일리노이 IN:인디애나 KY:켄터키 TN:테네시 NC:노스캐롤라이나 TX:텍사스 LA:루이지애나 MS:미시시피 AL:앨라배마 GA:조지아 FL:플로리다 SC:사우스캐롤라이나

151

캐롤라이나앵무

한때 미국 남부의 숲은 몸통이 에메랄드그린 빛깔이고 날갯죽지에 선명한 노란 줄이 그어져 있으며 눈자위가 새빨간 앵무로 넘쳐 났다. 오듀본은 이 새가 하도 많아서 "알록달록 화려한 카펫처럼" 과수원을 덮었다고 적었다. 이제 이 종은 멸종했다. 왜? 농부들은 이 새가 과일을 먹기 때문에 죽였다. 사냥꾼들은 새를 잡아 박제해서 수집가에게 팔려고 죽였다. 모자 제작자들은 새의 녹색 깃털을 좋아했다. 이 새는 사냥꾼이 잡기 쉬운 표적이었다. 한 마리가 죽어서 땅에 떨어지면 다른 새들도 떼로 시체에 몰려드는 습성이 있었던 것이다. 잉카라는 이름의 최후의 캐롤라이나앵무는 1918년에 신시내티 동물원에서 죽었다.

를 다시 생각해 보게 되었다. 그는 "[지역 전문가들이] 새의 영역을 과소평가함으로써 새의 수를 과대평가한 것 같다."고 썼다. 한마디로 샌티만 한 숲에는 여덟에서 열두 쌍이 먹을 만한 먹이가 없을 것 같다는 우려였다. 그는 봄에 싱어 구역에서 조사했던 흰부리딱따구리 가족을 떠올렸다. 그 새들은 떠돌이였다. 새끼마저도 한 달 만에 집에서 3킬로미터 떨어진 곳까지 먹이를 찾아 날아갔다. 태너는 흰부리딱따구리 한 가족이 먹을 먹이를 제공하려면 영역이 아주 넓어야 하리라는 생각이 들었다. 샌티는 싱어 구역의 절반도 안 되었다. 샌티는 기껏해야 두 쌍, 많아야 세 쌍이 살 만한 넓이인 것 같았다.

새롭고 불길한 이론을 품고서, 태너는 포드 엔진을 혹사시켜 루이지애나로 달려갔다. 그는 하루 만에 조지아의 언덕을 넘고 미시시피 강을 건너 틸룰라로 들어갔다. 황혼 녘에 태너와 J. J. 쿤은 어깨에 짊어진 식료품 자루가 쏟아지지 않도록 조심하면서 한 줄로 서서 미끄러운 산길의 진흙 웅덩이를 피하고 통나무를 넘어 그들의 오두막으로 갔다.

이튿날 새벽부터 태너는 밤낮으로 싱어 구역을 탐사했다. 그는 지류들이 어디에서 어

디로 흐르는지를 익혔다. 덩굴이 우거진 축축한 저지대 평지에서 그보다 건조한 능선으로 갈 때 숲이 어떻게 바뀌는지를 익혔다. 계절의 미묘한 변화를 감지하게 되었다. 길어지는 그림자, 덩굴식물의 꽃향기, 젖은 잎사귀의 풀 내음, 전기가 웅웅거리는 것처럼 줄기차게 울어 대는 곤충들. 이런 패턴들이 하나로 수렴하여 장엄한 숲 전체의 그림이 되었다.

　태너가 찾아갔던 남부의 다른 늪지들이 보통 실망스러웠던 것은 벌목꾼들이 숲을 작은 조각으로 쪼갠 탓이었다. 연구 기간이 절반도 지나지 않았을 때부터 그는 싱어 구역이 미시시피 삼각주 전체에서 마지막으로 남은 거대한 늪지 자연림일지도 모르겠다고 생각하기 시작했다. 싱어 구역은 수천 년 전부터 그랬으리라 짐작되는 모습과 느낌과 냄새와 소리를 간직한 유일

꼭대기가 깃털로 뒤덮인 것처럼 보이는 사이프러스 나무들이 싱어 구역 속 호숫가를 두르고 있었다.

붉은늑대

붉은늑대는 사실 황갈색에서 검정색 사이 어떤 색이라도 띨 수 있다. 사촌 격인 회색늑대보다 약간 작은 붉은늑대는 한때 펜실베이니아에서 텍사스까지, 그리고 남동부 여러 주의 숲과 늪과 습지에서 사슴이나 그보다 작은 포유류를 사냥하며 살았다. 20세기 초에 사람들은 붉은늑대가 소와 양을 잡아먹는다고 의심하여 총이나 덫으로 많이 죽였고, 붉은늑대의 서식지에서 나무를 베거나 물을 뺐다.

1930년대 말에는 미국에서 붉은늑대가 딱 두 집단만 남았는데, 싱어 구역에 일부가 살았다. 1967년에 붉은늑대는 멸종 위기종으로 등재되었다. 6년 뒤에 멸종이 가까워지자, 생물학자들은 열네 마리를 포획하여 동물원 같은 안전한 환경에서 번식시켰다. 오늘날에는 붉은늑대가 약 270~300마리가 있고, 그중 약 50~80마리가 야생에서 산다.

한 숲이었다. 그동안 이 숲에 살았던 모든 종은 멸종한 캐롤라이나앵무와 나그네비둘기를 제외하고는 아직까지 다들 살아 있을 가능성이 높았다. 흰부리딱따구리, 퓨마, 늑대는 물론이거니와 굼벵이, 진드기, 개구리까지 모두 남아 있었다.

태너는 흰부리딱따구리의 생활사를 이해하고 싱어 구역에서 새를 지키려면 일단 그 숲을 전체적으로 알아야 하고 마치 생명이 약동하는 하나의 거대한 생물체처럼 숲을 이해해야 한다는 사실을 깨달았다. 이제 숲 전체가 태너의 실험실이 되었다. 숲은 그 속에 든 어느 종 못지않게, 심지어 흰부리딱따구리만큼이나 그를 매료했다. 그는 종종 해 뜨기 전에 하이킹에 나서서 해가 진 뒤에도 숲에 있었다.

그가 제일 좋아하는 계절은 단연 겨울이었다. 잎이 다 떨어진 숲에서는 흰부리딱따구리 소리가 더 멀리 울렸고, 벌거벗은 나뭇가지 사이로 날아가는 새를 포착하기도 더 쉬웠다. 게다가 모기도 뱀도 없었다. 어느 겨울날 아침, 그는 새가 활동하려면 몇 시간이나 남은 컴컴한 새벽에 흰부리딱따구리 둥지가 있는 나무로 향했다. 야자 잎을 쿠션처럼 푹신하게 쌓고 나무에 기대어 앉아, 숲이 깨어나는 소리를 들었다. 그것은 최고의 오락이었다. 더구나 티켓을 살 필요도 없었다.

검은 실루엣으로만 보이던 나무들 뒤에서 새벽 첫 햇살이 분홍 줄무늬를 그리기 시작하면, 아메리카올빼미가 "후 쿡스 포 유, 후 쿡스 포 유 올"로 들리는 노래를 마지막으로 부르면서 야간 근무를 마쳤다. 사방으로 퍼지는 햇살은 낮의 생명들을 잠에서 깨웠다. 새들도 하나씩 깨어나 차례로 노래했다.

맨 먼저 갈색지빠귀사촌이 거친 목소리로 새벽의 합창을 이끌었다. "추르르" 하고 반복하는 소리는 찔레 덤불에서 끓어오르는 것 같았다. 다음에는 흰목참새가 장단을 맞추어 결혼 행진곡의 첫 네 소절처럼 들리는 고음의 멜로디를 연주했다. 다음은 놀라운 겨울굴뚝새가 무대 중앙에 나설 차례였다. 꼬리가 몽땅한 이 난쟁이는 고개를 젖히고 온몸을 달그락대면서 누구보다도 길게 불러 젖혔다. 그때쯤에는 늦잠꾸러기 흰부리딱따구리도 구멍으로 나와서 깃털을 손질했다. 숲은 빛으로 가득했다. 태너의 기록에 따르면 그때까지 다른 딱따구리들도 일곱 종이나 더 기척을 냈다.

그의 조용한 경야에 뜻밖의 손님이 나타나기도 했다. 어느 12월 아침에 태너가 땅바닥에 앉아서 흰부리딱따구리 소리를 기다릴 때, 눈앞의 덩굴이 부스럭거리더니 빳빳한 야자 잎이 뭔가 더 크고 부피 있는 것으로 바뀌었다. 눈앞을 천천히 지나가는 반들반들한 검은 등은 언뜻 작은 말의 등처럼 보였다. 그러다 문득 그는 그것이 통나무 위를 걸어가는 늑대라는 사실을 깨달았다. 늑대가 소리 없이 폴짝 땅으로 내려와서 덤불 속으로 사라지자, 태너는 녀석의 모습을 더 잘 보려고 엉거주춤 몸을 일으켰다. 덤불에서 나온 늑대는 서른 걸음쯤 떨어진 공터를 유유히 가로질렀다. "녀석은 잘생겼고 강했다…… 가슴팍은 두툼하고 배는 날씬했으며, 자신만만하고 경계를 풀지 않은 모습이었다…… 머리에서 꼬리까지 새까맸다." 태너는 손을 오므려 모으고 다친 새처럼 찍찍거리는 소리를 내어 늑대의 관심을 끌려고 해보았다. 늑대는 총총 가 버렸다.

한낮의 숲은 조용하고 고요했다. 낮에 활동하는 생물들이 모두 낮잠을 자는 듯했다. 그러다가 해거름이 되면 숲의 맥박이 다시 빨라졌고, 계속 그렇게 약동하다가 일몰이 되면 전혀 다른 배우들이 무대에 나타났다. 어느 날 밤 태너는 작은 나무배로 호수 한가운데까지 노 저어 간 뒤, 노를 눕히고 아무 소리도 내지 않은 채 달빛에 비친 수면을 둘러보았다. "숲은 검은 벽처럼 호수를 둘러싼 나무들에서도 몇 마일 더 뻗어 있었다. 갖가지 소리가 공기를 흔들었다…… 개구리의 합창이 사방에서 들려왔다…… 수가 많기에 가장 시끄러운 것은 물에 뜬 개구리밥에 앉아 마찰음을 내지르는 작은 청개구리들이었다." 그는 손전등을 켰다. 광선이 수면을 훑다가 "이글이글 타는 무언가"를 포착했다. 불길은 "잠시 타오르다가 꺼졌다. 앨리게이터의 눈이 물 밑으로 가라앉은 것이었다."

낮이든 밤이든 독뱀은 크나큰 걱정거리였다. 그린리 굽이 근처가 특히 그랬다. 봄이 되어 숲길이 덩굴과 잎과 덤불로 덮이면 줄무늬방울뱀이 겨우내 도사리던 굴에서 스르르 빠져나왔다. 시어도어 루스벨트가 사냥 여행에서 만났던 "몸통이 굵은 늪살무사"와 미국살무사도 아직 있었다. 많이 있었다. 태너와 쿤은 고개를 들어 새를 찾는 일과 고개를 숙여 뱀을 조심하는 일을 동시에 할 순 없었기 때문에, 의도하지 않은 만남이 많이 있었다. 한번은 쿤이 새를 쫓아 덩굴이 우거진 덤불을 헤치며 나아가다가 그만 발로 방울뱀을 덮쳤다. 모르려야 모를 수 없는 소리가 들리기에, 그는 유일하게 허락된 방향으로 펄쩍 뛰었다. 곧장 위로. 그러나 사방이 덤불로 막힌 탓에, 유일하게 허락된 장소로 착지했다. 곧장 아래로. 뱀은 아직 그곳에서 방울 소리를 내고 있었다. 쿤은 쿵쿵 뛰는 가슴으로 다시 점프했고, 똑같은 결과를 얻었다. 쿤은 결국 뱀이 미끄러져 사라질 때까지 계속 점프했다.

봄과 여름에도 두 사람은 긴팔 셔츠를 입고 단추를 목까지 꼭꼭 채우고 옷깃을 세웠다. 모자를 귀까지 푹 눌러쓸 때도 있었다. 그래도 벌레가 물어

대고 쏘아 댔다. 성가시기는 해도, 숲의 모든 온혈 동물이 공통적으로 겪는 일이니 체념하는 수밖에 없었다.

숲에서 가장 대단한 사건은 거대한 나무가 쓰러지는 것이었다. 보통 비가 억수로 퍼부은 뒤에 그랬는데, 늙은 군주 같은 거대한 나무의 수관(나뭇가지와 잎을 가리키는 말로, 주로 꼭대기 부분을 일컫는다—옮긴이)이 흠뻑 젖어서 줄기가 더는 버틸 수 없을 정도로 무거워진 탓이었다. 태너는 이렇게 썼다. "쩌억 갈라지는 소리가 메아리치며 일순간 숲의 고요를 깼다…… 다음에는 크게 딱딱거리는 소리가 연달아 나면서 점점 더 시끄러워졌다. 그렇게 땅으로 쓰러진 나무가 바닥을 치면 둔중한 굉음이 메아리쳤다. 메아리는 곧 잦아들었지만, 숲은 계속 숨을 참고 있는 것처럼 보였다. 그러다가 차츰 새들이 다시 노래했다. 평소의 조용한 소리들이 돌아왔다. 듣던 사람도 흩어졌던 생각을 다시 모았다."

저녁이면 쿤과 태너는 오두막의 방충망 두른 현관에서 등유 램프를 켜고 함께 저녁을 먹었다. 낮에는 각자 행동하는 경우가 많았기 때문에 저녁에 소식을 나누었다. 태너는 이렇게 썼다. "우리의 대화는…… 마크 트웨인의 키잡이들이 강물의 흐름을 끝도 없이 시시콜콜 토론하는 것과 비슷했다. 우리의 목표는 흰부리딱따구리의 생활사를 알아내는 것이었지만, 숲이 우리의 일터였기 때문에 우리는 숲을 알아야 했다. 길을 알아야 했고, 잽싸게 움직이는 방법을 알아야 했고, 사냥할 수 있는 장소를 알아야 했다."

두 사람의 깊어 가는 우정은 숲을 존중하는 마음에 바탕을 두었다. 짐 태너와 J. J. 쿤이 쫓는 것은 그들에 앞서 숲을 누볐던 다른 사냥꾼들이 쫓는 사냥감과는 달랐다. 무기 없이 마음과 정신을 활짝 열어 둔 두 사람이 사냥하는 것은 지식이었다.

소니 보이

1937년 크리스마스가 다가오자, 태너와 쿤은 싱어 구역의 흰부리딱따구리를 모두 헤아리는 작업에 착수했다. 새가 둥지를 틀기에는 너무 이른 시기였지만, 헐벗은 숲에서는 새의 모습과 소리를 포착하기가 더 쉬웠다.

그들은 금세 세 쌍을 발견했고, 짝 없는 암컷도 한 마리 발견했다. 총 일곱 마리였다. 시작 치고는 좋았다. 그러나 어째서인지 봄에 보았던 새끼는 찾지 못했다. 12월 22일이 되자 비가 내리기 시작했다. 비는 일주일 넘게 오두막 천장을 쉼 없이 두드렸다. 오두막 앞에 빗물이 고여서 여기저기 웅덩이를 이루었고, 웅덩이들이 합쳐서 연못처럼 커졌다. 연못들이 합쳐서 하이킹이 불가능할 정도로 사방이 물에 잠기자 태너는 뉴욕으로 돌아가 명절을 보냈다.

태너는 2월 중엽에 돌아왔다. 이제 한시도 허비할 시간이 없었다. 흰부리딱따구리가 둥지를 트는 시기는 1월에서 5월까지였으니 벌써 숲에 새끼가 있을지도 몰랐다. 생각보다 이른 2월 17일에 태너는 흰부리딱따구리 한 쌍이 존 지류의 살아 있는 꽃단풍나무에 둥지를 마련한 것을 발견했다. 지난해에 흰부리딱따구리 가족을 관찰했던 지점에서 멀지 않은 위치였다. 그는 잠복처를 마련하고 그곳에 머물며 관찰했다. 새끼가 몇 마리인지가 무엇보다 궁금했지만, 새끼가 충분히 자라서 구멍에 모습을 나타내기까지는 몇 주가 걸릴 터였다. 그는 숲 전체를 조사해야 했으므로 그렇게까지 기다릴 순 없었다. 그는 기회를 노렸다. 2월 24일 아침에 부모 새가 모두 떠나자, 태너는 나무에 못을 박으면서 사다리처럼 밟고 올라가서 얼른 구멍을 향해 나아갔다. 그런데 절반쯤 올라갔을 때 부모 새가 돌아와서 현장을 들켰다.

새들은 근처 나무에 발톱을 박아 넣고 어깨 너머로 거대한 침입자를 노

158

려보았다. 그러더니 수컷이 둥지 나무로 날아와서 줄기를 타고 내려왔다. 새가 다가오자 태너는 한 발 한 발 밑으로 물러나다가 결국 땅으로 내려설 수밖에 없었다. 수컷도 날아갔다. 그러나 곧 굼벵이를 물고 돌아와서 둥지 속으로 사라졌다. 태너는 안도의 한숨을 쉬었다. 오듀본 같은 옛날 기록자들이 말하기를 흰부리딱따구리는 쉽게 겁을 먹는 성격이라 조금만 문제가 있어도 둥지를 버린다고 했기 때문이다.

부모 새가 다시 떠나자, 태너는 허둥지둥 다시 나무를 올라서 이번에는 끝까지 못을 박았다. 구멍에 다다르자 손을 넣어 더듬어 보았다. 놀랍도록 따뜻했다. 무언가 '길게 긁는 듯한 소리'를 냈다. 둥지 전체를 찬찬히 더듬던 태너의 손가락이 작은 새 한 마리의 부드러운 깃털에 가닿았다. 다른 것은 아무것도 없었다. 알껍데기 조각도 없었다. 부모 새가 오기 전에 서둘러 사다리를 내려오는 태너의 머릿속은 3년 전의 코넬 탐사 이래 줄기차게 그를 괴롭혔던 문제로 가득했다. 이번에도 새끼는 한 마리뿐이었다. **대체 왜?**

열흘 뒤, 새끼가 구멍에 나타나서 호기심 어린 기색으로 난생처음 고개를 내밀었다. 척 보니 수컷이었다. 새끼는 금세 강해져서 날 줄 알게 되고 집을 떠날 것이었다. 태너는 그 전에 새끼의 한쪽 발에 가벼운 '밴드'를 채우기로 했다. 그러면 새가 어디로 가든 연구자들이 그 새를 식별하고 움직임을 추적할 수

새에게 밴드 매기

존 제임스 오듀본은 새에게 처음으로 '밴드'를 맨 사람이었다. 1803년에 그는 펜실베이니아에서 동부산적딱새 몇 마리의 발에 은색 실을 묶었다. 겨울이면 남쪽으로 이주하는 새였다. 이듬해에 그중 몇 마리가 같은 장소로 돌아와서 둥지를 틀었다.

1903년에 독일 과학자들은 갈매기를 비롯하여 발트 해를 건너는 몇몇 새들에게 밴드를 묶었다. 프랑스에서 그 새를 목격한 사람들은 밴드가 무슨 뜻인지 알지 못해서 침몰하는 배의 선원들이 묶은 게 아닐까 하고 짐작했다.

요즘 미국 어류 및 야생동물 보호청은 새들의 다리에 가벼운 밴드를 묶을 수 있는 허가증을 발급한다. 밴드는 색깔이 다양하고 각각 고유 번호가 적혀 있다. 우리는 그 데이터를 통해서 새가 어떤 길로 이주하는지, 이동 속도는 얼마인지, 나이는 얼마인지 등을 알 수 있다. 짐 태너는 흰부리딱따구리에게 밴드를 묶은 유일한 사람으로 알려져 있다.

소니 보이와 J. J. 쿤의
만남.

있을 것이었다.

밴드를 채우기로 한 3월 6일, 태너와 쿤은 둥지 밑에서 여느 아침처럼
부모 새가 잠깐 떠나기를 기다렸다. 새들이 떠나자 태너는 잽싸게 못을 밟
고 나무를 올랐다. 그가 거의 다 왔을 때, 새끼가 구멍에서 고개를 내밀더니
날개를 펼치고 공중으로 몸을 던졌다. 태너는 반사적으로 손을 뻗어 새를
잡았다. 새는 몸부림치며 우짖었다. 그러나 태너는 용케 한쪽 다리에 밴드
를 두르고 새끼를 조심스레 구멍에 도로 넣었다. 그런데 그들의 접촉은 그
것으로 끝이 아니었다. 구멍 입구를 막아서 시야를 가리는 잔가지를 쳐내려
고 태너가 구멍 근처에서 얼쩡거리는 동안, 새끼가 다시 나타나서 두 번째
로 비행을 시도했다. 이번에는 태너의 손아귀를 벗어나서 바닥으로 떨어지
고 말았다.

새는 덩굴 속에서 퍼덕거리면서 쩍쩍 꽥꽥 울어 댔다. 태너는 허둥지둥
사다리를 내려와서 덤불에서 새를 건졌다. 새는 "털룰라에서도 들릴 만큼 시

160

끄럽게 우짖었다." 태너는 새를 부드럽게 쿤에게 넘긴 뒤, 황급히 카메라를 가져와서 부모 새가 돌아오기 전에 사진을 찍기 시작했다. 그는 여섯 장을 찍고서야 조리개를 맞추지 않았다는 사실을 알아차렸다. 그는 카메라에 필름을 더 욱여넣은 뒤 다시 찍었다. 그러다 이번에는 렌즈를 열지 않았다는 사실을 알아차렸다. 그가 이렇게 허둥지둥하는 것은 평생 거의 처음 있는 일이었다. 그는 심호흡을 한 뒤 마음속으로 천천히 카메라 작동법을 되새겼다.

이때쯤 어린 흰부리딱따구리는 상황을 장악했다. 새는 이제 울지 않았다. 그 대신 쿤의 감아쥔 손아귀를 벗어나서 옆으로 폴짝 뛰어 손목에 오르더니, 쿤의 팔이 나뭇가지인 양 자리 잡고 앉았다. 그러고는 팔을 기어올라 어깨로 가서 앉았다. 태너는 계속 사진을 찍었다. 높은 곳에 안전하게 자리 잡고 싶었던 새는 내처 쿤의 옷깃을 타고 머리로 올라가서 모자 위에 앉았다. 그리고 깃털을 부풀려서 몸집이 더 커 보이게 만들었다. 쿤이 새를 만지려 하자 새는 손을 쪼아 상처를 냈다. "녀석은 새끼일 뿐인데도 흰부리딱따구리답게 당당하고 우아한 모습이었으며 재빠르고 자신 있는 거동으로 움직였다."

필름이 다 떨어지자, 태너는 부드러운 손수건 두 장으로 새를 느슨하게 감싼 뒤 셔츠 안에 넣고 단추를 채웠다. 그러고는 나무를 올라 새끼를 조심스레 둥지에 넣었다. 이번에는 새끼가 안에 가만히 있었다. 쿤과 태너가 숨어서 지켜보는 동안 어미가 돌아왔다. 다행스럽게도 어미는 조금도 주저하지 않고 아들을 먹였다. 조금 뒤에 수컷도 부리 가득 굼벵이를 물고 날아왔다. "소니 보이." 태너와 쿤이 새끼에게 붙인 이름이었다. 소니 보이는 흰부리딱따구리로서는 유일하게 밴드를 찬 새가 되었으며, 새끼 흰부리딱따구리로서는 유일하게 클로즈업으로 사진을 찍힌 새가 되었다.

치명적인 흠

17개월 뒤인 1939년 10월, 짐 태너는 넥타이를 똑바로 하고 목청을 가다듬은 뒤 뉴욕에 모인 전국 오듀본 협회 연합 회원들과 직원들 앞에 섰다. 그가 오듀본 기금으로 수행한 흰부리딱따구리 연구에 대해서 보고하는 세 번째 해이자 마지막 해였다. 이번에 그는 슬라이드로 그림을 보여 주면서 발표를 진행했다. 첫 슬라이드는 카우보이의 말만큼 믿음직한 동반자였던 그의 사랑하는 자동차 사진이었다.

태너는 이어 쿤의 사진, '소니 보이'의 사진, 어른 흰부리딱따구리의 사진, 까마득히 높은 나무들과 달빛을 받은 호수의 사진을 보여 주었다. 그리고 결론을 발표했다. 그는 흰부리딱따구리가 세상에 스물다섯 마리쯤 남아 있을 것이고 플로리다, 루이지애나, 사우스캐롤라이나의 널찍한 서식지 네

다섯 군데에 흩어져 있을 것이라고 추정했다. 자신이 직접 본 곳은 루이지애나의 싱어 구역뿐이었지만 말이다.

태너는 싱어 숲의 흰부리딱따구리가 매년 적어지고 있다고 보고했다. 그 수는 다음과 같았다.

1934년 — 일곱 쌍이 새끼 네 마리를 낳았음

1935년 — 데이터 없음

1936년 — 여섯 쌍과 새끼 여섯 마리

1937년 — 다섯 쌍과 짝 없는 한 마리가 새끼 두 마리를 낳았음

1938년 — 두 쌍과 짝 없는 세 마리, 새끼 세 마리

1939년 — 한 쌍과 짝 없는 세 마리, 새끼 한 마리

그는 개체수가 주는 이유를 근친 교배 탓으로 돌릴 증거는 없다고 판단했다. 오히려 그가 조사했던 3년 동안 번식에 성공한 둥지를 매년 적어도 하나는 찾을 수 있었다는 사실은 고무적인 신호로 보였다. 흰부리딱따구리 종이 아직 번식할 수 있다는 뜻이었다.

그보다 훨씬 더 심각하고 나날이 더 심각해지는 문제는 따로 있었다. 새들은 굶어 죽고 있었다. 털룰라에 있는 시카고 제재 및 목재 회사의 거대한 띠톱은 최고 속도로 통나무를 집어삼키면서 흰부리딱따구리가 둥지를 짓고 잠을 자고 먹이를 구하는 데 쓸 최후의 나무들을 없애고 있었다. 흰부리딱따구리에게 남은 시간은 빠르게 줄고 있었다.

태너는 마지막으로 흰부리딱따구리의 치명적인 흠을 지적했다. 그가 적어도 싱어 구역에서는 확인한 내용이었다. 이 새에게는 언제든 어딘가에는 늙은 나무가 몇 그루쯤 자연적으로 죽어 가고 있을 만큼 널찍한 숲이 필

요했다. 나무는 벼락이나 바람을 맞아 다쳤을 수도 있고 질병이나 노령으로 약해졌을 수도 있지만 좌우간 죽어서도 계속 서 있어야 했다. 그런 나무에만 딱정벌레 유충, 즉 굼벵이가 여태 단단한 껍질을 뚫고 들어갔다. 흰부리딱따구리는 거의 그 굼벵이만 먹고 살았다.

흰부리딱따구리는 왜 식성을 바꿔서 다른 먹이를 먹지 않을까? 식성이 까다로워서 얻는 이득이 무엇일까? 탄식비둘기 같은 새는 수백 종의 식물에서 영양을 얻는다. 다른 새들도 주된 먹이 말고도 여러 종류의 곤충을 먹는다. 태너의 이론은 다음과 같았다. 나무가 죽은 직후, 껍질 밑에는 크고 통통한 굼벵이가 엄청나게 많다. 그래서 흰부리딱따구리는 그런 나무만 찾아보고 다른 것은 거의 먹지 않는 습성을 길렀다. 흰부리딱따구리처럼 큰 새는 먹이를 많이 먹는다. 새끼를 기를 때는 더 많이 먹는다. 나무껍질 아래의 만찬은 흰부리딱따구리 가족을 오래 먹일 만큼 풍성하다. 그리고 여러 딱따구리 중에서도 흰부리딱따구리만이 여태 나무에 단단하게 붙은 껍질을 뜯어낼 만큼 힘이 세다. 다른 딱따구리들은 나무가 더 약해지고 껍질이 더 느슨해질 때까지 기다려야 한다. 한마디로 흰부리딱따구리는 다른 딱따구리들의 부리가 닿지 않는 자기만의 굼벵이 공급원을 갖고 있었다.

그러나 싱어 구역에서 나무가 베어지고 먹이가 동나자, 흰부리딱따구리는 얼른 다른 먹이를 찾아보는 방향으로 빠르게 습성을 바꾸지 못했다. 문제는 어느 시점에 한 숲에서 죽어 가는 나무의 수는 한계가 있다는 점이었다. 흰부리딱따구리 먹이를 충분히 보유하려면 숲이 굉장히 커야 했다. 늘 짝과 함께 이동하는 흰부리딱따구리는 그런 나무를 찾아 멀리까지 날 수 있었지만, 애초에 어딘가 그런 나무가 있어야 가능한 이야기였다.

태너의 계산에 따르면, 흰부리딱따구리 한 쌍이 작은 가족을 먹일 만한 굼벵이를 제공받으려면 벌목이 전혀 이뤄지지 않았거나 거의 이뤄지지 않은 숲이 15제곱킬로미터쯤 필요했다. 이것은 도가머리딱따구리에게 필요한 공간의 36배였고, 붉은머리딱따구리에게 필요한 공간의 126배였다. 흰부리딱따구리가 절망적인 궁지에 몰린 것도 무리가 아니었다. 싱어 구역은 한때 미시시피 삼각주를 뒤덮었던 거대한 초록 융단에서 마지막으로 남은 숲이었지만, 이제 시시각각 사라지고 있었다. 태너는 홀린 듯 집중하여 듣고 있는 청중에게 하루하루 지날수록 "죽은 나무가 더 적어지고, 나무를 파고드는 곤충이 더 적어지고, 딱따구리의 먹이가 더 적어진다."고 말했다. 그리고 "먹이 감소는 흰부리딱따구리의 개체수에 심각한 영향을 미치는 요인으로서 제가 확인한 유일한 문제"라고 말했다.

태너는 딱따구리와 벌목꾼의 필요를 모두 충족시키는 계획을 제안했다. 그는 지도에서 싱어 구역을 세 영역으로 나누었다.

굼벵이

종류가 30만 종 가까이 되는 딱정벌레는 지구에서 가장 흔한 곤충이다. 딱정벌레는 바다를 제외한 모든 곳에서 산다. 딱정벌레는 알, 유충, 번데기, 성체의 네 단계를 거치며 자라는데, 두 번째 유충 단계를 **굼벵이**라고 부른다. 흰부리딱따구리는 그중에서도 하늘소, 나무좀, 비단벌레의 세 과에 해당하는 굼벵이를 먹는다. 모두 죽어 가는 나무의 껍질 밑에서 부화하여 자라는 녀석들이다. 희고 머리가 납작한 굼벵이에는 영양분이 잔뜩 담겨 있다. 길이 7.5센티미터, 굵기 2.5센티미터까지 자라는 것도 있다. 그러나 흰부리딱따구리는 이들을 서둘러 잡아먹어야 했다. 굼벵이는 몇 주 만에 번데기로 탈바꿈하기 때문이다.

1. '보존' 영역 — 존 지류 같은 최고의 흰부리딱따구리 서식지로, 전혀 베지 말아야 한다.

2. '부분 벌목' 영역 — 흰부리딱따구리에게 최선은 아니지만 새가 가끔 이용할 수 있는 구역이다.

3. 벌목 영역 — 흰부리딱따구리가 그다지 이용하지 않는 구역으로, 벌

목을 진행해도 좋다.

안타까운 사실은 흰부리딱따구리가 먹이를 찾을 때 제일 좋아하는 나무인 풍나무와 너톨참나무가 시카고 제재 회사에게도 가장 돈이 되는 수종이라는 점이었다. 태너는 그런 종류 중에서 꼭대기가 벌써 죽었거나 죽어 가는 나무는 베지 말고 내버려 둘 것을 권했다. 목재로서는 질이 떨어지지만 새들은 잠을 자고 둥지를 마련하고 앉아서 쉬는 데 쓸 수 있기 때문이다. 그는 또 같은 이유에서 종류를 불문하고 죽은 나무는 모두 내버려 두자고 촉구했다. 숲에서 딱따구리 먹이를 적극적으로 **늘리는** 방안도 고안했다. 몇몇 나무에 '환상 박피', 즉 일부러 동그랗게 껍질을 도려내어 선 채로 죽어 가게 만드는 방법을 쓰자는 것이었다. 그러면 굼벵이가 나무로 침투할 테고 딱따구리는 먹이를 구할 수 있을 것이었다. 태너는 숲에 철로를 더는 깔지 말 것, 사냥을 금지할 것, 흰부리딱따구리가 회복될 때까지 방문자를 제한할 것을 권했다. 벌목은 흰부리딱따구리가 둥지를 트는 겨울과 봄보다는 여름과 가을에 주로 실시해야 한다고 주장했다.

태너는 미국에서 가장 희귀한 새에 대해서 세상에서 가장 많은 것을 알고 있는 전문가로서 청중 앞에 서 있었다. 발표를 맺으면서 그는 3년 동안 72,000킬로미터를 달리면서 철저하게 수행했던 조사가 그에게 부여하는 권위를 실어 오듀본 협회에 힘껏 호소했다. 그들 앞에는 위기와 기회가 둘 다 있었다. 태너는 말했다. "저는 남부의 천연림을 거의 샅샅이 살펴보았다고 자부합니다. 단언컨대, 싱어 구역은 가장 훌륭한 천연 늪지대 삼림입니다…… [싱어 구역은] 보존되어야 합니다. 그런 숲에 사는 온갖 새와 동물을 보여 주는 예시로서, 북아메리카의 자연을 진실하게 보여 주는 사례로서."

태너는 할 일을 다했다. 이제 공은 오듀본 협회에게 넘어갔다.

11장
흰부리딱따구리를 구하려는 경주

플로리다 주 페리에서
촬영된 사진 속 사이프
러스 나무처럼 수백 년
이 걸려 자란 나무들을
사람들은 남부 전역에
서 각종 새로운 기계로
몇 시간 만에 베어 냈다.

마을의 모든 남자는 제재소에서 일하거나 제재소를 위해서 일했다.
제재소는 그곳에 7년간 머물렀고, 앞으로 7년을 더 있으면 손 닿는 곳에 있는
나무를 죄다 파괴할 것이었다. 그 후에는 제재소를 운영했고
제재소 때문에 살 수 있었고 제재소를 위해서 살았던 남자들 대부분과
기계 일부가 화물 열차에 실려 떠날 것이었다.
　　　　　　　　　　　—윌리엄 포크너, 『8월의 빛』(1932년)

1941~1943년, 루이지애나 북부

시카고 제재 및 목재 회사는 나무 상자를 만들었다. 작은 보관함, 포탄 상자, 마차 좌석…… 네 면이 있고 뚜껑이 있고 바닥이 있고 고객이 주문할 만한 것이라면 뭐든 만들었다. 1871년에 시카고 대화재가 발생하자, 회사는 금세 오대호 주변 소나무 숲에서 얻을 수 있는 것보다 더 많은 목재가 필요했다. 회사는 1898년에 미시시피 주 그린빌에 있는 제재소를 사들였는데, 벌목 장비를 갖춘 창고와 100제곱킬로미터 넓이의 삼각주 숲도 따라왔다. 회사는 그 지역 일꾼을 수십 명 고용하여 최상의 목재는 가구 회사에 팔 널빤지로 깎고 2등급 목재는 상자 부품으로 깎기 시작했다. 곧 시카고 제재 회사의 끌배가 회사 소유의 바지선 군단에 실린 목재를 미시시피 강 하류로 자랑스럽게 끌고 가게 되었다. 역시 회사 소유의 증기선인 '헤이즐 라이스' 호가 곁을 따르며 호위하기도 했다.

1941년
텐사스 강이 구불구불 관통하는 싱어 구역. 흰 부리딱따구리의 중요 서식지는 흰색으로 표시했다.

1928년에 시카고 제재 회사는 거대한 야생의 숲 발치에 있는 제재소를 또 하나 사들였는데, 그 숲이 바로 싱어 제조 회사의 소유였다. 그 숲에는 가구 제작자가 무릎을 꿇으며 찬양해 마지않을 만큼 거대한 참나무와 풍나무가 많았다. 시카고 제재 회사는 루이지애나 주 털룰라에 상자 공장을 짓고 싱어 사를 찾아갔다.

샌티 쿠퍼 댐 사업

시카고 제재 회사가 싱어 구역을 베기 시작한 시점과 거의 같은 때, 흰부리딱따구리는 사우스캐롤라이나에서도 일격을 맞았다. 1939년 4월 18일, 벌목꾼들이 샌티 강 범람지에서 거대한 사이프러스 나무와 살아 있는 참나무를 베기 시작했다. 댐을 짓기 위해서였다. 댐으로 강물을 가둬 상류의 두 호수에 채움으로써 사우스캐롤라이나 사람들이 수영을 하고 배를 타고 낚시를 즐기는 곳으로 만들자는 계획이었다. 실업자가 많은 시기였으니 댐 건설로 일자리가 생긴다는 점도 감안했다. 또한 강물 일부를 배수로로 흘려보냄으로써 터빈을 돌려 전기를 생산할 것이었다.
정부는 강가 숲에서 살아가던 가족들에게 다른 곳으로 가서 농부가 되라고 명령했고, 한 집마다 닭 100마리를 주고 씨앗을 살 돈을 빌려주었다. 집, 교회, 학교, 묘지까지 싹 쫓겨났다. 1941년 11월 12일, 댐 문이 닫혀 강물을 막았다. 상류의 매리언 호수와 몰트리 호수가 차오르기 시작했다. 짐 태너는 1937년에 샌티 강 늪지를 탐사했을 때 흰부리딱따구리를 발견하진 못했지만 그곳에 새가 살고 있다고 확신했다. 샌티 쿠퍼 댐 사업은 사우스캐롤라이나에서 흰부리딱따구리가 서식할 만한 최후의 큼직한 영역을 없애 버렸다.

시기는 완벽했다. 싱어 사의 사장 더글러스 알렉산더는 뉴욕의 고층 빌딩 꼭대기 사무실에 앉아서 '플래퍼'라고 불리는 신여성들에게 씩씩 울분을 뿜던 참이었다. 그런 여자들 때문에 미국의 재봉틀 판매량이 급감했다는 게 이유였다. 그는 플래퍼들이 머리를 보브 스타일로 자르든 담배를 피우든 춤을 추든 운전을 하든 아무 상관 하지 않았다. 그러나 아무튼 **바느질**만은 계속하면 안 되는가? 알렉산더에게 해방된 여성은 곧 바느질하는 세대가 사라진다는 뜻이었고, 그것은 곧 싱어의 고객이 사라진다는 뜻이었다.

회사로서는 목재가 더 필요한 것 같지도 않은 마당에 루이지애나의 약 300제곱킬로미터 숲에 대해 매년 꼬박꼬박 세금을 무는 것이 어리석은 일 같았다. 1937년에 싱어 사는 그중 작은 일부인 24제곱킬로미터를 텐들 목재 회사에게 팔았고, 2년 뒤에는 나머지 땅에 대한 벌목권을 시카고 제재 회사에게 몽땅 팔

MOVING DAY, WISNER, MISS.

20세기 초 미시시피 벌목지에서 이동식 오두막을 화차에 싣고 있다. 오두막에 사는 여자까지 태운 채.

1939년 싱어 구역의 벌목꾼. 아프리카계 미국인 일꾼들이 제2차 세계대전 전쟁터에서 싸우거나 북부 공장에서 일하려고 빠져나가기 전이다.

았다. 주로 원시림으로 이뤄진 295제곱킬로미터의 땅이었다.

1939년에 시카고 제재 회사는 틸룰라에서 숲까지 철로를 놓고 텐사스 강 서쪽 기슭을 베기 시작했다. 철로는 모든 것을 날랐다. 일꾼들의 가족까지. 사람들은 미리 조립된 손바닥만 한 방 한 칸짜리 오두막을 무개 화차에 싣고 기차로 끌어 숲으로 가져간 뒤, 숲에서 도로 내려 벌목지 근처의 벌채된 땅에 가지런히 줄 맞춰 배치했다. 백인 노동자들은 줄의 이쪽 끝에서 살았고, 백인보다 수가 많고 힘든 일을 도맡았던 흑인 노동자들은 반대쪽 끝에서 살았다. 숲의 한 부분에서 벌목이 끝나면 가족들은 자기 집을 기차에 싣는 것을 거든 뒤 함께 기차에 타고 다음 벌목지로 떠났다.

아메리카올빼미가 뚜뚜거리는 소리, 청개구리가 지글거리는 소리, 늑대의 소름 돋는 비명, 흰부리딱따구리의 경적 같은 울음소리는 쉴 새 없이 으르렁거리는 기계 소리에 금세 묻혔다. 당시에 숲에서 자랐던 진 레어드는 이렇게 회상했다. "숲은 정말 **시끄러웠죠**. 기차 경적은 귀를 찢는 듯했는데, 네 번 울리면 '철로에서 떨어져라.'라는 뜻이었어요. 도끼가 늘 쩽그랑거렸고, 사람들은 고래고래 고함을 질러야 서로 이야기할 수 있었고, 그런 소리들 뒤에는 무한 궤도 트랙터가 통나무를 끌면서 으르렁거리는 소리가 늘 깔려 있었습니다."

벌목꾼들은 새벽부터 황혼까지, 그들 표현으로는 '할 수 있을 때'부터 '할 수 없을 때'까지 1주일에 이레를 일했다. 비가 와도 일했고, 추위가 닥쳐도 일했다. 톱질하는 사람이 똑바로 서 있지도 못할 만큼 땅이 질척거릴 때는 우선 받침대라고 부르는 길쭉한 쐐기를 둥치에 박아 넣었다. 그러고는 양쪽에 한 사람씩 올라섰다. 두 사람은 건조하고 높은 발판에서 "하나, 둘, 셋!" 구령을 외친 뒤 3.5미터나 되는 가로 톱날을 박자에 맞춰 밀고 당겼다. 처음에는 톱날이 두꺼운 회색 껍질을 파고들었다. 그다음에는 변재를 파고

들어, 20세기 초에 만들어진 목질을 슥삭슥삭 베어 냈다. 그다음에는 심재에 도달하여, 남북전쟁이나 그 이전부터 만들어진 목질로 침투했다(통나무 절단면에서 가장자리의 색이 옅은 부분을 변재, 가운데 짙은 부분을 심재라고 한다—옮긴이). 그러다 보면 나무는 흔들리기 시작했다. 처음에는 살살 흔들리다가 갈수록 심하게 근들거렸고, 마지막으로 쩌억 하고 길게 갈라지는 소리를 내면서 죽어 갔다. 나무는 옆에 선 나무들의 가지까지 뜯어내면서 굉음과 함께 쓰러져 쿵 하고 땅을 때렸다. 그 진동으로 온 숲이 몇 초쯤 흔들렸다. 나무는 한두 번 퉁퉁 튄 뒤 이윽고 가만히 누웠다. 그러면 도끼를 든 남자들이 덮쳐서 나무를 척척 쳐내면서 통나무로 깔끔하게 다듬었다. 통나무는 한 번에 두 그루씩 트랙터가 끄는 집재기에 매달려 질질 끌려간 뒤, 먹이를 조르는 새끼 새처럼 철로에서 늘 문을 활짝 열고 기다리는 유개 화차에 실렸다.

늪 데이트

경주가 시작되었다. 과연 흰부리딱따구리의 먹이가 다 떨어지기 전에 흰부리딱따구리 숲을 구할 수 있을까? 야생의 자연이 시시각각 줄고 있었으므로, 오듀본 협회의 존 베이커는 당장 행동에 나섰다. 그는 1940년에 루이지애나 정치인들을 설득하여 '텐사스 늪지 국립공원'을 신설하는 법안을 의회에 제출하게끔 했다. 그 법안 H.R. 9720호가 통과되어 법률로 지정되면 최대 240제곱킬로미터의 땅에서 벌목을 멈추고 숲을 보존할 수 있을 것이었다. 싱어 구역에 남은 숲은 그게 전부였다. 정부가 땅을 수용하여 공원으로 운영하고 관람 프로그램도 갖출 것이었다. 한 가지 걸림돌은 법안이 정부가 땅을 사들일 자금까지 내야 한다고 제안하진 않았다는 점이었다. 따라서 자금은 따로 모아야 했다. 베이커는 법안을 통과시키기가 쉽지 않으리라는 사실을 잘 알았다. 북부 정치인들은 최남부의 숲에 진지하게 신경을 쓰지 않을 테니까. 요세미티나 로키산맥 국립공원처럼 높고 장엄한 장소라면 또 모르겠지만, 루이지애나의 늪을 국립공원으로 만드는 일에 누가 신경이나 쓰겠는가?

베이커는 프랭클린 D. 루스벨트 대통령에게 법안을 지지해 달라고 요청하는 편지를 보냈다. 루이지애나 주지사에게는 땅을 매입할 자금을 구해 달라고 요청했고, 시카고 제재 회사 사장에게는 만나서 벌목권을 판매하는 문제를 이야기해 보자고 요청했다. 회사는 답장에 뜸을 들였다. 이윽고 온 답장에서 시카고 제재 회사 사장은 회사와 딱따구리를 둘 다 만족시키는 해법이 있을지 의심스럽다고 말했다. 베이커는 봉투에 "그건 두고 봐야 알지."라고 반항적으로 갈겨썼다.

1940년 여름과 가을 내내 루이지애나에서는 풍나무와 참나무가 끊임없이 굉음을 내며 쓰러졌다. 베이커는 시카고 제재 회사가 국립공원이 설립되기 전에 나무를 죄다 잘라 버리려고 벼락치기로 속도를 내는 게 아닌가 의심했다. 그로부터 600킬로미터 떨어진 곳, 애팔래치아 산맥 깊숙이 자리한 작은 대학에서는 이제 이스트 테네시 주립대학의 생물학 교수가 된 제임스 태너 박사가 싱어 구역에서 벌어지는 일을 걱정하고 있었다. 그는 상황을 직접 보고 싶었거니와, 날씬한 빨강머리의 동료 교수 낸시 시디와 사랑에 빠진 터라 너무 늦기 전에 그녀에게도 자기 인생에서 제일 중요한 장소를 보여 주고 싶었다.

젊은 커플은 크리스마스 연휴에 털룰라로 갔다. 두 사람은 엉덩이까지 오는 장화를 신고 곧장 숲으로 들어가서 존 지류로 갔다. 그곳에서 흰부리 딱따구리가 우짖는 소리를 들었지만 모습을 보진 못했다. 간간이 낮게 우릉거리는 트랙터 소리가 희미하게 들려왔지만, 벌목하는 사람들은 아주 멀리 있는 것 같았다. 햇살이 이울기 시작하자 두 사람은 숲에서 나왔다. 짐은 흰부리딱따구리가 그날 밤에 어느 나무에서 잘지 알 것 같았다. 아침에는 새를 찾을 수 있을 것 같았다.

이튿날 새벽 4시 30분, 호텔 밖 보도에서 기다리는 낸시 앞에 짐이 나타나서 차를 세웠다. 좌석에는 종이봉투에 막 담은 아침과 점심이 놓여 있었다. 숲에 도착했을 때도 하늘에는 아직 별이 빛났고, 숲은 밤에 떠드는 귀뚜라미와 개구리와 아메리카올빼미의 언어로 시끌시끌했다. 공기는 축축하고 흙냄새가 났다. 두 사람은 손전등을 켜지 않고 숲으로 들어갔다. 꼭 필요할 때를 제외하고는 말도 하지 않기로 미리 약속했다. 그들은 자주 멈춰 서서 새소리에 귀를 기울였다. 그러는 동안 새벽의 첫 희미한 빛이 번졌다. 짐은 놀랍게도 전날 말했던 나무를 단번에 찾아냈다. "짐이 위치를 어떻게 찾았는지 모르겠어요. 나한테는 다 똑같아 보일 뿐이었는데." 낸시는 60년도 더 지난 뒤에 이렇게 회상했다.

두 사람은 젖은 통나무에 나란히 앉아 태양이 나무 위로 떠오르고 숲이 잠에서 깨어나기를 잠자코 기다렸다. 그리고 나무 꼭대기에 뚫린 타원형 구멍에 한 시간 동안 시선을 고정했다. 보람이 있었다. 흰부리딱따구리가 나타났던 것이다. 낸시는 이렇게 회상했다. "해가 나무 꼭대기에 오를 즈음에 수컷이 나왔어요. 수컷은 구멍 밖으로 기어 나와서 나무 옆면에 매달린 뒤 기지개를 켜고 깃털을 다듬었어요…… 멋진 선홍색 볏과 흰 부리…… 엄청나게 강렬한 노란 눈동자가 기억나요. 얼마나 인상적인 새였는지. 수컷이 나무를 톡톡 두드렸고, 그랬더니 암컷이 날아왔어요."

짐과 낸시는 이듬해 여름에 결혼했고, 강의를 준비하고 시험지를 채점하는 일상에 정착했다. 그러나 그때 상황을 송두리째 바꿀 사건이 벌어졌다. 1941년 12월 7일에 일본이 진주만을 공습했다. 다음 날 미국은 일본에게 전쟁을 선포했고, 사흘 뒤에는 독일과 이탈리아와도 전쟁을 벌이게 되었다. 미국이 제2차 세계대전에 참전한 것이었다.

진주만 공습에서 두 주가 지났을 때, 태너 부부는 짐이 군대에 불려 가기 전에 싱어 구역을 마지막으로 한 번 더 봐 두려고 루이지애나로 갔다. 두 사람은 걷거나 말을 타고 두 주 가까이 늪을 누볐다. 지류들이 빗물로 차오른 상태였지만 한 군데를 제외하고는 흰부리딱따구리가 즐겨 찾는 장소를 다 가 볼 수 있었다.

태너는 그린리 굽이에서 흰부리딱따구리가 번식할 서식지를 보존할 수 있기를 바랐다. 그린리 굽이는 싱어 구역에서 옛 모습을 간직한 유일한 장소였다.

1년 사이에 상황은 극적으로 달라져 있었다. 이제 우릉거리는 기계 소리가 쉼 없이 들렸고, 상처 입은 땅은 쳐낸 잔가지와 땅에 남은 그루터기로 쓰레기 더미나 다름없었다. 짐과 낸시는 흰부리딱따구리를 딱 두 마리 보았는데 둘 다 암컷이었다. 싱어 구역 안에서도 맥 지류라고 불리는 또 다른 장소에서 세 번째 새의 소리를 들은 것 같기도 했다.

집으로 돌아가기 직전, 짐은 시카고 제재 및 목재 회사의 벌목 담당 부서장인 샘 알렉산더를 설득하여 함께 숲을 걸었다. 태너는 흰부리딱따구리가 주로 이용하는 나무 종류를 일일이 가리키며 알려 주었다. 흰부리딱따구리가 먹이를 찾은 나무에서 껍질이 길쭉하게 벗겨져 늘어진 것을 함께 살펴보았다. 태너는 알렉산더에게 아직까지 살아남은 몇 안 되는 새들이 여전히 사용하고 있는 나무도 보여 주었다. 알렉산더는 주의 깊게 보았지만 별말은 없었다. 그러더니 끝내 고개를 저었다. 그 숲에는 좋은 나무가 여전히 많다고 했다. 자신들은 그렇게 많은 나무를 가만히 내버려 둘 수는 없을 것 같다고 했다.

태너는 숲이 결국 사라질 운명일 것 같아서 두려웠다. 머지않아 큰 나무가 듬성듬성해지고 숲이 조각조각 나뉘어서 흰부리딱따구리 한 쌍도 못 먹일 만큼 좁아질 것이었다. 진주만에 떨어진 폭탄은 텐사스 늪지 국립공원 설립 법안도 날려 버렸다. 다들 전쟁 말고는 딴생각을 할 겨를이 없었다.

싱어 구역의 유일한 희망은 흰부리딱따구리 서식지 중에서 아직 옛 모습을 간직하고 있는 큼직한 영역을 마지막 한 곳이라도 구해 내는 것이었다. 전체가 톱밥으로 변해 버리기 전에. 시카고 제재 회사가 벌써 존 지류에서 제일 좋은 풍나무를 베어 내기 시작했으니, 그곳은 끝난 셈이었다. 태너는 그린리 굽이를 살릴 시간은 있을지도 모른다고 생각했다. 그린리 굽이에는 원래의 숲 생태계를 구성했던 요소들이 거의 다 남아 있었다. 사이프러스 나무가 자라는 늪, 참나무가 자라는 구릉, 사이프러스 나무가 둘러선 호수…… 어쩌면 흰부리딱따구리도 한 쌍쯤 살고 있어서 녀석들이 다시 가족을 이루고 종을 구할 수 있을지도 몰랐다. 태너는 존 베이커에게 "그린리 굽이는 전체 〔싱어〕 구역에 비하면 작지만 최고의 보석 같은 곳입니다. 저는 다른 어디보다도 그곳이 보존되면 좋겠습니다."라고 썼다.

태너 부부가 테네시의 집으로 돌아와 보니, "안녕하십니까."로 시작되는 편지가 기다리고 있었다. 짐은 이제 미국 해군에 소속된 JG 제임스 태너 대위였다. 머지않아 메인 주 브런즈윅에서 레이더 훈련을 받으라는 소집 명령을 받을 것이었다. 짐 태너는 나라를 위해 복무할 준비가 되어 있었다. 그가 몰랐던 사실은 앞으로 45년 동안 싱어 구역을 다시 보지 못하리라는 점이었다.

상자에 담긴 전쟁

시카고 제재 및 목재 회사에게 제2차 세계대전은 상자에 담겨서 왔다. 군대는 비행기, 포탄, 탱크, 의약품, 건조 식량을 해외로 수송할 상자가 필요했다. 하룻밤 사이에 시카고 제재 회사는 만들 수 있는 상자란 상자는 죄다 전쟁부에 팔 수 있는 상황이 되었다. 문제는 딱 하나였다. 젊은 남자가 다들 징집되어 떠났으니, 누가 나무를 벨 것인가?

루이지애나 북동부는 백인보다 흑인이 훨씬 더 많은지라 문제가 특히 심각했다. 1940년 이전에는 미국 군대에 소속된 아프리카계 미국인 병사의 수가 5,000명에 불과했지만, 1944년에는 70만 명으로 늘었다. 군수 물자 수요가 생기자 북부 도시의 공장들에 일자리가 늘었고, 남부 흑인들은 일자리를 쫓아 남녀 할 것 없이 쟁기와 밭을 버리고 북쪽으로 떠났다. 1940년에서 1950년 사이에 매디슨 패리시를 떠난 흑인의 수만 1,000명이 넘었다. 이전에는 대부분 숲과 밭에서 일하던 사람들이었다.

1942년 3월, 시카고 제재 회사의 사장 제임스 F. 그리즈월드가 뉴욕의 오듀본 협회 건물에 나타났다. 마침내 싱어 구역에 관해서 베이커와 이야기 나눌 마음이 들었던 것이다. 두 남자는 지도로 몸을 숙이고 그린리 굽이의 가격이 얼마나 되겠는지 논의했다. 그리고 16제곱킬로미터를 보존하는 대가로 약 20만 달러에 합의했다. 두 남자는 놀랍도록 화기애애했고, 베이커는 그 만남에서 희미한 희망을 느꼈다. 베이커는 태너에게 쓴 편지에서 "그리즈월드 씨가 방금 오듀본 협회로 나를 찾아왔습니다. 아주 선선하고 공감하는 태도였습니다."라고 말했다.

싱어 구역에서 큼직한 한 조각을 구할 기회의 시계가 최후의 몇 분을 남기고 째깍째깍 움직이는 와중에, 사태가 이제야 제대로 굴러가는 것 같았다. 루이지애나 주지사 샘 H. 존스는 땅을 구입할 자금 20만 달러를 모아 왔다. 주지사는 또 테네시, 아칸소, 미시시피 주지사들과 공동으로 시카고 제재 회사와 싱어 제조 회사에게 숲을 보존할 수 있도록 벌목권을 팔라고 요청하는 탄원서를 보냈다. 루스벨트 행정부의 관료들은 싱어 구역의 목재가 없어도 미국이 전쟁에서 이기는 데는 문제가 없다고 확인하는 진술서를 써 주겠다고 동의했다.

베이커는 짐 태너의 흰부리딱따구리 연구 보고서를 책으로 내 줄 출판사를 수소문했다. 이 문제의 중요성을 더 많은 사람에게 알리기 위해서였다. 해군으로 떠날 날이 몇 주밖에 안 남았던 짐은 거실에 카드 게임용 탁자를 두고 그 위에 타자기를 얹었다. 그러고는 원고를 마무리하기 위해서 밤낮없이 일했다.

마침내 시카고 제재 회사는 싱어 구역의 벌목을 중단하라고 압박을 넣는 관계자 모두가 참석한 자리에서 양단간에 결정을 내리는 회의를 하기로 동의했다. 날짜는 1943년 12월 8일, 장소는 시카고로 정했다. 회의 날짜

행정 명령 8802호

1940년, 전미 유색인 지위 향상 협회NAACP의 소식지 「크라이시스」에 "전투기: 미국의 흑인은 그것을 만들거나 고치거나 탈 수 없지만 (세금으로) 비용은 대야 한다."는 제목의 기사가 실렸다. 당시 항공기 공장의 일자리 중 흑인이 차지한 것은 1퍼센트도 못 되었다. 흑인 지도자들은 루스벨트 대통령에게 정부가 먼저 조치를 취하지 않으면 군수 산업에서 흑인에게 보수와 처우가 더 나은 일자리를 줄 것을 요구하는 집회를 조직하여 워싱턴에서 행진을 벌이겠다고 을렀다.

압박이 먹혔다. 1941년 6월 25일, 루스벨트 대통령은 '고용 평등 위원회'를 설치하여 흑인들이 공장에서 제 몫의 일자리를 얻도록 감독하라는 내용의 행정 명령 8802호를 승인했다. 루스벨트는 "방위 산업이나 정부 부서에서 사람을 고용할 때 그의 인종, 종교, 피부색, 출신 국가를 이유로 차별하는 일이 있어서는 안 된다."라고 말했다. 그 후 조선소와 공장의 문이 흑인들에게 열렸고, 루이지애나를 비롯하여 남부에서 살던 흑인들이 남녀 가릴 것 없이 많이 그 문으로 들어갔다.

가 다가오자, 베이커는 오듀본 협회에서 일하는 리처드 포라는 사람에게 싱어 구역으로 몰래 내려가서 흰부리딱따구리를 찾아보라고 지시했다. "그곳에 새가 없다는 말이 나오지 않게끔 하려는 것"이었다. 포는 시카고 제재 회사 사람들을 철저히 피하라는 지시를 받았다. 사실상 스파이인 셈이었다.

회의 날 아침, 베이커는 아마도 조심스럽게 희망을 점치면서 일어났을 것이다. 노동력은 부족하고 돈은 모였으니, 회사들이 적어도 그린리 굽이의 벌목권만큼은 팔 수도 있었다. 그러나 베이커가 알지 못했던 뜻밖의 일이 벌어지고 있었다. 시카고 제재 회사는 이제 루이지애나에서 일손이 부족하지 않았다. 도움의 손길이 도착했다. 누구도 상상조차 못했던 곳에서.

12장

영원과 만나다

루이지애나 주 털룰라에 있었던 시카고 제재 및 목재 회사의
제재소 입구.

어느 생물 종족에서 최후의 개체가 더 이상 숨 쉬지 않게 되면,
천지가 한 번 바뀌어야만 다시 그런 존재가 나타날 것이다.
—윌리엄 비비(1906년)

1943~1944년, 루이지애나 주 매디슨 패리시

1943년~1944년
흰부리딱따구리가 최후
까지 버틴 곳은 싱어 구
역의 존 지류였다. 한때
캠프 에필루스가 설치
되었던 곳이자 소니 보
이가 태어났던 곳이다.

열두 살의 빌리 포트는 샤키 도로가 시카고 제재 회사의 철로와 교차하
는 길목에서 학교 버스가 오기를 기다리며 붉은 흙먼지를 신발로 질질 끌었
다. 1943년 늦가을이었다. 나뭇잎은 벌써 물들기 시작했다. 빌리와 열 살 동
생 바비는 시골에 온 지 얼마 되지 않았다. 어머니가 죽은 뒤, 아버지가 시
카고 제재 회사에서 지선 기차를 운전하는 일자리를 얻어 아들들을 데리고
털룰라로 이사 왔다. 이제 소년들은 이른바 '늪쥐'였다. 시카고 제재 회사의
이동식 벌목 야영지에서 살면서 지류에서 뛰놀고 물고기를 잡는 아이들을
가리키는 말이었다. 그래도 학교는 가야 했다. 그래서 소년들은 단둘이 그
곳에서 버스를 기다리고 있었다.

빌리는 차 소리에 고개를 들었다. 그런데 버스가 아니라 남자들이 가
득 탄 검은 트럭이었다. 트럭이 서더니 건장한 백인 청년 약 스무 명이 무장

한 감시원들의 지시에 따라 쏟아져 나왔다. 남자들은 모두 똑같은 푸른 점 프슈트를 입었고, 네이비블루 모자를 썼고, 팔뚝에 'PW'('전쟁 포로'를 뜻하는 'Prisoner of War'의 약자—옮긴이)라고 크게 적힌 완장을 찼다. 남자들이 서로 대화하는 언어가 뭔지는 몰라도 영어가 아닌 것은 분명했다.

빌리는 어른들이 이런 일이 있을 것이라고 이야기하는 소리를 듣긴 했지만 실제로 일어날 줄은 몰랐다. 독일 군인, 그러니까 미국의 적인 **나치**가 자신들의 숲으로 일하러 오다니! 그러나 사실이었다. 트럭은 매일 교차로로 왔고, 젊은 남자들이 훌쩍 내렸다. 손으로 깎은 나무 도시락 통을 든 사람도 있었다. 지구 반대편에서 미군 병사를—심지어 틸룰라에서 간 병사도 있을 텐데—죽이려고 애쓰고 있는 적군의 병사들이 매일 공터에서 몇 분쯤 어정 거리면서 기지개도 켜고 잡담도 나누다가 숲으로 인솔되거나 철로 작업을 하러 나섰다. 하루는 군인 하나가 바비를 손짓으로 부르면서 초콜릿바를 내밀었다. 바비가 쭈뼛쭈뼛 팔을 뻗으려는데 빌리가 콱 붙들었다. "먹으면 안 돼! 독이 들었을지도 몰라!" 빌리가 나무랐다. 독일인은 한쪽 무릎을 꿇고 바비의 눈을 정면으로 들여다보면서 영어로 말했다. "받으렴. 나도 고향에 너만 한 아들이 있어. 우리 아들이 생각나서 그래."

초콜릿바 너머의 독일인은 지난 2년 동안 세상을 두루 겪었다. 그는 독일 아프리카 군단이라는 엘리트 부대의 일원으로 북아프리카에서 싸우다가 포로가 되었다. 독일 아프리카 군단의 임무는 이집트를 점령하고 홍해와 지중해를 잇는 수에즈 운하를 장악함으로써 독일, 일본, 이탈리아로 이뤄진 추축국이 중동의 유정을 통제하게끔 하는 것이었다.

독일군은 임무를 달성하기는커녕 미군과 영국군 사이에 갇혀 패배했다. 죽은 사람도 많았고 생포된 사람도 많았다. 추축국 군인 수십만 명이 포로가 되었다. 영국은 수용소가 이미 꽉 찼기 때문에 미국에게 포로를 맡아 달라고 부탁했고, 미국 전쟁부는 마지못해 그러기로 했다.

포로들은 지시에 따라 일제히 크고 너른 갑판이 있는 '리버티선'(미국이 제2차 세계대전 때 대량으로 만들어 전시 표준선으로 썼던 대형 화물선—옮긴이)에 오른 뒤, 배를 타고 북아프리카에서 스코틀랜드를 거쳐 리버풀로 갔다. 대부분의 포로들은 그곳이 종착지라고 짐작했겠지만, 사실은 바다를 또 한 번 건너야 했다. 대서양이었다. 몇 주가 지나서 대형 수송선이 뉴욕에 다다르자, 포로들은 지시에 따라 모두 갑판으로 나가서 서쪽 지평선에서 서서히 형태를 드러내는 자유의 여신상과 고층 빌딩들을 바라보았다. 못 믿겠다는 표정으로 입을 떡 벌린 사람도 많았다. 이전에 독일 장교들은 그들에게 뉴욕이 벌써 파괴되었다고 말했기 때문이다. 어떤 사람들은 그 광경이 속임수라고 생각했다. 할리우드 영화 세트라는 것이었다.

독일군 포로들은 뉴욕에서 기차에 나눠

타고 감시원과 함께 미국 전역에 흩어진 수용소로 이동했다. 포로들은 자신들은 백인 전용 차량을 타고 가는 데 비해 미국을 위해서 싸우고 있는 미국의 흑인들은 별도의 흑인 전용 차량에 타야 한다는 사실에 놀랐다. 모두 합하여 약 2만 명의 포로가 루이지애나로 왔고, 네 군데 주요 수용소로 보내졌

독일군 전쟁 포로들이
남부에서 나무를 자르
는 모습.

다. 1943년 8월 14일, 아프리카의 태양에 탄 피부가 여태 가무잡잡한 독일
아프리카 군단의 포로 300명이 털룰라에서 60킬로미터쯤 떨어진 곳에 마련
된 러스턴 포로 수용소로 처음으로 행군해 왔다.

　다음 달, 전쟁부는 루이지애나에서 농장이나 회사를 경영하는 사람들에
게 일꾼이 필요하면 전쟁 포로를 공급하겠다고 알렸다. 고용주는 포로들에
게 적은 품삯을 주고, 수용소와 작업장을 오갈 차편을 마련하고, 감시원을
붙이고, 식사를 제공하면 된다고 했다. 정부는 털룰라 장터를 철조망으로
둘러싸서 수용소로 만들었다. 505명의 독일군 포로는 금세 자신들만의 부
엌, 빵 굽는 공간, 도서관을 세웠다.

　시카고 제재 회사는 값싼 노동력을 제일 먼저 낚아챈 회사 중 하나였다.
회사는 매일 아침 수용소로 트럭을 보내 포로들을 태운 뒤 싱어 구역으로
날랐다. 루이지애나 주 털룰라 근처의 붉은 먼지가 날리는 길에 서 있었던
바비 포트가 나치 군인이 건넨 초콜릿바를 받는 입장이 된 것은 그 때문이

었다.

어떤 포로들은 가로톱을 들고서 보통 흑인들이 하던 고된 일을 맡았다. 또 다른 포로들은 통나무를 패거나 화차에 목재를 싣거나 철로에서 일했다. 전문 교육을 받은 포로는 정비공이나 엔지니어가 되었다. 그들 중 누구도 미국 남부의 빽빽하게 얽히고설킨 숲과 비슷한 것은 본 적이 없었다. 한 포로는 이렇게 불평했다. "우리 독일인은 '숲'이라는 말을 들으면 고향의 아름다운 나무들을 떠올린다…… 〔이곳은〕 가시덤불이 나무로 가는 길을 막고 있어서, 덤불을 베면서 걸어야 한다." 포로들은 벌레도 질색했다. 한 사람은 "개미 수백 마리가 가렵게 물어 대는 듯…… 바늘땀처럼 작고 빨간 상처를 모르는 사람이 있을까? ……바늘처럼 찌르는 거미에게 물린 데는 약도 없는 것 같다."라고 썼다.

시카고 제재 및 목재 회사에게 독일군 포로는 하늘이 내린 선물이었다. 이제 회사는 한 사업에서 세 방면으로 돈을 벌 수 있었다. 공짜나 다름없는 일꾼을 써서 싱어 구역을 벌목할 수 있었고, 상자를 만드는 족족 게걸스런 전쟁부에게 팔 수 있었고, 값싼 농지를 원하는 그 일대 가족들에게 벌채한 땅을 팔 수 있었다. 아수라장이 된 땅을 치울 필요도 없었다. 진 레어드는 이렇게 회상했다. "그 쓰레기라니, 말도 말아요. 잘라 낸 나무 둘레가 1미터가 안 되면 그냥 바닥에 내버렸다니까요."

포로들로부터 새로운 노동력을 얻자, 털룰라 제재소의 거대한 톱날까지 통나무를 운반하는 길이 14미터의 컨베이어 벨트는 하루 24시간 돌아갔다. 남부의 200년 역사를 간직한 나무들이 하나하나 갈려서 노란 톱밥으로 변했다. 한때 농장 주민들의 악몽이었던 신비롭고 무시무시한 텐사스 늪지 숲은 기계 하나에게 길들여졌다. 이따금 나무에 박혀 있었던 남북전쟁 시절 총알이 톱날에 걸려서 날이 멎었다. 사람들은 그 나무를 옆으로 치우고 스위치를 다시 켰다. 톱날은 다시 돌아갔다.

휜부리딱따구리에게 남은 마지막 큰 숲은 윙윙거리는 이빨 앞에서 하루 하루 무너졌다. 그와 더불어 시카고 제재 회사가 나무 한 그루라도 남겨 둘 이유가 사라졌다.

"우리는 돈밖에 모릅니다."

1943년 12월 8일 수요일 정오, 한 무리의 남자들이 시카고의 겨울 추위를 뚫고 시내의 한 건물로 들어와서 코트를 꿈지럭꿈지럭 벗고, 모자를 걸고, 시카고 제재 회사의 중역 회의실로 서둘러 들어갔다. 탁자에 둘러앉은 사람들은 연방 정부, 남부 여러 주, 오듀본 협회, 싱어 제조 회사의 대표들이었다. 그들은 각자 소개를 한 뒤 거두절미하고 본론으로 들어갔다. 오듀본 협회 회장 존 베이커의 보고서에는 그 뒤에 벌어졌던 일이 이렇게 적혀 있다. "[시카고 제재 회사는] 어떤 방식으로도 협조하지 않겠다고 말했다. 강요당해서 어쩔 수 없는 상황이 아닌 한, 어떤 거래도 하지 않겠다고 했다. 회장은 무엇보다도 이렇게 말했다. '우리는 돈밖에 모릅니다. 당신들하고는 달리 윤리 문제에는 관심이 없습니다.' 그들은 '강요당해서 어쩔 수 없는 상황이 아닌 한' 국립공원이나 보호구역을 만드는 데 어떤 식으로도 협조하지 않겠다고 했다."

싱어 사의 입장도 같았다. 싱어 사는 이제 자기 땅에 선 나무들에 전혀 관심이 없었다. 나무들에 무슨 일이 벌어지든 그것은 시카고 제재 회사의 소관이었다. 어차피 싱어 사는 전쟁 중에 재봉틀을 만들지도 않았다. 회사의 제조 설비는 이제 조준기와 방아쇠를 만들어 내고 있었다.

나쁜 소식은 여기에서 그치지 않았다. 베이커가 흰부리딱따구리를 찾아보라고 루이지애나로 내려보냈던 리처드 포가 전보를 보내왔는데, 3주 동안 뒤졌지만 한 마리도 목격하지 못했다는 내용이었다. 한편 포가 목격한 광경은 속을 뒤집어 놓았다. 포는 베이커에게 이렇게 썼다. "목재 회사가 이토록 아름다운 숲을 이토록 황량한 쓰레기로 둔갑시킨 꼴을 보자니 욕지기가 납니다. 월요일에 마지막으로 남은 가장 훌륭한 풍나무 숲을 베어 내는 것을 보았습니다. 어떤 나무는 밑동 지름이 2미터나 됐습니다."

　　그러나 3주 뒤, 얼어붙을 듯 차가운 빗방울이 숲 바닥에 툭툭 떨어지고 그 위의 헐벗은 나뭇가지에 얇은 얼음 막을 입히던 날, 포의 불운이 행운으로 바뀌었다. 그는 존 지류의 벌목용 도로에서 "켄트, 켄트" 하는 소리를 들었다. 그토록 오래 기다리던 소리였다. 그는 트랙터가 파 놓은 구덩이를 훌쩍훌쩍 넘으면서 으깨진 나뭇가지가 쓰레기 더미처럼 쌓인 황무지를 달려, 아직 벌목되지 않은 작은 숲 속 물푸레나무에 다다랐다. 그는 시선을 들어 마침내 찾던 것을 발견했다. 암컷 흰부리딱따구리였다. 흰부리딱따구리가 닳도록 사용한 나무에는 큼직한 구멍이 여덟 개나 뚫려 있었다. 1월도 한참 지난 시기였지만 새는 짝이 없었다.

　　포는 한동안 슬프게 새를 바라보다가, 털룰라로 돌아와서 뉴욕의 베이커에게 전보를 쳤다. "암컷 딱 한 마리를 찾았고, 이곳에 다른 새는 없다고 확신합니다." 그리고 또 다른 메시지를 전했다. "일대가 언제라도 잘려 나갈 것 같아 정말 걱정입니다."

　　베이커는 벌목을 막고 땅을 구하기 위한 노력을 멈추지 않았다. 그는 잡지 기자들과 정치인들에게 편지를 썼다. 그들이 시카고 제재 회사에 압박을 넣어 주기를 바라는 마음에서였다. 베이커는 주장했다. 설령 흰부리딱따구리가 거의 다 사라졌더라도, 미시시피 삼각주에 마지막으로 남은 한 조각

원시림은 그 자체로 구할 가치가 충분하지 않은가? 우리가 미래의 남부 후손에게 그 정도는 남겨 줘야 하지 않겠는가? 그러나 미국은 전쟁 말고는 어떤 말도 못 듣는 상황이었다. 시카고 제재 회사의 톱은 쉼 없이 징징 돌았고, 숲에는 화차가 점점 더 많이 늘어섰다. 한 번에 50대가 늘어서는 경우도 있었다. 전쟁부는 제트 전투기의 연료 탱크를 만들기 위해서 풍나무 합판이 필요했다. 포탄을 담을 상자도 필요했다. 영국군도 최후의 흰부리딱따구리 숲에 특수한 용무가 있었다. 시카고 제재 및 목재 회사의 역사를 기록한 글에는 이런 대목이 있다. "털룰라 공장은 영국군이 차茶를 담는 데 쓸 상자를 공급하느라 바빴다. 별도로 생산 라인을 마련하고 그 끝 인입선(공장에서 물자를 곧장 내보내고 들이기 위해서 가까운 철로에서 공장 부지까지 설치한 지선―옮긴이)에 화차 세 대를 나란히 대기시켜 둘 정도였다."

뉴욕의 오듀본 협회에서 일하는 사람들은 불치병을 앓는 친구에게 작별 인사를 하듯이 하나둘 존 지류를 찾아갔다. 베이커도 직접 새를 보러 갔고, 로저 토리 피터슨도 다녀왔다. 오듀본 협회의 휴대용 도감을 그렸던 화가 돈 에클베리는 리처드 포의 참혹한 소식을 듣자마자 옷가지와 스케치북을 챙겨서 남부행 기차에 올랐다. 에클베리는 최후의 흰부리딱따구리가 죽기 전에 녀석을 찾아서 그리겠다고 결심했다.

에클베리는 1944년 4월에 루이지애나에 도착했다. 그를 마중한 사람은 짐 태너가 연구 마지막 해에 도움을 받았던 그 지역 관리인 제시 레어드였다. 어느 늦은 오후, 레어드와 에클베리는 암컷 흰부리딱따구리가 매일 밤 잠드는 물푸레나무에 당도했다. 두 사람은 말없이 통나무에 앉아서 햇살이 이울기를 기다렸다. 6시 25분에 새가 저 멀리서 나무를 두드리는 소리가 들렸다. 답은 없었다. 암컷은 짝을 불러들이려는 듯이 20분쯤 더 신호를 보냈다. 에클베리는 이렇게 썼다. "마침내 새는 나팔을 부는 듯한 소리를 내면서 잠자는 나무로 돌아왔다. 새는 커다란 날개로 공기를 가르며 힘차게 똑바로 날아와서는 단번에 근사하게 솟구쳐 나무에 앉았다. 새는 신경질적인 옅은 눈동자를 두리번거리면서 고개를 이쪽저쪽 까딱거렸다. 검은 볏은 바짝 곤두서서 앞으로 기울기 직전이었다. 새는 내내 소리를 내면서 껑충껑충 나무를 올라갔다."

스케치를 하기에는 너무 어두웠기 때문에, 에클베리는 그냥 감격에 겨워 지켜보기만 했다. 그러는 사이에 주변이 캄캄해졌다. 그는 영원을 응시하는 것 같은 기분이었다. 수천 년 동안 미국의 방대한 늪지 삼림을 호령했던 흰부리딱따구리 중에서 이제 남은 것은 이 외톨이 암컷뿐이었다. 콜럼버스보다, 혹은 예수보다, 심지어 아메리카 원주민보다 먼저 세상에 나타났던 생명에서 이제 남은 것은 그가 알기로는 이 새뿐이었다. 화살 같은 비행, 어둑한 숲에 메아리치는 두 음조의 나무 쪼는 소리, 나무 전체를 벗겨 내는 재주…… 그런 오래된 행동들을 마지막으로 간직한 존재가 지금 그의 눈앞에 있었다.

에클베리는 이후 두 주 동안 거의 매일 나무로 찾아갔다. 제시 레어드의 지프로 샤키 농장까지 간 뒤에 종이, 붓, 물감, 연필, 스케치북, 쌍안경을 들고 숲 속을 1킬로미터쯤 더 걸었다. 그는 새가 잠자는 나무에 머무르는 새벽과 저녁 어스름에만 스케치를 했다. 새가 숲으로 날아갈 때 뒤따라서 쫓아다닐 순 없었기 때문이다. 자신이 "새를 깨우고" "잠자리에 눕힌다"고 생각하면 기분이 좋았다. 시간 가는 것도 모르다가 불현듯 사방이 캄캄해진 것을 깨닫기도 했다. 그러면 돌아가는 길을 제대로 찾을 수 있도록 달이 밝기만을 바랄 뿐이었다.

어느 날, 빌리와 바비 포트 형제가 샤키 농장 도로의 다리에서 다른 두 소년과 함께 물수제비를 뜨다가 레어드 씨의 지프가 오는 것을 보았다. 차문이 열리고 낯선 사람이 내렸다. 남자는 커다란 스케치북과 연필통을 안고 있었다. 남자는 호리호리하고 기품 있어 보였으며 걸을 때 다리를 절었다. 소년들이 그를 둘러쌌다. 그는 자신을 돈 에클베리라고 소개하고, 숲 속 어느 나무로 가서 마지막 남은 흰부리딱따구리를 스케치할 것이라고 말했다. 너희도 함께 갈래? 레어드 씨는 아이들에게 에클베리를 따라가라고 했다. 어쩌면 누구도 영영 다시 볼 수 없는 멋진 새를 직접 볼 기회라고 하면서, "하지만 조용히 있어야 한다."고 덧붙였다. 다른 소년들은 도로 물수제비를 뜨러 갔지만, 포트 형제는 잽싸게 나섰다. 낯선 남자가 물었다. "부모님이 허락하시겠니?" 빌리 포트는 "네, 숲에 들어갈 때 일일이 여쭤 보지 않아도 괜찮아요."라고 대답했다.

두 소년과 에클베리는 철벅철벅 물을 헤치면서 옹이 진 물푸레나무로 갔다. 그리고 그 앞의 통나무에 앉았다. 화가가 가운데 앉고 양쪽에 두 소년이 앉았다. 기다리는 동안 화가는 눈에 보이는 것을 뭐든지 그렸다. 물푸레나무, 늑대, 꽃, 새, 바비 포트까지. 화가는 도무지 멈추지 못하는 것 같았다. 소년들은 그렇게 빨리, 그렇게 잘 그리는 사람은 처음 봤다. 저녁 식사 시간쯤 되었을 때, 공기가 잠잠해지는 것 같더니 흰부리딱따구리가 날아왔다. 새는 반들거리는 부리로 나무를 두드리고, 폴짝 뛰어 구멍으로 들어갔다가, 잘 자라는 인사를 하려는 듯 고개를 도로 내밀더니, 다시 사라졌다. 화가는 형제에게 이 순간이 얼마나 특별한지 이해했으면 좋겠다고 말했다. 그들이 비록 어리지만 어떻게든 이 순간을 영원히 기억했으면 좋겠다고 말했다. 화가는 그렇게 말하는 동안에도 그림을 그렸다. 멋진 새는 그의 스케치북에서 생명을 얻는 듯했다. 이제 70대 노인이 된 빌리 포트는 이렇게 회상했다. "이후로 나는 예전과는 달라졌지요. 에클베리 씨와 그 새와 그날을 죽을 때까지 못 잊을 겁니다."

폭풍

스케치를 마친 뒤, 돈 에클베리는 마지막으로 다시 한 번 물푸레나무에 다가갔다. 그는 마지막이 아니었으면 좋겠다고 바랐을 것이다. 간밤에 이동식 철로가 독일군 포로들을 그 나무에 훨씬 더 가까운 곳까지 실어 왔다. 에클베리는 그들이 일하는 모습을 한동안 바라보다가 등을 돌렸다. 나중에 그는 "나무 한 그루가 비명을 지르며 쓰러지는 모습을 보고는 더 볼 것도 없이 돌아섰다."고 적었다.

돈 에클베리는 미국에서 흰부리딱따구리를 마지막으로 목격한 '공인된' 사례, 즉 전문가가 목격한 마지막 사례로 일컬어진다. 그야 사실이겠지만, 싱어 구역에서 흰부리딱따구리를 마지막으로 본 사람이 에클베리는 아니었다. 제시 레어드의 열두 살 난 아들 진은 집안일을 돕기 위해서 말을 타고 소들을 몰아 크고 오래된 나무들 사이로 들어갔다. 싱어 구역의 나무

열두 살 소년 진 레어드는 미국에서 흰부리딱따구리를 마지막으로 본 사람일지도 모른다.

들은 워낙 컸기 때문에, 널찍하게 퍼진 수관들끼리 하늘에서 만나서 나뭇잎으로 된 차양을 이루었다. 차양이 해를 가리는 바람에 그 아래 땅바닥에는 볕이 들지 않았다. 그늘에서는 묘목이 자라지 못하기에, 거인 같은 나무들 사이 공간은 진이 소 떼를 몰고 지날 수 있을 만큼 넓었다. 진은 소들에게 운동도 시키고 겸사겸사 나무 사이에서 자라는 조릿대를 뜯어 먹게 했다.

진이 매일 가는 경로에는 한 군데 살짝 에도는 부분이 있었다. 태너를 돕다 보니 자신도 흰부리딱따구리를 아끼게 된 진의 아버지가 아들에게 매

193

일 늙은 물푸레나무로 가서 마지막 암컷 흰부리딱따구리를 확인하라고 시켰던 것이다. 진은 돈 에클베리가 떠난 뒤로 일주일쯤 그렇게 했다. 가끔은 그곳에 멈춰서 새에게 한참 벗이 되어 주었다. 시카고 제재 회사는 풍나무와 참나무만 베었기 때문에 물푸레나무는 건드리지 않고 지나갔다. 암컷 흰부리딱따구리는 아직 거기 있었다. 이제 어디에도 없는 짝을 부르면서 계속 나무를 두드렸다. 그러던 어느 날이었다. 오랜 세월이 흐른 뒤에 진 레어드는 이렇게 회상했다. "그곳을 찾아갔더니 물푸레나무가 폭풍에 날려 쓰러졌더군요. 새는 떠나고 없었죠. 이후로는 흰부리딱따구리를 두 번 다시 못 봤습니다."

13장

카르핀테로 레알, 과학과 마법 사이에 사는 새

쿠바 동부의 흰부리딱따구리 서식지.

흰부리딱따구리는 우리 땅을 덮었던 거대한 숲으로부터 옛 시절이 보낸
전령이다. 흰부리딱따구리는 북아메리카 사람들과 쿠바 사람들을 이어 준다.
흰부리딱따구리는 과학과 마법 사이에서 살아간다.

—히랄도 알라욘, 흰부리딱따구리를 목격한 쿠바 생물학자

1985~1987년, 쿠바 동부

미국의 흰부리딱따구리와 가장 가까운 친척은 쿠바의 흰부리딱따구리
(캄페필루스 프린키팔리스 바이르디*Campephilus principalis bairdii*)다. 전문가들은 보
통 두 새가 같은 종의 두 집단으로서 오래전에 갈라졌을 뿐이라고 믿는다.
두 나라의 박물관에 있는 표본들은 똑같이 생겼다. 쿠바의 새가 좀 더 작고,
몸통 양쪽을 흐르는 흰 선이 귀에서 좀 더 가까운 곳에서 시작되는 편이지
만 말이다. 짐 태너가 싱어 구역을 탐사하던 시절에는 쿠바와 미국의 새가
서로 다른 종이라는 게 과학자들의 중론이었지만, 1950년 무렵부터 생각이
바뀌어 이제 생물학자들은 두 집단이 외모상의 사소한 차이가 있었을지라
도 만일 서로 접촉했다면 충분히 짝짓기를 할 수 있었을 것이라고 결론 내
렸다.

흰부리딱따구리는 그동안 쿠바에서도 빠르게 사라졌다. 그러나 미국에

1980년대 중엽
쿠바에서는 한때 독자
적인 흰부리딱따구리
집단이 서식했으나, 그
사실을 아는 조류학자
는 별로 없었다. 사람들
이 저지대 삼림을 베는
바람에 흰부리딱따구리
서식지는 동부 산악 지
대로 좁아졌다.

서보다 훨씬 더 늦게까지 목격되었기 때문에, 동부의 거친 적갈색 산악 지대에서 몇 마리나마 여전히 살아 있을 가능성이 희미하게 남아 있다. 연구자들은 매년 수색팀을 꾸려 야영 장비와 과학 도구를 끌고 먼지투성이 산길을 걸어 뾰족한 봉우리를 넘으면서 흰부리딱따구리를 찾아본다. 그러다가 간간이 숨을 고르려고 멈추면 옛날에 코넬 대학이 녹음했던 테이프를 산중에서 틀어 보기도 한다. 흰부리딱따구리가 그 소리를 듣고 대답하기를 기대하는 것이다. 아직까지 대답은 없었다.

1962년에 발행되어 지금은 희귀해진 이 쿠바 우표에는 흰부리딱따구리가 그려져 있다.

1985년부터 안내인들과 과학자들은 쿠바 사람들이 카르핀테로 레알(딱따구리)이라고 부르는 새를 찾는 데 4만 시간 넘게 쏟았다. 그동안 그들은 흰부리딱따구리를 딱 아홉 번 목격했는데, 본 시간을 다 합해도 2분이 될까 말까 하다. 제일 길게 목격했던 사례도 약 20초밖에 되지 않았다. 사진은 없다.

수색자 중에서도 가장 결연한 사람은 지금까지 흰부리딱따구리를 네 번 보았으며, 가장 성공적이었던 탐사를 조직했다. 히랄도 알라욘은 그 멋진 새를 30년 넘게 연구했다. 그 새에 관한 과학 정보와 민담을 수집하여 여러 파일로 정리하고 여러 학술지에 발표했다. 미국의 제임스 태너처럼, 알라욘은 쿠바의 흰부리딱따구리에게 중요한 사람이 되었다. 그는 쿠바에서 손꼽히는 거미 전문가이기도 하다.

렌즈 제작자의 아들이었던 알라욘은 쿠바 혁명기에 산안토니오 데 로스 바뇨스라는 마을에서 자랐다. 혁명기에 산안 토니오는 거의 모든 것이 바뀌었으나, 단 하나 영화만큼은 바뀌지 않았다. 미국이 쿠바의 적으로 저주의 대상이 되었고 양국 정부가 충돌에 대비하는 상황이었는데도 시내의 카지노 극장은 아랑곳하지 않고 계속 미국 영화를 상영했다.

히랄도의 미래는 1960년 12월 어느 토요일 밤 결정되었다. 그는 누이와 두 친구와 함께 영화를 보러 갔다. 쥘 베른의『지구 속 여행』을 원작으로 삼아 만든 영화였다. 열한 살 소년 히랄도는 네 미국 배우와 거트루드라는 오리가 지구 속을 탐험하는 광경을 두 시간 동안 넋을 잃고 지켜보았다. 팻 분이 연기한

쿠바의 자연

쿠바는 넓이가 펜실베이니아 주만 한 큰 섬으로, 서인도제도 섬들을 다 합한 면적에서 절반을 넘게 차지한다. 쿠바의 자연은 엄청나게 다채롭다. 사막도 있고, 에버글레이즈와 비슷한 큰 늪지도 있고, 미국 동부의 여느 산맥만큼 높은 산맥도 세 개나 있다.

쿠바는 섬이라서 그곳에서 진화한 종이 많다. 조류 중 21종은 쿠바에서만 사는데, 그중에는 세상에서 제일 작은 새인 꿀벌새도 있다. 거미 580종 중에서 약 절반은 고유종이라서 쿠바에서만 발견된다. 전갈이 25종이나 있고, 고유종 악어도 있고, 고유종 나비도 25종이나 있다.

따뜻하고 벌레가 많은 몇 달 동안 미국에서 번식하는 철새 중에는 나머지 기간을 쿠바에서 보내는 종이 많다.

알렉스가 화산 분화구로 들어갈 때는 눈을 부릅떴다. 디메트로돈이라는 거대 파충류가 배우 알린 달을 채 갈 뻔했을 때는 숨을 삼켰다. 제임스 메이슨이 연기한 뛰어난 지질학자 올리버 린든브룩 교수가 제자들에게 "인간의 기상은 무엇도 막을 수 없네."라고 말할 때, 히랄도 알라욘은 자신도 과학자가 되고 싶다고 깨달았다.

히랄도는 고등학교를 졸업한 뒤 아바나 대학에 등록했다. 처음에는 물리학을 공부하다가 생물학으로 바꿨다. 그가 열정을 쏟은 대상은 거미였다. 그는 거미의 색깔, 형태, 행동이 굉장히 다채로운 점에 매료되었다. 모든 거미가 다 달라 보였다. 그가 가장 행복한 순간은 거미를 찾아 동굴을 기거나 바위, 통나무, 덤불, 협곡을 뒤질 때였다. 1970년 어느 겨울밤, 동부 산악 지

역에서 거미를 수집하는 현장 활동을 마친 뒤, 알라욘은 타닥거리는 모닥불 앞 통나무에 느긋하게 앉아 있다가 그곳 농부들이 깊은 숲 속에 산다는 커다랗고 부리가 흰 딱따구리에 대해 이야기하는 것을 들었다. 농부들이 말하는 분위기만으로는 그것이 실제 존재하는 새인지 전설의 새인지 알 수 없었다. 농부들은 그 새에게 신비로운 재주가 있다고 장담하며, 그 새를 숲의 수호신이라고 불렀다. 알라욘의 지도 교수 페르난도 시야스도 언젠가 어느 농가의 문에 그 신성한 새의 가죽이 십자가 모양으로 날개를 펼친 채 못 박혀 있는 걸 보았다고 했다.

알라욘은 흥미가 동했다. 거대하고 부리가 희고 **영적인** 딱따구리라고? 그는 나중에 그 지역으로 돌아가서 더 많은 이야기를 수집했고, 관심은 더욱 깊어졌다. 산사람들은 그 딱따구리의 뼈를 갈아서 지니면 악령을 쫓을 수 있다고 말했다. 어떤 사람들은 그 새의 정령이 숲을 지킨다는 말을 반복했다. 유일한 문제는 그가 면담한 사람 중에서 카르핀테로 레알이라고 불리는 생물체를 직접 **본** 사람은 없다는 점이었다. 카르핀테로 레알은 실제로 존재하는 새일까?

미국에서 짐 태너가 그랬던 것처럼, 알라욘은 박물관과 도서관에서 책이며 표본을 샅샅이 뒤져서 흰부리딱따구리에 대한 정보라면 아무리 사소한 것이라도 모았다. 정보는 한 줌밖에 되지 않았다. 쿠바를 400년 동안 통

쿠바 혁명

1950년대 쿠바에는 먹구름이 모여들었다. 사람들은 소수의 계층에게만 부를 나눠 주는 타락한 독재자 풀헨시오 바티스타에게 나라를 맡기는 데 염증을 느끼기 시작했다. 어떤 사람들은 미국이 쿠바의 경제, 문화, 토지에 지나친 통제력을 행사한다고 생각했다. 부유한 사탕수수 농장주의 아들이었던 젊은 변호사 피델 카스트로는 이 시기에 정부에 반대하는 반란군을 이끌었는데, 그 근거지는 흰부리딱따구리의 땅인 동부 산악 지역이었다. 반란군은 1959년에 정권을 잡았고, 카스트로는 정부 수반이 되었다.

이후 카스트로가 스스로 공산주의자로 천명하고 미국의 주적인 소련의 원조를 받아들이겠다고 선언하자, 미국과 쿠바의 관계가 냉랭하게 얼어붙었다. 1960년에 쿠바는 자국 내에 있는 미국의 재산을 모두 압류했고, 미국인 노동자들은 다들 허둥지둥 고국으로 돌아갔다. 존 F. 케네디 대통령은 즉시 쿠바와의 교역을 금지했다. 과학자들의 교유도 이후 30년 넘게 거의 중단되었다. 흰부리딱따구리 연구도 마찬가지였다.

치했던 스페인 사람들은 그 새를 간과한 것 같았다. 1860년대까지 어떤 과학자도 그 새를 언급하지 않았고, 이후 현재까지 100년이 지나는 동안에도 자세한 기록은 둘뿐이었다.

1900년 이후, 쿠바의 숲은 사탕수수 경작지를 마련하기 위해서 대부분 잘려 나갔다. 흰부리딱따구리를 아는 소수의 과학자들은 쿠바에서 그 새가 멸종했을지도 모른다고 걱정했다. 그러나 1940년대와 1950년대에 미국 과학자들이 이끈 두 차례의 탐사에서 새가 다시 발견되었다. 두 번째 탐사를 이끌었던 조지 램과 바버라 램은 반딜레로라는 깊은 산속에서 흰부리딱따구리 여섯 쌍을 발견했다. 그곳은 두 미국 회사가 소유한 땅이었다. 램 부부는 번식 가능한 개체가 아직 많이 남았다고 보았고, 일대를 보호구역으로 지정한다면 새들이 개체군을 재건함으로써 종이 살아남을 수 있을 것이라고 믿었다.

그러나 쿠바 혁명이 사태를 급변시켰다. 1959년에 독재자 풀헨시오 바티스타가 실각하고 반란군이 정권을 잡았다. 대부분의 미국인은 황급히 쿠바를 떠났고, 정부는 반딜레로의 땅을 몰수했다. 유령 같은 딱따구리는 또 한 번 전설의 여명 속으로 사라져 버리는 듯했다. 이후로는 10년 가까이 흰부리딱따구리를 보았다는 제보가 없었다. 그러던 1968년의 어느 날, 생물학자 오를란도 가리도는 쿠페얄 산에서 파충류를 수집하다가 외톨이 암컷 흰부리딱따구리와 마주쳤다. 크고 반들반들한 새는 소나무 꼭대기에 안전하게 앉아 있다가 가리도를 더 자세히 살펴보려고 둥치를 기어 내려왔다. 가리도는 둥치 뒤쪽에서 불쑥 나타난 새 때문에 소스라쳤다. 새는 고개를 꼬며 가리도를 한참 뜯어보다가, 날카롭게 우짖는 소리를 내면서 날아가서 계곡을 가로질렀다. 가리도는 흰부리딱따구리가 멸종 위기라는 사실을 몰랐다. 그러나 아바나의 연구실에서 그 새에 관한 책을 본 것 같았다. 새끼 새가 웬 남자의 팔과 머리에 앉은 사진을 본 것 같았다. 그것은 당연히 짐 태너의 책에 실린 유명한 사진들이었다. 가리도는 자신의 발견을 기록으로 남겼다.

그로부터 10년쯤 지난 1970년대 말, 히랄도 알라욘은 가리도의 기록을 읽은 뒤 그를 찾아가서 그가 보았다는 흰부리딱따구리에 대해 캐물었다. 장단이 맞은 두 과학자는 아바나 대학에서 새로 탐사대를 조직하여 새를 찾아보자고 작당하기 시작했다. 나이가 더 많고 더 이름난 가리도는 다른 현장 활동으로 쿠바 전역을 떠돌 때가 많았기 때문에, 지휘는 알라욘이 맡았다. 알라욘은 몇 번이나 산을 넘고, 시골 사람들을 면담하고, 더 많은 이야기를 듣고, 사람들이 말하는 장소를 지도에 표시했다. 그는 사라진 새를 찾는 일에 집착하게 되었다. 그보다 앞섰던 많은 연구자처럼, 검은 눈동자에 콧수염을 기른 히랄도 알라욘은 혼자만의 차원에서 존재하는 듯한 이 수수께끼 같은 생물에게 이유를 알 수 없이 자꾸 끌렸다.

파도를 거슬러

쿠바에 살던 미국인은 혁명이 터진 뒤 다들 섬을 빠져나왔으나, 한 미국인은 쿠바로 **들어가지** 못해 안달이었다. 미국 자연사 박물관의 조류 담당 큐레이터 레스터 쇼트 박사는 넓적한 얼굴에 희게 세어 가는 수염을 빙 둘러 기른 다부진 남자였다. 그는 딱따구리에 대해서 세상의 그 누구보다 많이 알았다. 그가 쓴 『세계의 딱따구리』는 조류학자들의 경전이나 마찬가지였다. 레스터 쇼트가 못 본 딱따구리는 세상에 몇 종류 되지 않았다. 그중 하나가 흰부리딱따구리였다.

쇼트는 쿠바에서 흰부리딱따구리를 찾아보게 해 달라고 미국과 쿠바 정부에 12년 동안 요청을 넣었지만, 계속 헛수고였다. 무수히 많은 양식을 작성하고 무수히 많은 편지를 썼지만, 늘 작성할 양식이 한 장 더 있었고 의논할 공무원이 한 명 더 있었고 최종 허가를 받을 책임자가 한 명 더 있었다.

1984년 8월, 쇼트는 자신을 쿠바의 동식물 및 보호구역 관리국 책임자로 소개하는 산체스 알바레스 사령관으로부터 뜻밖의 요청을 받았다. 산체스 알바레스는 쇼트 박사를 쿠바로 초청하여 함께 흰부리딱따구리를 찾아보고 싶다고 했다. 만일 새를 발견한다면, 숲을 대규모 보존 지구로 지정하여 새를 보호하자고 주장하는 쿠바 과학자들의 주장에 쇼트의 세계적 명성이 힘을 실어 주리라고 판단한 것이었다.

쇼트는 1985년 2월에 코넬 대학의 녹음 기술자 조지 레이너드와 함께 쿠바에 도착했다. 그들을 안내한 사람은 바로 히랄도 알라욘이었다. 알라욘은 미국인들을 쿠페얄로 데려갔다. 17년 전에 오를란도 가리도가 새를 목격한 숲이었다. 탐사자들은 하루에 20킬로미터씩 고되게 전진했다. 거세게 휘몰아치는 비바람에 몸을 숙이고 걸어야 할 때도 많았다. 새는 못 봤지만, 껍질이 벗겨진 나무는 간간이 발견했다. 외톨이 흰부리딱따구리가 지나간 자취인 것 같았다.

닷새째 아침, 웬 노인이 말을 타고 야영지로 찾아왔다. 노인은 말에서 내리면서 자신을 30년 동안 그 산에서 나무를 벤 펠리페 몬테

오를란도 가리도

1968년에 흰부리딱따구리를 보았던 쿠바 생물학자 오를란도 가리도 박사는 한때 세계 정상급 테니스 선수였다. 그러나 큰 경기에 나섰을 때도 그의 마음에서는 생물학이 한시도 떠나지 않았다. 1959년에 쿠바 대표로 데이비스컵 대회에 나갔을 때, 가리도는 오스트레일리아 선수에게 서브를 넣으려다 말고 자신의 발치에서 큼직한 딱정벌레 한 마리가 천천히 코트를 가로지르는 것을 보았다. 근사한 표본이 될 것 같았다. 가리도는 심판에게 손을 들어 경기 중단을 요청한 뒤, 어리둥절한 관중이 지켜보는 가운데 사이드라인으로 걸어갔다. 그리고 속이 빈 테니스공 캔을 가지고 코트로 돌아와서 딱정벌레를 조심스럽게 그 속에 떠 넣었다. 그는 뚜껑을 단단히 닫고서야 경기를 속행했다.

로 로드리게스라고 소개했다. 노인은 카르핀테로 레알을 찾는 사람들에게
줄 정보가 있다고 했다. 자신은 그 새를 사랑하기 때문에 그동안 죽 추적해
왔다고 하면서, 1950년대, 1960년대, 1970년대를 거치면서 새가 꾸준히 줄
었다고 했다. 그러다가 1977년에는 아예 사라진 것 같았다. 적어도 그는 그
렇게 생각했다. 그런데 불과 몇 주 전, 노인은 산에서 일하다가 그 새가 부
리로 나무를 두드리는 예의 익숙한 소리를 듣고서 화들짝 놀랐다. 그는 도
끼를 발치에 내동댕이치고 전속력으로 숲을 헤치며 달렸다. 그리고 보았다.
쿠바까마귀보다 크고, 깃털이 흑백이고, 검은 볏이 앞으로 기운 새를. 암컷
흰부리딱따구리였다! 그는 그 나무가 있는 곳이 야영지에서 8킬로미터밖에
떨어지지 않았다고 말했다.

알라욘과 쇼트에게는 그 말로 충분했다. 그들은 텐트를 접고, 야영지를
정리하고, 노인이 손으로 그려 준 지도를 따라나섰다. 그들은 이후 사흘 동
안 뒤져 보았지만 성공하지 못했다. 그래도 노인의 상세한 이야기가 사실인
것 같다고 믿는 마음은 변치 않았다. 레스터 쇼트는 쿠바에 아직 흰부리딱
따구리가 살고 있다고 확신하면서 뉴욕으로 돌아갔다. 새를 찾는 일은 건초
더미에서 바늘을 찾는 것이나 마찬가지였다. 더구나 움직이는 바늘이었다.
그래도 새가 거기 있는 것만은 분명했다. 탐사대가 올바른 수색 장소를 찾
지 못한 것뿐이었다.

3월 16일

늙은 농부는 히랄도 알라욘이 건넨 새 사진을 가는눈으로 살펴더니 미
소를 띠었다. 알라욘이 튼 테이프 녹음기에서 빠르게 우짖는 새소리가 흘러

나오자, 노인의 미소는 함박웃음으로 변했다. 노인은 주저 없이 알라욘을 위쪽 나뭇가지만 껍질이 벗겨진 나무로 이끌었다.

알라욘은 주위를 둘러보았다. 그곳은 야생의 원시림이었다. 소나무로 덮인 산비탈은 가파르게 기울어서 물가에 빽빽하게 덤불이 자란 맑고 푸른 개울과 만났다. 그 동네 사람들은 그곳을 오히토 데 아과라고 불렀다. 레스터 쇼트가 떠난 뒤, 알라욘은 계속 산에 사는 사람들을 면담하면서 번식기가 시작되면 다시 탐사에 나설 장소로 어디가 좋을지 수소문했다. 오히토 데 아과가 좋을 것 같았다.

알라욘은 역사상 처음으로 쿠바 사람으로만 구성된 흰부리딱따구리 탐사대를 조직했다. 함께 나선 사람은 파충류학자 알베르토 에스트라다, 다른 과학자 두 명, 노새를 끌 사람 한 명, 안내인 네 명이었다. 안내인은 다들

쿠바의 새 연구

이 글을 쓰는 시점에 쿠바에는 전업 조류학자가 40명쯤 있고, 조류학을 공부하는 학생은 훨씬 더 많다. 학생들은 4학년 때부터 쿠바의 자연사에 관한 수업을 듣는다. 쿠바 사람들은 변변치 않은 장비를 갖고서도 자기 섬의 새들에 대해서 많은 것을 알아냈다. 쿠바는 가난한 나라이고, 정부가 과학자의 해외 학회 참석을 제약할 때도 많다. 쿠바 과학자들은 전지, 펜, 쌍안경, 종이, 온도계, 기름도 없이 일한다. 보통은 보수도 받지 않는다. 학문에 대한 사랑으로 연구하는 것이다. 사파타 늪지는 에버글레이즈처럼 바닷물에서 풀이 무성하게 자라는 방대한 늪지이다. '엘 치노'라는 별명으로 불리는 오레스테스 마르티네스는 사파타 늪지에서만 서식하는 사파타굴뚝새, 사파타참새, 사파타뜸부기의 세계적 전문가로서, '세 고유종'이라는 클럽을 조직하여 그 지역 아이들이 그 특별한 새들에 대해서 배우도록 돕고 있다. 그는 이렇게 말했다. "이 아이들의 아버지나 삼촌은 새를 사냥했지만, 이제 아이들은 새를 보호하고 싶어 합니다. 새들에게 희망이 있다는 뜻이죠."

그 산을 자기 손금처럼 잘 아는 사냥꾼이나 광부였다. 카를로스 페냐라는 젊은 사진사도 동행했는데, 한때 권투 챔피언으로 쿠바에서 유명했던 사람이었다. 요리사로 따라간 나이 든 여성은 쌀, 콩, 통조림 고기로 탐사대원들의 기력을 유지해 주었다.

탐사대는 1986년 2월에 출발했다. 우선 낮은 산속 평평한 공터까지 트럭으로 털털 올라가서, 커다란 캔버스 천 텐트를 내리고 기지를 마련했다. 그리고 나머지 장비와 식량을 모칠라, 즉 배낭에 나눠 담았다. 그들은 튼튼

서식지를 조사하는 히랄도 알라욘. 흰부리딱따구리를 재발견했던 1980년대 중엽의 여러 탐사 중 한때의 모습이다.

했고, 든든하게 준비했고, 낙관적이었다.

오히토 데 아과로 가는 산길은 염소가 다니는 길 같았다. 그들이 '세 번 쉬는 산'이라고 부른 구간은 하도 가파르고 거칠어서 민첩한 안내인들조차 단번에 오르지 못했다. 탐사대는 며칠 동안 곤충과 파충류를 수집하면서 흰부리딱따구리를 찾아보았다. 그러던 3월 13일 아침, 검고 커다란 새가 눈앞의 산길을 휙 가로지르는 모습이 에스트라다의 눈에 걸렸다. 까마귀일 수도 있었지만 에스트라다가 보기에는 너무 큰 것 같았고, 날개에 흰 무늬가 있었던 것도 같았다. 몇 분 뒤에는 여러 탐사자가 멀리 남쪽에서 들려오는 흰부리딱따구리 소리를 들은 것 같았다. 그들은 금방이라도 찾겠다는 기대에 차서 이틀 동안 언덕을 뒤졌지만, 큰 딱따구리의 흔적은 찾지 못했다. 3월 16일 아침, 탐사대는 아침 식사를 마치자마자 산비탈을 지그재그로 오르는 오래된 목재 수송용 산길로 나섰다. 발을 굳게 디디기가 어려워서 다들 걸핏하면 헛디뎠다. 9시쯤 되자 안개가 옅게 껴서 시야가 좁아졌다. 자신들의 으드득거리는 발걸음 소리가 더 크게 들리는 것 같았다. 늙고 거대한 소나무들의 푸르른 수관이 금세 물에 젖어 반들거렸다.

알라욘은 무리 중간쯤에서 고개를 숙이고 혼자 걸었다. 그때 까마귀 소리가 들렸다. 그는 고개를 오른쪽으로 들었다. 그리고 이런 광경을 보았다. "큰 까마귀 두 마리가 암컷 흰부리딱따구리를 쫓고 있었다. 새들은 계곡 한쪽에서 반대쪽으로 빠르게 날았다. 섬광과도 같았다. 검고 큰 새가 두 마리였고, 그 앞에서 나는 새도 역시 컸지만, 앞에서 나는 새는 날개에 흰 무늬가 있었다. 나는 우뚝 섰다. 완전히 얼어 버렸다. 그 장면은 순식간에 지나갔다. 나는 다른 사람들에게 이리 돌아오라고 소리쳐 불렀지만, 다들 모였을 때는 새들이 사라지고 없었다. 나는 발을 구르고 허공에 주먹을 휘두르면서 외쳤다. '로 비! 시! 시!'('내가 봤어! 정말로! 정말로!') 내 인생에서 가장 멋진 순간 중 하나였다."

1주일 뒤, 알라온은 아바나로 돌아가자마자 뉴욕의 레스터 쇼트에게 전화를 걸었다. "흰부리딱따구리를 봤습니다! 어서 오세요!" 쇼트는 며칠 뒤에 쿠바로 왔다. 이번에는 역시 조류학자인 아내 제니퍼 혼과 함께였고, 녹음 기술자 조지 레이너드도 왔다. 장비를 잘 갖춘 합동 탐사대는 열흘 동안 쉼 없이 숲을 뒤져서 놀라운 성공을 거두었다. 흰부리딱따구리 수컷 한 마리와 암컷 한 마리 이상을 여섯 사람이 일곱 시점에 목격했다. 새들은 흑백 혜성처럼 계곡을 넘고 숲을 갈랐다. 그 모습을 포착한 사람은 누구나 전율했다.

흰부리딱따구리를 다시 발견했다는 소식이 쿠바 전체에 울려 퍼졌다. 산을 내려오던 탐사대는 그들을 인터뷰하기 위해서 노새를 타고 올라오는 쿠바 텔레비전 방송팀을 만났다. 아바나로 돌아올 무렵에는 호텔 청소부들조차 그들을 알았다. 높은 관료들과 만나는 자리가 마련되었고, 관료들은 알라온과 쇼트의 권고를 열심히 받아 적었다. 그들의 권고는 태너가 예전에 말했던 내용과 거의 비슷했다. 흰부리딱따구리 서식지 반경 5킬로미터 내에서 벌목을 금할 것, 과학자와 야생동물 관리자 외에는 출입을 금할 것, 먹이를 더 공급하기 위해서 나무에 환상 박피 처리를 할 것. 미국에서와는 달리 쿠바 관료들은 조언을 받아들여서 일주일 만에 일대를 폐쇄했다.

레스터 쇼트는 미국으로 돌아와서 「피플」「뉴욕 타임스」를 비롯한 여러 매체의 기자들에게 이야기를 들려주었다. 그는 내심 새를 걱정하고 있었다. 새들은 번식기였는데도 한 장소에 머무르는 것 같지 않았다. 둥지를 지키려는 경고의 소리를 내는 대신, 새들은 멸망한 집단에서 마지막으로 남은 처절한 생존자처럼 무턱대고 여기저기 날아다녔다. 쇼트는 훗날 이렇게 회상했다. "새들은 경계심이 가득해 보였다. 쫓기는 사냥감 같았다. 안개처럼 불쑥 눈앞에 나타나곤 했다. 뒤쫓을 수도 없었다. 3월이면 벌써 알을 품고 정해진 장소를 오가야 했지만 그런 움직임은 없었다. 우리가 본 새들은 한 살밖에 안 된 게 아닐까, 어쩌면 형제자매가 아닐까 싶었다…… 솔직한 느낌으로는 두세 마리보다 더 많지는 않을 것 같았다."

1년 뒤인 1987년, 히랄도 알라욘은 흰부리딱따구리를 한 번 더 보았다. 그는 이번에도 쿠바 사람들로만 구성된 탐사대와 함께 오히토 데 아과로 갔는데, 얼마 전에 결혼한 아내 아이메 포사다도 함께했다. 그녀는 알라욘의 고향 산안토니오 출신의 생물학자였고, 흰부리딱따구리 탐사는 그들의 신혼여행이었다. 결혼 피로연은 어쩌다 보니 생물학자들이 탐사 계획을 짜는 자리로 변했고, 참다못한 아이메는 "이봐요, 오늘은 내 결혼식 날이라고요! 새 이야기는 그만해요!"라고 외쳤다.

흰부리딱따구리를 목격한 지 정확히 1주년이 되는 3월 16일, 알라욘은 잠에서 깨면서부터 새를 다시 볼 것 같다는 예감을 느꼈다. 그는 아이메에게 "오늘이야."라고 속삭였다. 그녀는 별로 동요하지 않았다. 알라욘은 부츠를 신고 밖으로 나가서 사람들이 마실 카페 콘 레체(우유를 넣은 커피—옮긴이)를 끓였다. 진한 커피가 우러나는 동안, 그는 까마귀를 좀 더 주의해서 살펴봐야겠다고 생각했다. 까마귀와 흰부리딱따구리는 나무껍질 아래의 굼벵이를 놓고 다투는 사이일지도 몰랐다. 만일 그렇다면 까마귀는 흰부리딱따구리를 찾는 열쇠가 될 것이었다. 정오 직후, 그는 멀리서 딱 한 번 날카롭게 울리는 흰부리딱따구리 소리를 들은 것 같았다. 확실하진 않았다. 대원들은 오후의 이글거리는 열기 속에서 일한 뒤, 잠시 쉬면서 정어리와 크래커와

주스로 점심을 먹었다. 늦은 오후에는 야영지에서 느긋하게 쉬면서 제일 좋아하는 활동을 했다. 분류학자 에두아르도 솔라나가 들려주는 귀신 이야기를 듣는 것이었다.

4시 30분쯤 되었을 때, 히랄도와 아이메는 전해에 그가 흰부리딱따구리를 처음 보았던 장소로 가 보았다. 그곳은 까마귀를 찾기에 좋은 장소였다. 두 사람은 야레이 강을 굽어보는 좁은 능선을 따라 걸었다. 히랄도가 갑자기 멈추더니 강을 가리키면서 아이메에게 말했다. "여기가 내가 흰부리딱따구리를 처음 본 곳이야." 그 순간, 검은 새 세 마리가 나타나서 오른쪽에서 왼쪽으로 날아갔다. 암컷 흰부리딱따구리가 까마귀 두 마리에게 쫓기고 있었다. 정확히 1년 전 같은 날 벌어졌던 일이 고스란히 재연된 것이었다. 세 마리 새는 계곡 높이 치솟았다가 방향을 틀어 야영지 쪽으로 날아가서 시야에서 사라졌다. 히랄도는 이번에도 너무 놀라서 목에서 대롱거리는 카메라를 들 생각도 못 했지만, 아이메는 신이 났다. 그녀는 "날개의 흰 부분이 햇살을 받아 반짝거렸고, 새는 정말 크고 아름다웠다."고 회상했다. 아이메는 다른 사람들에게 알리려고 산길을 뛰어 내려갔고, 히랄도는 흰부리딱따구리가 다시 나타날지도 모르니 그 자리를 지켰다.

다른 사람들이 그곳에 모두 모였을 때는 날이 벌써 어둑했다. 에두아르도 솔라나도 흰부리딱따구리가 야영지 위로 날아가는 것을 보았다고 했다. 탐사대는 흥분하여 떠들면서 다음 날 새를 보면 어떻게 할지 의논했다. 당연히 보게 되리라고 생각했기 때문이다. 그러나 그들은 다음 날도, 그다음 날도 보지 못했다. 지식과 힘과 상상력을 총동원하여 찾았는데도, 그 뒤로는 두 번 다시 보지 못했다. 사람들은 이후에도 거의 매년 새를 찾으려고 노력했지만, 아마도 히랄도와 아이메와 솔라나가 쿠바에서 카르핀테로 레알을 마지막으로 목격한 사람들일 것이다. 아이메 포사다는 쿠바에서 그 새를 목격한 유일한 여성으로 기록되었다.

　"나는 새를 네 번 봤는데, 모두 3월 16일이었습니다. 그 날에 무슨 마법이 있는 것 같아요." 히랄도 알라욘은 자기 집 서재에서 생각에 잠겨 이렇게 말했다. 그는 흰부리딱따구리를 마지막으로 본 뒤에도 열 번 넘게 탐사를 이끌었지만, 모두 실패했다. 전 세계에서 숲이 쓰러지고 있으니, 조류학계에서 쿠바의 흰부리딱따구리를 찾는 일은 청춘의 샘이나 엘도라도를 찾는 것에 비할 만한 중대한 모험이 되었다. 사방을 둘러싼 책장에 거미가 든 유리병이 줄줄이 놓인 알라욘의 아담하고 깔끔한 집에서, 나는 그에게 흰부리딱따구리가 절멸했다고 생각하는지 물었다. 그는 책상을 톡톡 두드렸다. 그러고는 같은 질문을 받은 미국 과학자들이 똑같이 드러냈던 희망 어린 어조로 대답했다. "새가 멸종했느냐고요? ……글쎄요, 누가 알겠습니까만, 나더러 내기를 걸라면 아니라고 하겠습니다. 새는 아직 저기 어딘가에 살고 있습니다. 놀라운 새죠. 자연을 사랑하는 마음과 한때 그 새의 보금자리였던 거대한 숲에 대한 사랑을 이어 주는 존재지요. 새는 아직 살아 있습니다. 우리는 꼭 찾을 겁니다."

쿠바 동부에서 발견된 이 나무는 흰부리딱따구리가 집으로 썼던 곳이다.

14장

유령 새의 귀환?

데이비드 루노(앞)와 생
물학자 리처드 하인스가
2003년에도 흰부리딱
따구리를 찾아 나섰다.

〔희망이〕 없다면, 우리가 할 수 있는 일은 우리 행성이
서서히 죽어 가는 모습을 지켜보면서 마지막 남은 자원을
흥청망청 먹고 마시는 것뿐이다. 그러지 말자.
그 대신 우리 스스로를, 우리의 지성을, 우리의 강인한 기상을 믿자.
—아프리카 탄자니아에서 40년 넘게 침팬지와 함께 살았던 인류학자 제인 구달

1986~2002년, 루이지애나

테네시 대학에서 제임스 태너 교수의 연구실로 들어선 학생은 책상에 놓인 글귀를 마주할 수밖에 없었다. 나무 조각에 손으로 새긴 글귀는 바깥을 향하고 있었기 때문에, 손님이 외면하려야 외면할 수 없었다. 글귀는 이랬다. "책이 아니라 자연을 공부하라."

태너는 책을 무시하려는 것이 아니었다. 그는 평생 책에서 많은 것을 배웠다. 다만 그는 자신이 어릴 때 뉴욕 주의 나지막한 구릉지를 누비면서 몸소 깨우쳤던 진리를 남들에게도 전하고 싶을 뿐이었다. 그 진리는 그가 청년이 되어서 남부의 마지막 늪지대 삼림에서 연구할 때 길잡이가 되어 주었고, 지금 그레이트 스모키 산맥에서 연구하는 대학원생들을 지도할 때도 금과옥조가 되어 주는 것 같았다. 책은 도움이 된다. 그러나 정말로 자연을 이해하고 싶은 사람이라면, **진정한** 교훈은 야외에서 살아 있는 것들을 보고,

들고, 알아차리고, 혼란스러워하고, 냄새를 맡으면서 얻기 마련이다.

짐 태너는 훌륭한 선생이 되었다. 그는 테네시 대학에 대학원생을 위한 생태학 과정을 설치했다. 백발이 성성한 노인이 되어서도 학생들을 앞질러 걸었다. 그가 성큼성큼 언덕을 오르는 동안 학생들은 뒤에서 무릎을 짚으면서 헉헉거렸다.

그래도 마치 프로 운동선수처럼, 그는 언제까지나 인생 초기에 했던 일로 제일 유명했다. 그가 가끔 남들에게 했던 말마따나 그는 "멸종한 새의 세계적 전문가"였다. 흰부리딱따구리의 세계적 전문가가 되는 것은 UFO나 네스 호 괴물의 세계적 전문가가 되는 것과 좀 비슷했다. 태너는 평생 흰부리딱따구리에 관한 각종 소문, 속보, 수상쩍은 목격담을 관리하는 처지였다.

1937년의 싱어 구역. 영광스런 모습을 온전히 간직하고 있다. 오른쪽 아래 구석에 선 태너의 차를 보라.

그는 흰부리딱따구리 목격담 중 믿을 만한 것만 추린 목록을 작성하여 관리했다. 1949년에는 싱어 구역의 벌목된 잔해에서 한 쌍이 살아남은 것을 보았다는 제보가 들어왔다. 그러나 아무도 증명할 수 없었다. 다음 해에는 플로리다의 애펄래치콜라 강 근처에서 한 쌍을 보았다는 제보가 들어왔다. 역시 증거는 없었다. 1952년에는 탤러해시에서 남쪽으로 30킬로미터 떨어진 곳에서 목격담이 보고되었고, 1954년에는 플로리다에서 제보가 여럿 들어왔다. 이런 식으로 두어 해마다 한 번씩 새로운 제보가 끊임없이 들어왔다. 태너는 과거를 뒤로하고 새로운 관심사를 추구했지만, 흰부리딱따구리가 늘 그를 불렀다. 가끔 예전처럼 그가 직접 소문을 추적하기도 했다. 그러나 매번 선명한 사진도, 소리를 녹음한 테이프도, 활동사진도 없었다. 태너

45년 뒤에 같은 장소를 찍은 모습. 전부 콩밭으로 변했다.

5학년 학생들이 한때 싱어 구역의 핵심이었던 오늘날의 텐사스 강 국립 야생동물 보호구역에서 환경에 관해 기록하고 있다.

는 대부분의 목격자가 사실은 도가머리딱따구리를 본 것이라고 생각했고, 흰부리딱따구리에게 알맞은 서식지는 이제 없으며 그 멋진 새는 미국에서 정말로 사라졌다고 보았다. 그는 쿠바에서 새를 찾아보고자 허가를 얻으려고 애썼으나, 냉전 시절에는 비자를 얻을 수가 없었다.

태너는 1986년에 싱어 구역을 마지막으로 한 번 더 찾았다. 45년 만이었다. 그곳은 이제 텐사스 강 국립 야생동물 보호구역이었다. 보호구역 관리자들이 태너를 초빙하여 과거에 그 숲이 어땠는지 이야기해 달라고 한 것이었다. 어느 날 아침, 그들은 다 함께 리틀 리버 호수 주변을 거닐었다. 한때 흰부리딱따구리 서식지의 핵심에 해당했던 장소였다. 오래전에 잘려 나간 거대한 사이프러스 나무들의 그루터기를 지나면서, 태너는 예전에 그 나무들이 '그리스 신전 기둥'을 연상시켰다는 추억을 떠올렸다. 젊은 동행들이 보기에 그는 '생각에 잠긴 듯한' 모습이었다. 그는 말도 많이 하지 않았다. 사람들이 그에게 일대가 어떻게 변했느냐고 묻자, 그는 흘끗 둘러보고는 "지금은 하늘이 더 많고, 나무가 더 적고, 그루터기가 더 많고, 묘목이 더 많군요."라고 대답했다.

물론 다른 변화도 있었다. 흰부리딱따구리는 사라졌다. 퓨마도, 늑대도, 그 밖에 태너가 보았던 다른 생물들도 사라졌다. 텐사스 보호구역은 200제곱킬로미터를 망라할 예정이었으나 실제로는 훨씬 좁았다. 태너가 도착한 날에도 숲을 콩밭으로 개간하기 위해서 불도저가 연신 나무를 쓰러뜨리고 있었다.

태너는 그곳에 일주일쯤 머물렀다. 떠나기 직전에 그는 털어놓기를, 처음 도착했을 때는 눈앞에 펼쳐진 풍경과 기억 속 싱어 구역의 모습을 비교하고서 무척 우울했다고 했다. 그래도 그의 마음속에서 솟아나는 낙관적인 기분까지 억누를 수는 없었다. 그는 저녁 식사 자리에서 사람들에게 "보호 구역을 보니 기분이 좋습니다. 내가 바라는 것만큼 넓진 않지만 출발은 좋아요."라고 말했다. 그리고 구불구불한 텐사스 강을 따라 남아 있는 나무들이 평화롭게 자라도록 내버려 두었으면 좋겠다고 말했다. "싱어 구역에는 온갖 종류의 나무가 다 자랍니다. 다들 쑥쑥 자라는 나무들이죠. 지금부터 또 40년 뒤에 와 보면 놀랄 겁니다."

"평생 처음 보는 새"

제임스 태너는 1991년에 뇌종양으로 죽었다. 76세였다. 오랫동안 그가 받아서 처리해 왔던 흰부리딱따구리에 대한 소문과 제보는 이제 싱어 구역에서 제일 가까운 대학이자 자연과학 박물관이 있는 루이지애나 주립대학으로 쏟아졌다. (다들 '반'이라고만 부르는) 제임스 반 렘센 박사는 1979년부터 박물관의 조류 담당 큐레이터로 일했다. 반은 흰부리딱따구리 제보를 매년 열 건쯤 받는다. 그는 제보자에게 정중히 응대하면서 사진이나 비디오를 보내 달라고 말한다. 태너처럼 반도 대부분의 제보자는 사실 도가머리딱따구리를 본 것이라고 생각한다.

그러다가 1999년 4월 1일이 되었다. 루이지애나 주립대학 산림학과 학생이었던 스무 살의 데이비드 쿨리반은 아침 일찍 위장복을 입고, 산탄총을 쥐고, 칠면조 사냥에 나섰다. 그는 펄 강 야생동물 관리 구역으로 가기로 했다. 뉴올리언스에서 한 시간쯤 가면 되는 그곳은 홍차 빛깔의 광대한 늪지대 삼림이었다. 그는 이른 아침부터 산탄총을 끌어안고 조용히 나무에 기대어 앉아 있었다. 그때, 흰부리딱따구리 두 마리가 근처 나무에 내려앉았다. 한 마리는 수컷이었고 다른 한 마리는 암컷이었다. 쿨리반의 말에 따르면, 그는 새들을 10분 넘게 세세하게 뜯어보았고 흰부리딱따구리와 도가머리딱따구리를 구별하는 표시도 모두 확인했다. 날개 아래쪽 흰 무늬, 크고 흰 부리, 휘어진 볏. 새들이 그가 앉은 곳에서 10미터도 안 되는 지점까지 다가온 순간도 있었다. 그에게는 카메라가 있었지만, 지퍼를 채운 재킷 속에 들어 있었다. 그는 카메라를 꺼내어 셔터를 찰칵거리다가 새들을 쫓아 버리는 위험을 감수하느니 조용히 눈으로 보는 편이 낫겠다고 결정했다. 그는 나중에 기자에게 "그 새들을 보는 순간, 평생 처음 보는 새라는 걸 깨달았습니다."라고 말했다.

쿨리반은 자신의 발견을 남들에게 알릴지 말지를 두고 혼자 고민했다. 새에 관련된 사람들은 당연히 그 사실을 알고 싶어 할 것이다. 그러나 혹 그들이 그를 미쳤다고 생각하진 않을까? 아니면 주목을 끌려고 지어낸 이야기라고 생각하지 않을까? 사건이 만우절에 벌어졌다는 점도 골치였다. 쿨리반 이전에도 많은 사람이 흰부리딱따구리를 보았다고 제보했지만 전문가들에게 면박만 당했다. 그런 창피를 감수할 필요가 있을까? 결국 쿨리반은 야생동물을 가르치는 버넌 라이트 박사에게 말하기로 결심했다. 예상대로 라이트 박사는 까다로운 질문을 퍼부으며 쿨리반을 다그쳤으나, 쿨리반은 세부 사항을 모두 제대로 말했다. 수컷과 암컷의 볏이 휜 방향까지 제대로 말했다.

라이트 박사는 쿨리반을 반에게 보냈고, 반은 다시 의심에 가득한 전문가들 앞에 그를 세웠다. 누구도 그의 이야기에서 허점을 지적하지 못했다.

반은 쿨리반의 이야기가 지난 30년 동안 들었던 흰부리딱따구리 제보 중에서 제일 그럴듯하다고 느꼈다. "쿨리반은 정말로 흰부리딱따구리 한 쌍을 보았거나, 사실은 도가머리딱따구리를 보았는데 어떤 이유에서인지 착각한 거겠죠…… 어쨌든 그는 시험을 멋지게 통과했습니다."

쿨리반의 보고는 1년 가까이 비밀로 지켜졌다. 그동안 보호구역에서 벌목이 일시 중단되었고, 주 공무원들이 걸어서 혹은 하늘에서 흰부리딱따구리를 찾아보았다. 그러던 2000년 1월, 미시시피 주 잭슨의 한 신문이 이야기를 누설했다. 하룻밤 사이에 전 세계의 새 관찰자들이 루이지애나로 몰려왔다. 사람들은 그 동네 모텔을 꽉꽉 메웠고, 신용카드를 긁어 댔고, 가게에서 필름, 전지, 카세트테이프, 나침반, 벌레 퇴치제, 자외선 차단제, 뱀 방지용 부츠를 거덜 냈다. 그러고는 펄 강의 시커먼 물로 헤적헤적 들어갔다. 어떤 사람은 코넬 대학의 오래된 녹음을 테이프로 틀어서 딴 사람들을 헷갈리게 만들었다. 어떤 사람들은 팀을 짠 뒤 넓게 흩어져서 휴대전화로 연락을 주고받았다. 한 팀은 '동물 커뮤니케이터'를 자처하는 플로리다의 한 여자와 휴대전화로 계속 통화하면서 수색했다. 그녀는 자신이 딱따구리의 영혼과 접속했다고 주장했지만, 그녀의 고객들도 결국 흰부리딱따구리 사진이나 소리를 얻지 못한 채 흠뻑 젖은 바지로 도로 헤적헤적 나와야 했다.

반의 루이지애나 주립대학 연구실은 세계적인 화제의 중추가 되었다. 그의 전화는 흰부리딱따구리 목격담을 제보하는 사람들로 불이 났다. 열다섯 개 주에서 전화가 걸려 왔을 뿐 아니라, 춥고 눈이 내리는 곳이라 흰부리딱따구리는 한 번도 서식한 적이 없는 캐나다에서도 왔다. 반은 곧 벌목이 재개되리라는 사실을 알았기에 걱정이 들었다. **정말로** 펄 강이 그 종의 마지막 서식지라면 어쩌지? 정말로 새가 그곳에 있다면 어쩌지? 그러던 어느 날, 쌍안경 제조업체인 차이스 스포츠 광학 회사의 중역 앤서니 카탈도가

반에게 전화를 걸어 펄 강에서 흰부리딱따구리를 찾는 활동에 돈을 대겠다고 제안했다. 카탈도는 반이 전 세계의 조류 전문가들로 최고의 팀을 꾸려서 30일 동안 수색하기를 바랐다. 반은 수색자로 여섯 명을 골랐다. 두 명은 험한 장소에서 새를 찾는 데 일가견이 있는 전문가였고, 세 명은 딱따구리 전문가였고, 나머지 한 명은 펄 강을 속속들이 아는 컴퓨터 과학자였다. 그들은 루이지애나로 달려갔다. 새를 연구하는 사람들의 세상에서 흰부리딱따구리를 다시 발견하는 것보다 큰 업적은 없었다.

앨런, 켈로그, 서턴, 태너가 캠프 에필루스에서 흰부리딱따구리 소리를 녹음했던 때로부터 66년이 지난 시점에, 코넬 대학도 다시 한 번 나섰다. 이번에는 코넬의 매콜리 자연음 자료실 소속 기술자들이 늪 전체에 일정한 간격으로 마이크 열두 대를 설치했다. 짐 태너가 둥지에 가져다 대다시피 해야 했던 옛날의 커다란 소리 거울과 달리, 가볍고 컴퓨터로 처리되는 이번 녹음 기기는 멀리서 희미하게 난 소리도 감지할 수 있었고 하루 24시간 켜져 있었다. 차이스 탐사대가 1935년의 코넬 탐사대 이래 가장 훌륭한 장비와 계획과 자금을 갖춘 팀이라는 사실은 의심할 여지가 없었다.

2002년 1월 초, 여섯 탐사대원은 루이지애나 주 슬라이델 근처의 숙소로 이동하여 임무를 준비했다. 그들은 이후 30일 동안 140제곱킬로미터의 늪지를 누볐고, 늪지 주변의 지역도 그만큼 넓게 수색했다. 그들은 커다란 무당거미가 쳐 둔 그물을 연신 걷어 내면서 둘씩 짝지어 수색했다. 진창이나 개울을 건널 때는 가슴팍까지 물에 잠기기 일쑤였다. 물이 너무 깊으면 보트를 이용했다. '홀딱 젖은' 상태가 평상시 상태였다.

가끔 감질난 신호를 만나기도 했다. 높은 곳의 껍질이 널찍하게 뜯어져 대롱대롱 매달린 나무가 몇 그루 있었다. 흰부리딱따구리만 한 구멍이 파인 나무도 있었다. 가장 극적인 사건은 수색 열하루째 벌어졌다. 1월 27일 아침, 탐사대원 네 명은 뭔가 쪼개지는 듯한 큰 소리가 두 번 연달아 늪에 울려 퍼지는 것을 들었다. **바담!** 소리는 또 한 번 났다. **바담!** 그리고 또 한 번. 코넬 대학의 마이크도 소리를 포착했다. 그것은 흰부리딱따구리의 서명과도 같은 두 음조의 나무 두드리는 소리일까? 탐사대원들은 휴대용 GPS 기기를 눌러서 자신들의 위치를 기록한 뒤 소리가 난 방향으로 달려갔지만, 물이 너무 깊었다. 소리는 두 번 다시 들리지 않았다.

한 달 뒤에 탐사대원들은 물을 헤치고 나와서 장비에 묻은 진흙을 닦고, 전 세계의 카메라와 마이크를 마주했다. 해외에 있는 기자들은 위성 접속을 통해서 회견에 참가했다. 여섯 대원이 함께 작성한 발표문을 과학자 중 한 명이 읽었다. "우리는 새가 그 일대에 존재한다는 증거를 찾지 못했습니다. 그러나 어쩌면 새가 그곳에 있을지도 모른다고 생각합니다. 서식지가 훌륭한 것으로 보아…… 일대를 더 찾아보기를 권고합니다." 몇 주 뒤, 코넬 대학 조류학 실험실은 대원들이 열하루째 들었던 갈라지는 소리는 컴퓨터 분석 결과 딱따구리 부리가 낸 소리가 아니라 라이플 총성으로 밝혀졌다고 발표했다.

"진드기는 어쩌고요?"

흰부리딱따구리는 유령으로 남았다. 이 글을 쓰는 지금도 그렇다. 그러나 포기하려는 사람은 아무도 없는 것 같다. 설령 새는 사라졌을지라도, 우리가 새에게 느끼는 애착은 사라지지 않았다. 미국과 쿠바에서 매년 점점 더 많은 사람이 성능과 감도가 점점 더 좋아지는 마이크와 카메라를 사용해서 흰부리딱따구리를 찾아 나선다. 그들이 매번 가지고 돌아오는 조용한 카세트테이프와 텅 빈 필름도 그들의 결의를 더욱 굳힐 뿐이다.

누군가 흰부리딱따구리를 다시 찾든 못 찾든, 그 새는 지금까지 미국에 살았던 새 중에서 가장 중요한 새일 것이다. 어쩌면 미국의 상징인 흰머리 독수리보다도 더.

왜일까? 흰부리딱따구리가 우리에게 준 선물을 몇 가지만 꼽아 보자.

• 흰부리딱따구리를 계기로 꾸려졌던 1935년의 코넬 대학 녹음 탐사대는 100종 가까이 되는 다른 새들의 소리도 기록했다. 그 소리는 레코드, 카세트, CD로 만들어져 인기를 끎으로써 새 관찰을 널리 퍼뜨리는 데 기여했다. 이후 코넬 대학은 새들이 내는 소리를 듣고 이해하는 기술을 향상시키는 여러 기법을 개발했다.

• 앨런 박사를 비롯한 여러 사람이 흰부리딱따구리에게 자극받아 새들의 모습과 소리를 선명하게 기록하는 방법을 개척함으로써 새를 죽여서 연구용 표본을 '수집할' 필요성이 줄었다.

• 짐 태너가 오듀본 협회를 위해서 3년 동안 수행했던 흰부리딱따구리 연구는 특정 조류 종에 관한 연구 가운데 상세한 보존 계획까지 포함한 보고서로는 최초였다. 그 보고서를 바탕으로 하여 쓴 책은 오듀본 협회의 중요한 업적인 희귀 조류 연구 시리즈 중 첫 권이 되었다.

• 존 베이커가 싱어 구역에서 흰부리딱따구리를 찾아보라고 내려보냈던 리처드 포는 훗날 국제자연보호협회The Nature Conservancy라는 단체를 설립하는 데 한몫했는데, 이 단체는 지금까지 전 세계에서 멸종 위기종의 서식지를 40만 제곱킬로미터 가까이 보존하는 성과를 거뒀다.

• 1970년대에 사우스캐롤라이나에서는 흰부리딱따구리 소리가 들렸다는 제보만으로도 주 정부가 강가 늪지 삼림 40제곱킬로미터에서 벌목을 금

지했다. 그 조치에서 훗날 콩가리 늪지 국립공원이 탄생했다. 89제곱킬로미터가 넘는 콩가리 늪지 국립공원은 오래된 강가 삼림으로 구성된 공원 중에서는 미국에서 제일 넓은 곳이다.

• 흰부리딱따구리 덕분에 쿠바 동부의 수백 제곱킬로미터 산지가 보존되었다. 쿠바의 학생들은 한때 자기 나라에서 살았던, 어쩌면 지금도 살고 있는 유명한 딱따구리 때문에 자기 나라의 자연에 대해서 더 많이 배우게 되었다.

흰부리딱따구리의 이야기는 우리에게 생명을 있는 그대로 이해하라는 과제를 던진다. 우리는 인류가 물려받은 생물학적 유산에서 지금까지 남은 것만이라도 보존할 수 있을 만큼 충분히 빠르게 똑똑해질 수 있을까? 우리가 소유할 수 없고, 쓰다듬을 수 없고, 산책시킬 수 없고, 심지어 먹이를 줄 수도 없는 생물들까지 이해하고 보호할 수 있을까? 우리 눈에 추하고, 작고, 사소해 보이는 대상이라도 우리와 같은 생명이라는 사실만으로 존중할 수 있을까?

어느 날 오후, 제임스 반 렘센 박사는 루이지애나 주립대학 자연과학 박물관에 보관된 뻣뻣한 흰부리딱따구리 표본 중 하나의 깃털을 매만지면서 새가 살아 있는 모습을 보지 못한 것이 슬프다고 말했다. 새는 그의 할아버지 시절에는 그곳에서 살았고, 그의 아버지 시절에도 살았지만, 기적이라도 일어나지 않는 한 그가 새를 볼 기회는 영영 없어졌다. 그는 사람들이 새가 사라져 간다는 사실을 알면서도 내버려 두었다는 데 분개했다. 그는 손에 든 표본을 보며 말했다. "이것은 흰부리딱따구리에게만 관련된 일이 아닙니다. 흰부리딱따구리에게 붙어서 살던 **진드기**는 어떻습니까? 진드기가 누구한테 도움될 일이야 없었겠지만, 그렇더라도 우리에게 무슨 권리가 있어서 그들을 멸종시킵니까?"

　다행스럽게도 태너, 앨런, 베이커를 비롯한 여러 사람의 작업 덕분에 우리에게는 최소한 흰부리딱따구리에 대한 기록이 남아 있고, 그들이 새를 구하기 위해서 벌였던 경주에 대한 기억도 남아 있다. 활동가들과 과학자들이 자신들의 작업을 글로 쓰고 사진으로 찍고 녹음해 둔 덕분에, 우리는 요령 있게 잘 싸우려면 어떻게 해야 하는지 보여 주는 지침을 갖게 되었다. 이제 우리 차례다. 다른 종들이 흰부리딱따구리의 유령 같은 운명을 뒤따르지 않도록 이제 우리가 최선을 다할 차례다.

이 책이 출간된 뒤에도 흰부리딱따구리를 둘러싼 소동이 두어 차례 더 있었다. 2005년 4월, 코넬 조류학 실험실은 「사이언스」에 논문을 발표하여, 2004년에 아칸소 빅우즈 지역에서 흰부리딱따구리를 십여 차례 목격했다고 보고했다. 그들은 최소한 수컷 한 마리가 서식하는 것이 분명하다고 주장했다. 그러나 그 모습이 뚜렷하게 찍힌 사진이나 DNA 증거는 없었기 때문에, 다른 조류학자들은 확신할 수 없다는 반응을 보였다. 2006년에는 오번 대학과 윈저 대학의 조류학자들이 플로리다 촉타왓치 강에서 흰부리딱따구리를 십여 차례 목격했다고 발표하였으나, 역시 구체적 증거는 없었다. 코넬 대학은 이후 2009년까지 매년 아칸소 지역을 탐사했다. 그러나 한 번도 결정적인 증거는 찾지 못했고, 결국 2009년 10월에 흰부리딱따구리 수색 중단을 선언했다. 그들은 설령 몇몇 개체가 생존해 있더라도 흰부리딱따구리 종 자체를 구할 희망은 이제 없다고 결론지었다.—옮긴이

제임스 반 렘센 박사가
흰부리딱따구리 표본
두 개를 들고 있다.

무너지는 숲
흰부리딱따구리 서식지는 어떻게 사라졌나?

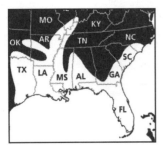

1. 1800년 이전

2. 1885년

3. 1900~1915년

흰부리딱따구리는 원래 미국 남동부의 드넓은 영역에서 서식했으나 결국 늪지대 숲 한 군데에서도 좁은 구역으로 극단적으로 내몰렸다. 위에 나열한 지도에서 그 과정이 드러난다. 첫 여섯 장은 제임스 태너가 1930년대에 조사한 결과를 가공한 것이다.

1번 지도에서 흰 영역은 흰부리딱따구리가 원래 분포했던 넓은 범위를 뜻한다. 그 속에서는 서식 환경만 맞으면 흰부리딱따구리가 발견되었다는 뜻이다.

2번에서 4번 지도는 재건 시대부터 남부의 방대한 저지대 삼림이 잘려 나가면서 서식지가 꾸준히 줄어든 모습을 보여 준다.

5번과 6번 지도는 미국에서 흰부리딱따구리가 마지막으로 살았다고 알려진 루이지애나 주 싱어 구역을 확대해서 보여 준다.

7번 지도는 1980년대 중엽에 쿠바에서 흰부리딱따구리를 찾는 데 성공했던 장소를 보여 준다.

4. 1937년

싱어 구역

7. 1980년대 중엽

플로리다

1980년대
흰부리
딱따구리
서식지

쿠바

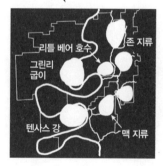

5. 1941년

리틀 베어 호수

존 지류

그린리
굽이

텐사스 강

맥 지류

6. 1943~1944년

존 지류

텐사스 강

야생동물을 돌보는 생물학자가 새끼 송골매의 다리에 밴드를 묶고 있다. 새끼들의 둥지는 뉴저지 주와 펜실베이니아 주를 잇는 델라웨어 강의 월트 휘트먼 다리 상공에 있다.

희망과 노력,
그리고 베티라는 이름의 까마귀

우리 종에게는 장점이 하나 있다. 우리는 도전을 좋아한다.
—에드워드 O. 윌슨, 하버드 대학 생물학자

21세기와 그 너머, 지구

20세기에는 멸종의 이야기와 더불어 희망과 복원의 이야기도 들려왔다. 해가 갈수록 점점 더 많은 사람이 새들을 염려하는 듯했다. 1962년에 메인 주의 생물학자 레이철 카슨은 『침묵의 봄』을 펴내어 사람들이 벌레를 죽이려고 식물에 뿌리는 살충제가 새와 다른 생물들까지 중독시킨다고 경고했다. 사람도 물론 포함된다고 했다. 화학 산업과 식품 가공 산업은 카슨을 '히스테릭한 여성'이라고 조롱했지만, 미국은 그녀의 경고에 각성했다. 곧 가장 해로운 살충제들이 금지되었고, 새들이 회복하기 시작했다.

미국에서는 1980년대에 새 관찰이 엄청나게 인기 있는 취미로 자리 잡았다. 수백만 명의 새 관찰자가 강력하고 가벼운 쌍안경을 목에 걸고 총천연색 휴대용 도감을 호주머니에 넣고 야외로 나갔다. 점점 더 많은 고등학생이 지구와 생명을 보살피겠다는 결심에서 생물학과 자연보호를 전공으로

1973년에 제정된 멸종 위기종 법률

1973년에 미국 의회와 리처드 닉슨 대통령은 멸종 위기종 법을 통과시키고 서명함으로써 위기에 처한 동식물은 여러 이유에서 귀한 존재라는 사실을 천명했다. 법률로 그 종들은 물론이거니와 그들이 살아가는 생태계까지 보호하겠다는 미국의 결심을 보여 준 것이었다. 두 목록이 작성되었다. 하나는 멸종 위기종을 나열한 목록이었고(서식 범위 전체에서나 일부에서 멸종에 처한 종), 다른 하나는 준위협종을 나열한 목록이었다(도움이 없으면 곧 위기에 처할 것 같은 종). 그리고 목록에 포함된 종들을 돕는 방안이 수립되었다.

모두가 이 법을 환영한 것은 아니었다. 어떤 토지 소유주들은 자기 땅을 자기 마음대로 사용할 권리를 빼앗길까 봐 걱정했다. 어떤 사람들은 왜 이런 소동을 벌이는지 이해하지 못했다. 개구리, 새, 식물 따위가 뭐가 중요하다고?

멸종 위기종 법을 처음으로 진지하게 시험한 사건은 1977년에 벌어졌다. 그 4년 전, 동물학자 데이비드 에트니어는 리틀테네시 강에서 스네일 다터라는 작고 희귀한 퍼치고기류의 물고기(페르키나 타나시)를 발견했다. 에트니어와 동료들은 물고기를 멸종 위기종으로 등재해 달라고 청원한 뒤, 멸종 위기종 법에 근거하여 장차 강물을 가둬 물고기의 서식지를 파괴할 댐 건설을 중단시켜 달라는 소송을 제기했다. 일심의 판사는 댐 건설에 이미 8,000만 달러가 투입된 점을 지적하며 에트니어에게 패소 판결을 내렸다. 그러나 연방 대법원은 일심을 뒤집었다. 워런 버거 대법관은 "의회는 분명 비용이 아무리 많이 들더라도 종의 절멸을 중지시키고 되돌리려는 의도를 갖고 있다."고 말했다.

택했다. 더 많은 생물학자, 더 나은 법률, 새로운 환경 보호 단체, 더 많은 대중의 지지 덕분에, 절멸의 문턱에서 구조된 종들에 관한 이야기가 하나둘 들려오기 시작했다.

그런 구조 사례의 한 주인공은 불행하게도 지구에서 가장 발길이 붐비는 장소 중 하나인 모래사장에 점박이 알을 낳는 진화적 운명을 타고난 잿빛의 연약한 섭금류였다. 1986년에 피리물떼새(카라드리우스 멜로두스*Charadrius melodus*)가 일부 서식 범위(오대호 부근)에서는 멸종 위기종으로 등재되고 나머지 지역(미국 대서양 연안, 중서부 강, 대초원 호수)에서는 준위협종으로 등재되었을 때, 전 세계에 남은 번식 가능 개체수는 2,200쌍에 불과했다. 이 작은 새들은 계절마다 해변을 거니는 사람, 모래사장을 달리는 자동차, 개, 너구리, 갈매기, 그 밖의 갖가지 다리들과 바퀴들로부터 알을 지키려고 고군분투했다. 상황은 대단히 심각하여, 미국과 캐나다의 몇몇 주에서는 피리물떼새 개체수가 해마다 절반으로 줄었다.

정부 소속 생물학자들은 새의 번식 개체수를 보호하는 계획을 짰다. 생물학자들은 번식기와 부화기에 일부 해변을 완전히 폐쇄하고 나머지 해변은 일부분에 울타리를 쳐서 사람들의 접근을 막는 수밖에 다른 도리가 없었다. 케이프코드에서 미시간 호까지 사람들의 원성이 자자했지만, 정부는 결연했다. 생물학자들은 피리물떼새에게 필요한 것이 무엇이고 우리가 어떻게 새를 도울 수 있는지를 해가 갈수록 잘 알게 되었다.

오늘날 피리물떼새는 다시 회복하고 있다. 특히 뉴잉글랜드 지역에서. 전 세계 개체 수는 1991년부터 1996년까지 7.7퍼센트가 늘었다. 이것은 곧 여름에 사람들이 자신들이 좋아하는 해변을 전부 누릴 순 없다는 것을 의미하지만, 대부분의 사람들은 기꺼이 새들과 해변을 공유할 마음이 있는 듯하다. 몇몇 장소에서는 '물떼새의 친구들'이라는 단체가 속속 생겨나서 물떼새 번식지를 보호하는 활동을 벌이고 있다. 갈 길은 아직 멀지만, 전망은 밝다.

이보다 더 극적인 성공의 주인공은 날렵한 날개와 두 눈 밑에 맺힌 검은 물방울무늬로 유명한 창공의 무시무시한 사냥꾼 송골매(팔코 페레그리누스*Falco peregrinus*)다. 송골매는 매 중에서도 빠르고 곡예 기술이 뛰어나다. 송골매는 먹잇감으로 점찍은 새 위로 높이 날

자연 유산 목록

1924년에 플로리다에서 밀렵꾼들이 흰부리딱따구리 두 마리를 쏘아 잡았을 때, 아서 앨런 같은 생물학자들은 그 새가 이미 멸종했을지도 모른다고 걱정했다. 그들은 루이지애나와 쿠바에도, 어쩌면 또 다른 곳에도 그 종이 남아 있다는 사실을 알 도리가 없었다. 요즘은 그런 사실을 알기가 쉬워졌다. 사우스캐롤라이나 주는 1974년에 국제자연보호협회와 손잡고 최초로 주립 자연 유산 목록을 작성했다. 그들은 주에 서식하는 모든 동식물은 물론이고 숲, 늪, 초원 같은 온갖 종류의 자연 공동체를 꾸준히 추적하기를 바랐다.

작업자들은 우선 주에 서식하는 모든 종에 관한 기록과 박물관 자료를 조사했다. 짐 태너가 오듀본 협회의 흰부리딱따구리 연구를 시작할 때 맨 먼저 박물관 기록을 살폈던 것처럼 말이다. 다음으로 작업자들은 옛 기록에 나온 데이터를 일일이 지도화하고 기록한 뒤, 모든 정보를 취합하여 하나의 자료로 꾸렸다. 그다음에는 야외로 직접 나가서 종들이 아직 그곳에 있는지 확인했다. 각종이 얼마나 위험에 처했는지를 점수로 매겼고, 각 개체군이 얼마나 크고 건강한지도 평가했다. 그런 과학 데이터를 컴퓨터에 전부 입력했다.

몇 년이 지나자 그 기록은 사우스캐롤라이나의 생물 유산이 얼마나 건강한지를 보여 주는 하나의 큰 그림이 되었다. 이제는 희귀종의 중요 서식지를 무심코 파괴하는 일이 있을 수 없다. 이 발상은 금방 널리 퍼졌다. 미국과 캐나다의 모든 주가 자연 유산 목록을 작성했고, 중앙아메리카와 남아메리카의 여러 나라도 작성했다. 정보를 더 알고 싶으면 다음 웹사이트를 보라. www.natureserve.org

무엇 때문에?
왜 우리가 생물 다양성을 보존해야 할까?

자연보호론자들은 이런 질문을 자주 받는다. 왜 그러는가? 왜 우리가 새, 나비, 거북, 뱀 따위를 구하기 위해서 구태여 수고를 들이고, 돈을 쓰고, 심지어 일자리를 잃어야 하는가? 무슨 소용이 있기에?

하나의 대답은 생물들이 우리에게 많은 도움을 주기 때문이라는 것이다. 우리의 의약품은 동식물에서 나온 것이 많다. 아르마딜로의 피는 나병 연구에 쓰인다. 투구게의 피는 어린아이의 척수막염을 진단하는 데 쓰인다. 벌침의 독은 관절염 치료에 쓰인다. 작물도 마찬가지다. 우리가 어느 한 품종에만 의존한다면, 단 한 번의 병충해로 그 작물이 깡그리 죽어 버릴 수도 있을 것이다. 그러니 우리는 유전자 다양성을 보존해야 한다.

동식물이 우리에게 줄 도움을 사전에 다 예측할 수는 없다. 스네일 다터 논란이 한창이던 1977년에 뉴욕 상원 의원 제임스 버클리는 이렇게 말했다. "스네일 다터가 우리에게 무슨 소용인가? ……전혀 알 수 없다. 사람들이 제너 이전에 우두 바이러스에 어떤 가치를 두었겠는가? 플레밍 이전에 페니실린 곰팡이에 어떤 가치를 두었겠는가? 그러나 그 종들은 거의 모든 미국인의 삶을 바꿔 놓았다."

어떤 종은 환경의 건강성을 측정하는 지표로 쓰인다. 가령 벌꿀은 중금속 오염 정도를 감지하는 데 쓰인다. 어떤 자주닭개비(닭의장풀과에 속하는 다년생 식물—옮긴이) 종은 특정 종류의 방사선에 노출되면 푸른색에서 분홍색으로 바뀐다.

아오른 다음에 날개를 접고 '곤두박질'쳐서 잡는데, 최대 시속 300미터까지 난다. 송골매가 공중에서 발톱을 휘둘러 먹잇감의 머리를 단박에 떼어 냄으로써 추격을 끝맺을 때도 많다.

1970년에 미국 본토 48개 주에서는 송골매가 100마리도 안 남았다. 예전 개체수의 5퍼센트에 불과했다. 송골매는 빠르게 줄고 있었다. 그 원흉은 카슨이 『침묵의 봄』에서 주된 표적으로 비난했던 살충제 DDT였다. 사람들이 해충 방제 용도로 작물에 뿌렸던 DDT는 작물을 먹는 메뚜기 같은 생물의 몸에 오래 남았고, 나중에 그 메뚜기를 먹는 생물을 중독시켰으며, 계속 그런 식으로 먹이 사슬 꼭대기까지 도달했다. 그렇게 하여 송골매에게 도달한 DDT는 알껍데기를 약화시켰고, 그 때문에 부모가 알을 품다가 제 알을 깨뜨리곤 했다. DDT 사용이 금지된 1972년, 마침 멸종 위기종 법이 통과되었다. 생물학자들은 송골매 복원 계획을 짰다.

코넬 대학 조류학과 교수였던 톰 케이드 박사는 복원 계획의 일환으로서 총이나 화살 대신 매를 써서 합법적으로 새를 사냥하는 매 사냥꾼들에게 그들의 송골매를 '송골매 기금'에 보내 달라고 요청했다. 종이 야생에서 절멸하기 전에 새들을 모아서 동물원처럼 잘 통제되고 보호되는 환경에서 번식시키자는 계획이었다. 사람들은 즉각 반응했다. 1973년에는 새끼 20마리가 부화했고, 이후로 해가 갈수록 포획 개체수가 착실히 늘었다.

그러나 새로 탄생한 새들을 어디에 풀어줘야 할까? 송골매는 낭떠러지 꼭대기에 둥지를 짓는데, 송골매보다 훨씬 큰 수리부엉이

그러나 생물들이 우리에게 꼭 무슨 도움을 주지 않더라도 우리가 생물 다양성을 염려해야 할 이유가 있다. 어떤 전통 문화에서는 인간은 생각할 줄 아는 존재이기 때문에 스스로 창조하진 않았어도 파괴할 힘을 갖고 있는 다른 생물들을 보살필 책임이 있다고 본다. 그런 논리에 따르면, 우리가 어떤 종의 절멸을 뻔히 알면서도 내버려 둘 때는 인간성의 일부를 함께 희생하는 것이나 마찬가지다.

가 둥지를 자주 습격하곤 했다. 더 안전한 장소가 필요했다. 생물학자들은 자문해 보았다. 송골매가 잡아먹을 야생의 새가 풍부하고 염려해야 할 부엉이가 없는 높은 곳이 어디일까? 답은 생물학자들의 머리 바로 위였다. 고층 건물 말이다!

매년 점점 더 많은 송골매가 사무용 고층 건물 꼭대기에 둥지를 틀고 날카로운 눈길로 도시의 스카이라인을 훑으면서 비둘기나 갈매기를 찾는다. 그리고 생물학자들이 만들어 준 둥지용 상자에서 새끼를 기른다. 요즘 도시의 하늘에서는 입을 헤벌린 쇼핑객들의 상공에서 송골매와 비둘기가 생사를 건 눈부신 공중 추격을 벌이곤 한다. 호텔 고층에 묵은 손님들이 커튼을 젖혔다가 송골매가 창틀에 진열해 둔 먹잇감들의 잘린 머리를 보곤 한다는 이야기는 널리 알려져 있다.

28년 동안 포기하지 않고 노력한 끝에, 생물학자들은 1999년 8월 20일에 송골매가 미국 멸종 위기종 목록에서 빠졌다는 소식을 자랑스럽게 전했다. 이제 미국에는 둥지를 튼 송골매가 1,700쌍 넘게 있으며, 도시에서도 야생의 서식지에서도 잘 번식하고 있다. 이것은 사람들이 새를 염려하고 새처럼 생각하는 방법을 익힘으로써 이뤄 낸 승리가 아닐까!

우리가 열심히 구하려고 애쓰는 새들은 대부분 스타나 디바다. 빠르고 맹렬하고 우리 눈에 아름다워 보이는 새들, 우리가 감탄하는 특징을 지닌 새들이다. 우리는 흰머리독수리의 애국적인 이마를 사랑하고, 송골매의 공중 곡예를 사랑하고, 아마도 구하기에는 너무 늦었겠지만 흰부리딱따구리의 화살처럼 인상적인 비행을 사랑한다. 그러나 세상에는 그런 종 외에도 작고 수수하고 조용한 새가 더 많다. 아직 이름조차 붙지 않은 새도 있다. 그중 많은 종이 빠르게 줄고 있는데, 대개는 새들이 변화에 적응하거나 물려받은 습관을 바꿀 여유가 없을 만큼 서식지가 빠르게 파괴되고 있기 때문이다. 흰부리딱따구리가 숲이 벌목되고 굼벵이가 드물어지는 동안 때맞춰 얼른 식성을 다양화하지 못했던 것처럼 말이다. 우리가 지구라는 방주에 탄생물들 중에서 깃털 달린 종들의 번식 개체수를 지키려면, 즉 새들이 계속 번식하여 종을 유지할 수 있는 개체수를 지키려면, 우리는 새들에 대해서어서 더 많이 알아야 한다. 어쩌면 우리 자신도 좀 더 진화해야 할지도 모른다.

우리가 새들에게 몇천 년쯤 시간을 더 준다면, 새들은 심지어 스스로를 돕는 법을 익힐지도 모른다. '베티'의 이야기를 떠올려 보자. 베티는 태평양 누벨칼레도니 섬에서 사는 까마귀 종(정확히 말하면 코르부스 모네둘로이데스*Corvus moneduloides*)의 개체이다. 까마귀가 새 중에서 똑똑한 축에 속한다는 사실은 예전부터 알려져 있었다. 2002년, 까마귀의 지능을 연구하던 과학자들은 까마귀가 도구를 쓸 수 있는지 알아보는 실험을 고안했다. 연구자들은 작은 양동이에 먹이를 담은 뒤 양동이를 튜브에 넣어 두었다. 튜브는 너무 좁아서 베티나 다른 까마귀 아벨이 속으로 들어가거나 부리를 넣어 먹이를 건질 수 없었다. 연구자들은 두 까마귀에게 먹이를 건질 때 쓰라고 철사 두 줄을 주었는데, 하나는 구부러졌고 다른 하나는 곧발랐다.

두 까마귀는 굽은 철사를 써야만 양동이 손잡이에 걸어서 먹이를 꺼낼 수 있다는 사실을 어렵지 않게 알아냈다. 그런데 문제는 아벨이 자꾸 굽은 철사를 훔쳐 간다는 점이었다. 이윽고 참을성이 바닥난 베티는 곧바른 철사를 직접 구부려서 양동이를 꺼냈다. 연구자들은 깜짝 놀랐다. 새가 도구를 **만들다니!** 실험을 수행했던 옥스퍼드 대학의 알렉스 카셀닉은 이렇게 말했다. "사람들은 동물계에서 유인원이 지능의 정점에 있기를 기대합니다. 유인원이 우리와 제일 가까운 친척이기 때문이죠. 그러나 이제 새가 인간과 좀 더 가까운 몇몇 친척보다 더 똑똑하다는 사실이 증명되었습니다."

우리가 흰부리딱따구리를 통해서 깨달았던 것처럼 새들에게 시간을 더 줄 수 있다면, 앞으로 인간과 새가 서로에 대해서, 또한 함께 공유하는 세상에 대해서 무엇을 더 배울지 누가 알겠는가.

흰부리딱따구리를 중심으로 살펴보는
조류 보호 활동의 역사

1607년 버뮤다 정부가 제비슴새와 바다거북을 보호하는 포고를 발령했다. 신대
류 최초의 종 보호 조치였다.

1731년 마크 케이츠비가 미국 동식물을 종합적으로 조사하여 영어로 쓴 책으로
서는 최초인 『캐롤라이나, 플로리다, 바하마 제도의 자연사』에서 흰부리
딱따구리를 처음 묘사했다.

1785년 영국 박물학자 토머스 페넌트가 흰부리딱따구리를 '보기 드문' 새라고
묘사했다.

1809년 조류학자 알렉산더 윌슨이 흰부리딱따구리를 호텔 방에 붙들어 두려고
애쓰면서 새를 그렸고, 나중에 그 경험을 아홉 권짜리 『미국의 조류』에
기록했다.

1818년 매사추세츠 주가 종다리와 울새 사냥을 금지했다. 미국에서 사냥감이
아닌 새를 보호한 법률로는 최초였다.

1831년 존 제임스 오듀본이 10년 전에 그렸던 흰부리딱따구리에 대한 상세한 묘
사를 『미국의 새』에 적었다.

1863년	필라델피아 자연과학 학술원의 조류 담당 큐레이터였던 존 캐신이 쿠바의 흰부리딱따구리를 처음으로 보고했다.
1869년	미시간 주가 나그네비둘기의 보금자리 1.6킬로미터 내에서는 총을 쏘지 못하게 막음으로써 빠르게 줄어 가는 나그네비둘기를 보호하려고 했다.
1870년대	남부 여러 주에서 임야 판매를 금지했던 법이 폐지되었다. 북부와 영국의 목재 회사들이 나무를 팔기 위해서 흰부리딱따구리 서식지를 베기 시작했다.
1877년	플로리다 주가 긴 깃털이 달린 새들의 알과 새끼를 죽이지 못하도록 하는 법을 통과시켰으나, 대체로 무시되었다.
1879년	어느 관찰자가 흰부리딱따구리에 대해 이렇게 썼다. "이 새는 전혀 흔하지 않다. 그 표본은 캐비닛에 추가하기 좋은 품목일 수 있다."
1890년대	아서 웨인, W. E. D. 스콧, 조지 E. 바이어를 비롯한 여러 '수집가'가 죽은 새의 가죽을 팔거나 전시할 요량으로 사냥하는 바람에, 그러잖아도 빠르게 줄던 흰부리딱따구리 개체수가 더욱 줄었다.
1893년	요하네스 군들라흐가 두 권짜리 『쿠바의 새』 첫 권을 펴내어 쿠바에 서식하는 흰부리딱따구리의 행동, 겉모습, 서식지를 처음으로 자세히 묘사했다.
1898년	쿠바가 미국-스페인 전쟁에 짧게 참가했다가 스페인에서 해방된 뒤, 미국이 쿠바의 토지와 경제를 많이 통제하기 시작했다. 사탕수수를 기르기 위해서 삼림을 베는 바람에 흰부리딱따구리는 점점 더 깊은 산속으로 밀려났다.
1901년	네바다 주에서 모든 학생이 몇몇 사냥감 조류를 보호하는 데 관한 수업을 의무적으로 듣게 되었다. 플로리다 주는 사냥감이 아닌 새를 보호하는 법안을 통과시켰는데, 이 법률이 제대로만 이행되었다면 그곳에서 서식하던 흰부리딱따구리를 구할 수 있었을지도 모른다.
1907년	시어도어 루스벨트 대통령이 루이지애나 북동부로 사냥 여행을 나섰다가 흰부리딱따구리를 세 마리 보았다. 그는 자신이 본 동물을 통틀어 "가

장 흥미로운 새였다."고 말했다.

1910년 오듀본 협회들의 압박에 못 이겨 뉴욕 주가 야생 조류 깃털 판매를 금지했다.

1913년 싱어 제조 회사가 루이지애나 주 매디슨 패리시의 늪지 삼림 320제곱킬로미터 가까이를 구입했다. 재봉틀을 만들 나무를 보존하기 위해서였다. 일대는 싱어 보호구역 혹은 싱어 구역이라고 불렸다.

1914년 나그네비둘기가 멸종했다. 제임스 태너가 뉴욕 주 코틀랜드에서 태어났다.

1918년 최후의 캐롤라이나앵무가 신시내티 동물원에서 죽었다.

1924년 코넬 대학의 과학자였던 아서 앨런과 엘사 앨런 부부가 플로리다 주 테일러 강 근처에서 흰부리딱따구리를 재발견했다. 새는 오랫동안 목격되지 않던 터였다.

1932년 루이지애나 주 의원 메이슨 D. 스펜서가 싱어 구역에서 흰부리딱따구리를 한 마리 잡았다. 과학자들이 현장으로 달려가서 흰부리딱따구리를 여섯 마리 더 발견했다.

1934년 싱어 구역을 조사한 결과 어른 흰부리딱따구리 일곱 쌍과 새끼 네 마리가 확인되었다.

1935년 코넬 대학 과학자 네 명이 미국의 희귀한 새들의 소리를 녹음하려고 나선 탐사에서 싱어 구역에 둥지를 튼 흰부리딱따구리 한 쌍을 자세히 관찰했다. 그들은 그 새소리를 녹음했고, 사진과 움직이는 영상을 촬영했다.

1937~
1939년 코넬 대학 박사 과정 학생이었던 제임스 태너가 전국 오듀본 협회의 후원을 받아 흰부리딱따구리의 생태, 생리, 서식 장소를 자세히 연구했다. 싱어 제조 회사는 두 목재 회사에게 삼림을 팔거나 대여했다. 숲 대부분은 털룰라 근처에 큰 제재소를 갖고 있었던 시카고 제재 및 목재 회사에게 넘어갔다.

1939년 태너가 오듀본 협회에 최종 보고서를 제출했다. 그는 미국에 흰부리딱따구리가 스물다섯 마리쯤 남았을 것이라고 추정했지만, 직접 확인한 곳은 싱어 구역뿐이었다. 그는 그곳에서 흰부리딱따구리를 여섯 마리 발견했는데, 새끼를 기르는 쌍은 한 쌍뿐이었다.

1941년 시카고 제재 및 목재 회사가 하루에 최대 80만 보드풋(북미에서 쓰는 목재의 부피 단위로, 폭과 길이가 1피트, 두께가 1인치인 목재의 부피를 가리킨다─옮긴이)의 목재를 베는 동안, 전국 오듀본 협회는 싱어 구역에 남은 땅만큼이라도 벌목을 금지하여 흰부리딱따구리 보호구역과 원시림으로 보존하자고 주장하는 캠페인을 펼치기 시작했다.

1943년 오듀본 협회, 연방 정부, 네 주의 대표들이 시카고 제재 및 목재 회사와 싱어 제조 회사의 중역들을 만나 싱어 구역 일부를 보존하는 방안을 의논했다.

1944년 싱어 구역에서 흰부리딱따구리를 마지막으로 목격한 사례가 기록되었다.

1948년 미국 생물학자 데이비스 콤프턴과 존 데니스가 쿠바 동부 산악 지대에서 흰부리딱따구리 세 마리를 발견했다. 그중 두 마리는 둥지를 튼 한 쌍이었다. 오래 목격되지 않다가 새롭게 보고된 사례였다.

**1950년
(대략)** 미국과 쿠바의 흰부리딱따구리가 서로 다른 종이 아니라 한 종의 두 집단이라는 판단에 따라, 쿠바의 흰부리딱따구리가 캄페필루스 프린키팔리스 바이르디로 종명이 바뀌었다.

1951년 미국에서 국제자연보호협회가 창설되었다. 이 단체는 세계 최대의 자연보호 단체 중 하나로 성장하여, 흰부리딱따구리처럼 위기에 처한 종들의 서식지를 보호하고 싱어 구역의 늪지대 삼림과 같은 여러 생태계의 표본을 보존하는 일을 전문적으로 실시했다.

1957년 미국 생물학자 조지 램이 쿠바에서 미국 기업들이 소유한 땅에서 흰부리딱따구리 열세 마리를 발견했다. 그중 열두 마리는 짝을 이룬 쌍들이었다. 램은 보존 계획을 권유했다.

1959년 쿠바 혁명으로 쿠바와 미국 과학자들의 교유가 끊어졌고, 램의 흰부리딱따구리 보존 계획도 더 진척되지 못했다.

1962년 바흐만휘파람새에 대한 최후의 목격담이 기록되었고, 에스키모마도요도 제대로 된 기록으로서는 최후의 목격담이 보고되었다. 둘 다 생활 주기의 일부를 미국에서 보내는 새들이었다.

1968년 쿠바 생물학자 오를란도 가리도가 10년 만에 쿠바에서 다시 흰부리딱따구리를 목격했다고 보고했다.

1970년 미국에서 첫 지구의 날 행사가 열렸다. 1만여 개 학교의 학생들이 참가하여 동식물을 구하는 일에 사람들의 관심을 집중시켰다.

1973년 미국에서 멸종 위기종 법이 통과되었다.

1986년 히랄도 알라욘이 이끈 쿠바 탐사대가 쿠바에서 흰부리딱따구리를 재발견했다. 한 달 뒤, 세계 최고의 딱따구리 전문가 레스터 쇼트 박사를 포함한 국제 탐사대가 수컷 한 마리와 암컷 한 마리를 여러 차례 짧게 목격했다.

1987년 히랄도 알라욘과 아이메 포사다가 산길에서 흰부리딱따구리 암컷을 짧게 목격했다. 쿠바에서 그 새를 확실하게 목격한 마지막 사례였다.

1999년 어느 사냥꾼이 뉴올리언스 근처 펄 강 야생동물 관리 구역에서 흰부리딱따구리 암수 한 쌍을 보았다는 믿을 만한 주장을 제기했다. 그 제보 때문에 대대적인 수색이 벌어졌다.

2002년 여섯 명으로 구성된 국제 탐사대가 최첨단 장비를 써서 루이지애나의 펄 강 야생동물 관리 구역과 인근 늪지를 뒤졌다. 흰부리딱따구리의 흔적으로 보이는 것을 조금 찾기는 했지만 새를 보지는 못했다.

용어 설명

고유종endemic 한 장소에서만 살아가는 종을 가리키는 말. 예를 들어 세상에서 제일 작은 새인 꿀벌새는 쿠바의 고유종인데, 그 말은 꿀벌새가 쿠바에서만 산다는 뜻이다. 흰부리딱따구리는 쿠바에도 서식하는 집단이 있었으므로 미국의 고유종은 아니었다.

국지 절멸extirpation 일부 지역에서만 멸종된 상태. 흰부리딱따구리는 싱어 구역이 벌목되었을 때 루이지애나에서 국지 절멸했지만, 완전히 멸종한 것은 아니었다. 쿠바에 여전히 한 집단이 살아 있었기 때문이다.

굼벵이grub 딱정벌레의 유충. 흰부리딱따구리는 거대한 딱정벌레목 중에서도 하늘솟과, 나무좀과, 비단벌렛과에 속하는 굼벵이를 좋아했다.

깃털 고르기preening 깃털을 부풀린 뒤 부리로 빗질하여 가다듬는 행동. 새는 깃털을 고르는 데 시간을 많이 들인다. 털을 고를 때는 모든 깃털이 제자리에서 올바르게 서로 맞물려 있고 기름칠이 잘되어 있도록 신경 쓴다. 대부분의 새는 꽁지 근처의 분비샘에서 나오는 기름을 부리에 묻혀서 깃털에 펴 바른다. 그러면 깃털이 햇볕을 받아도 마르지 않으며, 물에서 사는 새라면 체온을 지키는 데 도움이 된다.

멸종extinction 한 종의 모든 개체가 어디에도 더 이상 존재하지 않는 상태.

배clutch 한 번에 낳은 알들. '한배의 크기'라고 하면 한 번에 얼마나 많은 알을 낳았는가를 말한다. 새가 번식기에 알을 두 차례 낳는다면 '두 배를 낳는 새'라고 말한다. 흰부리딱따구리는 북아메리카 딱따구리 중에서 배의 크기가 가장 작아, 한 번에 알을 두세 개만 낳았다.

백로egret 왜가릿과에 속하는 새. 수컷은 번식기에 '에이그레트'라는 긴 깃털을 길러낸다.

보금자리roost 새가 잠자는 장소. 검은지빠귀나 찌르레기 같은 새는 밤마다 거대한 떼로 모여서 나무나 덤불을 온통 뒤덮고 함께 잔다. 흰부리딱따구리를 비롯한 딱따구리들은 나무에 구멍을 뚫고 그 속에서 잔다.

생태계ecosystem 동식물과 주변의 물리적 환경, 가령 토양이나 강물 같은 요소까지 모두 포함하는 자연 공동체. 자연에는 홀로 살아가는 동식물은 없다. 모든 생물은 다른 생물들에게 의존하고, 다 함께 공유하는 환경에도 의존한다. 생태계는 생물학적 이웃들의 집합이라고 할 수 있다.

생태적 지위ecological niche 특정 생물이 환경과 맺는 모든 관계. 이를테면 어디에서 사는가, 무엇을 먹는가를 아우른다. 여러 생물의 활동이 결합하여 공통의 목적을 달성하기도 한다. 흰부리딱따구리는 죽어 가는 나무의 껍질을 뜯어내어 먹이를 찾았다. 그러면 다른 생물들이 나무를 뚫을 기회가 열렸다. 나무는 계속 분해되다가 서 있지 못할 만큼 약해져서 땅으로 쓰러졌고, 그러면 숲 천장에 구멍이 뚫려서 햇볕이 바닥까지 스며듦으로써 땅에서 새로운 씨앗이 자랄 수 있었다.

생태학ecology 동식물이 서로, 그리고 물리적 환경과 맺는 관계를 연구하는 학문.

서식지habitat 새나 다른 동물이 살아가는 장소, 혹은 우리가 그 종을 살펴보려고 찾아가는 장소. 그 생물이 먹고 번식하는 데 필요한 요소가 모두 갖춰진 장소이다.

왜가리heron 키가 크고 다리가 긴 섭금류. 긴 목과 역시 길고 유선형으로 생긴 부리를 써서 물고기나 다른 먹이를 낚는다. 왜가리와 가장 가까운 친척은 황새, 따오기, 플라밍고다.

유전자gene 유전의 기본 단위. 염색체에 실려서 부모에서 자식으로 전달된다.

이주migration 철새가 번식기와 비번식기 사이에 정기적으로 이동하는 것. 보통 계절에 따르며, 매년 반복된다. 작은검은가슴물떼새처럼 매년 수천 킬로미터를 날아서 이주하는 새도 있다. 철새가 이주하는 이유는 다양하다. 경쟁을 피하기 위해서, 포식 동물을 피하기 위해서, 먹이를 찾기 위해서, 해가 더 오래 뜨는 곳을 찾아 더 오래 먹고 번식하기 위해서, 가혹한 기후를 피하기 위해서…… 흰부리딱따구리는 먹이를 찾아 먼 거리를 날았지만 이주하는 철새는 아니었다.

자연 선택natural selection 생물체가 같은 종류의 다른 생물체에 비해 환경의 압력에 더 잘 적응하도록 돕는 특질을 발달시킴으로써 더 잘 생존하고 번식하게 되는 과정. 예를 들어 다윈이 갈라파고스 제도에서 관찰했던 열네 종의 핀치는 원래 하나의 선조 종에서 시작했으나 새로운 먹이를 먹고 더 많은 후손을 남기도록 돕는 특질, 가령 서로 다른 부리 형태를 발달시킴으로써 세월이 흐르자 서로 다른 종으로 진화했다.

종species 생물을 나누는 가장 기본적인 범주. 어떤 종의 새라고 하면 가령 흰부리딱따구리, 큰어치, 아메리카울새처럼 어떤 종류의 새를 말한다. 하지만 어떤 기준에 따라 종이 종으로서 구별될까? 널리 인정되는 한 이론에 따르면, 어떤 집단의 새들이 다른 집단들과 번식 측면에서 격리되어 있을 때 그 집단을 종이라고 부른다. 그 집단의 개체들이 같은 집단 내에서만 번식할 수 있다는 뜻이다. 이 정의에 따르면, 새가 다른 종의 새와 번식해서 설령 새끼가 태어나더라도 그 새끼는 스스로 새끼를 낳지 못한다. "어떤 기준에 따라 종이 종으로서 구별될까?" 하는 질문은 생물학자들 사이에서 아직 뜨거운 논쟁의 대상이다. 달리 말해, 아직 정의가 진화하는 중이다.

진화evolution 어떤 종의 집단 전체에서 유전자가 돌연변이나 자연 선택 같은 과정들을 겪으면서 차츰 변화하는 과정.

포식 동물predator 다른 동물을 잡아먹는 동물. 새 중에서 포식 동물로 자주 거론되는 것은 매, 독수리, 올빼미다.

참고 자료

참고 자료에 대하여

이 책은 내게 두 가지 의미에서 여행이었다. 첫째, 이 책 덕분에 내가 자연보호론자이자 활동가로서 30년 넘게 마음에 품었던 것을 글로 풀어낼 수 있었다. 나는 흰부리딱따구리에 오래전부터 매료되었다. 1980년에 텍사스 주 빅시킷 늪으로 직접 새를 찾으러 간 적도 있었다. 그날은 너무 더워서 내내 헉헉거리면서 다녔다. 아, 그러나 흰부리딱따구리는 없었다. 만일 있었더라도 내 눈에 띄지 않는 곳에 있었다. 둘째, 나는 실제로 여기저기 여행을 다녀야 했다. 나는 1년 동안 루이지애나, 미시시피, 테네시, 매사추세츠, 뉴욕, 쿠바를 여행했다. 가장 중요한 자료는 여행 중에 만나고 면담한 사람들일 때가 많았다.

쿠바에서의 조사는 특히 신났다. 나는 그 섬을 누비면서 제일 최근에 흰부리딱따구리를 보았던 사람들을 대부분 다 만났다. 각자 나름의 방식으로 흰부리딱따구리에 대해 아는 화가, 생물학자, 우표 수집가, 삼림 감독관, 박물관 큐레이터, 안내인을. 교육자들은 내게 쿠바 학생들이 새에 대해 더 많이 알고 싶어 하지만 가난해서 쌍안경, 휴대용 도감, 그림 그릴 종이, 심지어 펜과 연필마저 없이 꾸려 가야 할 때가 많다고 말했다. 그래서 나는 몇몇 동료와 함께 그들에게 필요한 물자를 구입하여 전달하는 데 쓸 기금을 마련했다. 여러분도 돕고 싶다면 '미국 새 관찰자 거래소' 웹사이트(www.aba.org/bex)의 '쿠바 프로그램'을 참고하라.

전체적인 참고 자료: 책과 잡지

다른 자료보다 더 중요하게 쓰인 책과 잡지가 몇 권 있다.

제임스 T. 태너의 오듀본 협회 연구 보고서 제1권인 『흰부리딱따구리』*The Ivory-billed Woodpecker*(New York: Dover Press, 1942)는 흰부리딱따구리에 관해서 경전이나 마찬가지다. 나는 1970년대에 활동가로서 첫발을 내디뎠을 때 처음 이 책을 읽었다. 지금까지도 이 책은 내가 아는 한 한 종에 대한 조사로서는 가장 훌륭하다.

피터 매티슨의 『미국의 야생동물』*Wildlife in America*(New York: Viking, 1959)은 거의 50년 전에 미국의 절멸 위기종들이 어떤 상태였는지 자세히 보여 주는 사진과도 같다.

크리스토퍼 코키노스의 『희망은 깃털 달린 것』*Hope Is the Thing with Feathers*(New York: Warner Books, 2000). 나는 태너의 책을 읽고는 흰부리딱따구리의 몰락에 대한 이야기라면 충분히 알았다고 생각했다. 그러나 코키노스의 책은 완전히 새로웠다. 미국의 조류 여섯 종이 사라진 사연을 소개한 이 멋진 책은 내게 더 많은 것을 가르쳐 주었고, 미국과 쿠바의 흰부리딱따구리에 대해 더 많이 알고 싶다는 마음을 품게 만들었다. 또한 내가 더 조사해 볼 수 있는 참고 자료도 수록되어 있었다.

데이비드 앨런 시블리가 그린 『시블리 조류 생태 및 행동 도감』*The Sibley Guide to Bird Life and Behavior*(New York: Knopf, 2001)은 얼마나 보물 같은 책인지! 나는 새들이 왜 그렇게 행동하는지 알고 싶을 때면 매번 이 아름다운 책으로 돌아왔다.

「오크」*The Auk*는 미국 조류학자 협회의 계간지로서 100년 넘게 발행되면서 새들의 생물학에 관한 독창적인 보고서를 실었다. 태너, 웨인, 앨런, 브루스터, 채프먼, 그 밖에도 이 책에 등장하는 여러 인물이 「오크」에 글을 실었다. 나는 메인 주 보든 칼

리지의 사서들에게 의지하며 이 자료를 거듭 참고했다.

프랭크 그레이엄 주니어의 『오듀본의 방주: 전국 오듀본 협회의 역사』*The Audubon Ark: A History of the National Audubon Society*(New York: Knopf, 1990)는 오듀본 협회와 깃털 전쟁의 역사에 대한 정보 중에서 가장 훌륭하다.

바버라 미언스와 리처드 미언스의 『새 수집가들』*The Bird Collectors*(San Diego: Academic Press, 1998)은 수집가와 수집 활동에 대한 정보의 금광이다. 헨리 워드의 자연과학 기관부터 세계 최대의 조류 표본 컬렉션 등수까지 온갖 내용이 다 담겨 있다.

흰부리딱따구리는 외모가 워낙 인상적이었기 때문에 다행스럽게도 새를 목격한 사람들은 어떤 방식으로든 기록을 남겼다. 장별로 중요한 자료는 다음과 같다.

프롤로그

알렉산더 윌슨이 흰부리딱따구리를 호텔 방에 잡아 두려 애썼다는 유명한 이야기는 그의 『미국의 조류』*American Ornithology*에서 흰부리딱따구리를 길게 설명한 대목에 나온다. 나는 브루어 출판사 판을 이용했다(Boston, 1840, pp.272~279). 13쪽의 첫머리 인용구를 비롯하여 이 장에서 윌슨이 말했다고 적은 대사는 모두 이 책에서 인용했다. 윌슨의 삶과 시대에 관한 정보는 로버트 캔트웰의 『알렉산더 윌슨: 박물학자이자 개척자의 전기』*Alexander Wilson: Naturalist and Pioneer, a Biography*(Philadelphia: Lippincott, 1961)에 특히 의존했다. 15쪽 글상자에서 찰스레슬리가 했다는 말도 캔트웰의 책 144쪽에서 인용했다.

1장

나는 루이지애나 주립대학 자연과학 박물관을 2002년 1월에 방문했다. 제임스 반 렘센 박사가 흰부리딱따구리 표본을 보여 주었고, 종의 생활사에 대한 질문에 참을 성 있게 답해 주었다. 이 장의 내용은 그 인터뷰에 많이 의존했다.

22쪽 글상자를 쓸 때는 시블리의 도감과 에른스트 마이어의 『진화란 무엇인가』 What Evolution Is(New York : Basic Books, 2001)를 참고하여 새들이 어떻게 진화 했고, 왜 현재의 모습을 갖게 되었고, 왜 지금처럼 행동하는지 이해했다.

23쪽 글상자에서 소개한 다윈의 핀치에 대한 내용은 로저 F. 파스키에의 『새 관찰 하기 : 조류학 입문』Watching Birds: An Introduction to Ornithology(Boston : Houghton Mifflin, 1977, pp.24~27)을 참고했다.

딱따구리의 몸 구조와 행태에 대해서는 레스터 L. 쇼트 박사의 『세계의 딱따구 리』Woodpeckers of the World(Greenville, Del. : Weidner & Sons/Delaware Museum of Natural History, 1982)와 T. 길버트 피어슨의 『내셔널 지오그래픽』National Geographic(April 1933, vol.63, no.4)에 실린 "딱따구리, 우리 숲의 친구"Woodpeckers, Friends of Our Forests를 참고했다.

조지 E. 바이어에 대한 모든 자료는, 바이어가 W. D. 로저스에게 했다는 말도 포함 하여, 툴레인 대학 도서관의 특별 컬렉션 부서에 바이어의 이름으로 취합된 파일에 서 얻었다. 바이어가 방울뱀 독으로 실험했다는 신문 기사는 「데일리 피카유네」The Daily Picayune(New Orleans) 1905년 9월 2일자에 실렸다. 바이어가 흰부리딱따구 리 수집에 대해서 했다는 말은 「오크」(April 1900, vol.17, no.2)에 실렸던 그의 글 "루이지애나의 흰부리딱따구리"The Ivory-billed Woodpecker in Louisiana에 나와 있다.

2장

첫머리 인용구는 「오듀본 매거진」Audubon Magazine(May 1985, vol.87, no.3, p.63) 에 실린 마이클 하우드와 메리 듀런트의 "진짜 오듀본 씨를 찾아서"In Search of the Real Mr. Audubon에 나오는 말이다. 존 제임스 오듀본이 흰부리딱따구리, 그 소리, 서식지와 행태, 원주민과 정착민이 흰부리딱따구리를 죽였던 것을 묘사한 대목은 그의 『미국의 새』*The Birds of America*(New York : J. J. Audubon ; Philadelphia : J. B. Chevalier, 1840~1844)에 나온다. 오듀본의 멋진 그림 외에도 그가 만났던 500종 가까운 새들에 대한 환상적인 묘사를 읽을 수 있다. 오듀본의 전기적 내용은 여러 책을 참고했다. 특히 셜리 스트레신스키의 『오듀본: 미국 야생에서의 삶과 예술』 *Audubon: Life and Art in the American Wilderness*(New York : Villard Books, 1993), 앨리스 포드의 『존 제임스 오듀본』*John James Aubudon*(Norman : University of Oklahoma Press, 1964), 알렉산더 B. 애덤스의 『존 제임스 오듀본: 전기』*John James Audubon: A Biography*(New York : G. P. Putnam's Sons, 1966)가 유용했다.

오듀본은 1820~1821년에 조지프 메이슨과 함께 오하이오 강과 미시시피 강을 항해하면서 매일 관찰한 내용을 일기로 썼다. 두 사람이 뉴올리언스에서 몇 달 체류하는 동안에도 일기를 썼다. 오듀본이 메이슨에 대해서 한 말, 흰부리딱따구리를 잡은 일에 대해서 한 말은 그 일기에서 인용했다. 나는 『존 제임스 오듀본의 일기, 1820~1821년』*Journal of John James Audubon, 1820~1821*(Boston : Club of Odd Volumes, 1929)을 이용했다.

조지프 메이슨을 어린이 독자에게 소개하는 좋은 픽션도 두 권 있다. 내 책은 논픽션이라 그 책들에서 인용구를 딸 순 없었지만, 메이슨이 오듀본과 함께 했던 놀라운 모험을 잘 들려주는 책들이다. 바버라 브레너의 『오듀본 씨와 함께 변경에서』*On the Frontier with Mr. Audubon*(Honesdale, Pa. : Boyds Mills Press ; reprint edition, 1997)와 찰리 메이 사이먼의 『조 메이슨: 오듀본의 제자』*Joe Mason: Apprentice to Audubon*(New York : E. P. Dutton, 1946)이다.

38쪽에 인용한 마크 케이츠비의 말은 미국 자연사를 다룬 첫 책으로 여겨지는 그의 책에서 땄다. 케이츠비는 식물학과 자연사를 공부한 영국 신사였다. 영국이 신세계에 식민지를 세운 지 100년이 되던 무렵, 그는 소문으로만 듣던 그 지역의 동식물을 직접 보고 싶어 안달이었다. 그러던 중 누이 엘리자베스가 버지니아 주 윌리엄스버그로 이주하자, 케이츠비는 누이의 집을 본거지로 삼아 1712년에서 1725년까지 10여 년 동안 미국 남부의 영국 식민지들을 탐험했다. 그러고는 런던으로 돌아가서 20년을 바쳐서 자신의 발견을 글로 썼다. 두 권짜리 책을 완성한 그는 책을 캐롤라인 왕비에게 바치며, 단숨에 읽을 수 없을 만큼 긴 제목을 붙였다. 『캐롤라이나, 플로리다, 바하마 제도의 자연사: 새, 동물, 물고기, 뱀, 곤충, 식물의 그림을 포함…… 공기, 토양, 물에 대한 관찰과 농업, 곡류, 콩류, 근채류 등등에 대한 서술도 곁들임』*The Natural History of Carolina, Florida and the Bahama Islands: Containing the Figures of Bird, Beasts, Fishes, Serpents, Insects and Plants…… To which are added, Observations on the Air, Soil, and Waters: With Remarks upon Agriculture, Grain, Pulse, Roots, &c.*. 나는 케이츠비의 책을 서던 메인 대학에 보관된 마이크로필름으로 봤다.

3장

남부 목재 열풍을 잘 소개한 책은 역사학자 C. 반 우드워드의 『새로운 남부의 기원: 1877~1913년』*Origins of the New South: 1877-1913*(Baton Rouge: Louisiana State University Press, 1971)이다. 첫머리에 인용한 촌시 드퓨의 말도 이 책 115쪽에서 가져왔다. 우드워드는 재건 시대 말에 남부인들이 얼마나 열렬히 삼림을 팔아 치웠는지, 북부인들이 얼마나 열렬히 사들이고 싶어 했는지를 묘사했다. 51쪽에 인용한 채터누가 신문의 기사와 삼림 공무원의 말도 우드워드의 책 118쪽에서 가져왔다. 메리 E. 테보도 플로리다 주립대학에서 쓰고 있는 석사 논문을 통해 이 문제에 관한 의견을 보여 주었다. 아직 발표되지 않은 논문의 제목은 "남동부 소나무 숲: 기록자, 파괴자, 생존자"*The Southeastern Piney Woods: Describers, Destroyers, Survivors*이다. 북부 삼림의 개발에 대해서는 매티슨의 『미국의 야생동물』과 여러 웹사이트를 참고했다. 특히 앤디 힐츠의 웹사이트 "버지니아 서부 원시림의 벌목"*Logging the Virgin Forests of West Virginia*을 참고했다(www.patc.us/history/archive/virg_fst.html). 47쪽에 인용한 코튼 매더의 말은 매티슨의 책 56쪽에서 가져왔고, 48쪽에 인용한 대니얼 분의 말도 매티슨의 책 112쪽에서 가져왔다. 51쪽에 인용한 토머스 너톨의 흰부리딱따구리에 대한 의견은 그의 책 『북아메리카 동부 조류학 역사』*A Popular History of the Ornithology of Eastern North America*(Boston: Little, Brown, 1896, p.443)에 나와 있다. 뉴햄프셔 주 코네티컷 강 상류 원시림의 역사와 파괴에 대해서는 내 글 "미래를 위한 숲"*A Stand for the Ages*을 활용했다. 혜안이 있었던 한 삼림 감독관이 뉴햄프셔 최후의 가문비나무 원시림을 지켜 낸 이야기를 다룬 그 글은 잡지 「국제자연보호협회」*Nature Conservancy*(September 1988, vol.38, no.5)에 실렸다.

4장

55쪽 첫머리에 인용한 제임스 태너의 말은 그의 『흰부리딱따구리』에서 가져왔다.
55쪽에서 누군가 기록했다고 한 찰스턴에 대한 묘사는 조이 하킴의 『우리의 역사』*A History of Us*(New York: Oxford University Press, 1994, vol.7, p.13)에서 인용했다. 「오크」에 실린 여러 글이 이 장에서 유용하게 쓰였다. 아서 T. 웨인은 「오크」(1895, vol.12, pp.364~367)에 실렸던 "플로리다 와시사 강과 오실라 강 지역의 새에 관하여"*Notes on the Birds of the Wacissa and Aucilla River Regions of Florida*에서, 64쪽 인용구에 나오듯이 플로리다의 여러 강에서 흰부리딱따구리가 사라진 것은 "가난뱅이 시골뜨기"들 탓이라고 비난했다. 윌리엄 브루스터와 프랭크 M. 채프먼은 역시 「오크」(April 1891, vol.7, no.2, pp.125~138)에 실렸던 "스와니 강 하류의 새에 관하여"*Notes on the Birds of the Lower Suwannee River*에서 스와니 강을 따라 여행하며 흰부리딱따구리를 잡았던 이야기를 들려주었다.
61쪽 글상자에서 헨리 헨쇼가 자신의 수집 장비를 묘사한 내용은 미언스 부부의 『새 수집가들』 56쪽에 나온다.
윌리엄 브루스터를 기리는 전기 글은 헨리 웨더비 헨쇼가 「오크」(January 1920, vol.37, no.1, pp.1~32)에 실었던 것이 있다. 아서 T. 웨인을 기리며 알렉산더 스프런트 주니어가 썼던 인상적인 추도문도 「오크」(January 1931, vol.48, no.1, pp.1~16)에 발표되었다. 59쪽에 소개한 웨인에 대한 인용구는 그 글에서 가져왔다. 웨인의 1892~1894년 플로리다 수집 활동에 관한 정보와 그가 브루스터에게 보냈던 편지들은 하버드 대학 비교 동물학 박물관의 에른스트 마이어 라이브러리 중 특별 컬렉션 부서에 "윌리엄 브루스터"와 "흰부리딱따구리"의 이름으로 보관된 파일에서 찾았다. 63~64쪽에 인용한 웨인의 말과 64쪽에 인용한 상품 가격표도 그 자료에서 찾았다. 찰스턴 박물관과 웨인이 그곳에서 했던 활동에 관한 정보는 앨버트 E. 샌더스와 윌리엄 D. 앤더슨 주니어의 『사우스캐롤라이나의 자연사 조사: 식민지 시대부터 현재까지』*Natural History Investigations in South Carolina: From Colonial Times to the Present*(Charleston: University of South Carolina Press, 1999)에서도 얻었다. 67쪽 엘리엇 카우즈의 말은 미언스 부부의 『새 관찰자들』 19쪽에서 가져왔고, 68쪽의 수집 취미에 관한 인용구도 같은 책 21쪽에서 가져왔다. 『새 관찰자들』에는 박제술, 캐비닛 수집가, 상업적 사냥꾼, 워드의 자연과학 기관, 브루스터의 컬렉션 표본 개수로 본 세계 등수, 브루스터 개인에 대한 약간의 정보도 담겨 있다.

워드 자연과학 기관을 세운 워드의 삶과 시대를 알 수 있는 기록인 "헨리 오거스터스 워드 서류"*Henry Augustus Ward Papers*는 뉴욕 로체스터 대학 러시 리즈 도서관의 희귀본 및 특별 컬렉션 보존 부서에 보관되어 있다. 웹사이트 www.lib.rochester.edu/index.cfm?page=918를 참고하라.

웨인에 대한 정보는 찰스턴 박물관의 윌 포스트 박사와 앨버트 E. 샌더스 박사와 나눈 대화에서도 얻었다.

5장

그레이엄의 『오듀본의 방주』에는 프랭크 채프먼이 뉴욕을 거닐면서 여자들의 모자에 얹힌 새를 헤아렸다는 일화가 나온다. 그 책에는 해리엇 헤멘웨이 이야기도 나오고, 74~75쪽에 인용한 그녀의 사촌 민나 홀의 이야기도 15쪽에 나온다. 또한 가이 브래들리가 살해된 이야기, 아서 램버트가 붙잡힌 이야기, 오듀본 협회의 활동으로 조류 보호 법률이 탄생한 이야기도 나온다. 74쪽의 죽은 새들에 대한 인용구도 그레이엄의 책 14쪽에서 가져왔다. 73쪽 글상자 속 채프먼의 말은 그레이엄의 책 38쪽에 나온다. 매티슨의 『미국의 야생동물』에도 채프먼의 산책과 브래들리의 죽음에 대한 이야기가 나오고, 미국에서 1959년까지 제정된 야생동물 보호 법률도 연대순으로 정리되어 있다.

가이 브래들리가 소년 시절에 '프랑스인'을 위해서 플로리다 남단에서 깃털 수집 여행을 했던 일화는 플로리다 남부 역사학회가 발간한 「테퀘스타」*Tequesta*(1962, vol.22, pp.3~62)에 실렸던 찰스 윌리엄 피어스의 "반탄 호의 항해"*The Cruise of the Bonton*에 흥미진진하게 묘사되어 있다.

깃털 산업에 관한 통계는 폴 R. 에얼릭, 데이비드 S. 돕킨, 대릴 웨이의 "깃털 산업" *Plume Trade*(web.stanford.edu/group/stanfordbirds/text/essays/Plume_Trade.html) 에서 가져왔다.

로저 토리 피터슨의 소년 시절 경험과 브롱크스 새 클럽 일화는 그레이엄의 책 129~135쪽에 나온다. 피터슨이 국립 야생동물 연맹과 가졌던 인터뷰(www.nwf. org/news-and-magazines/national-wildlife.aspx)에도 그 이야기가 나오고, 80쪽의 인용구도 나온다.

'박사' 아서 앨런이 아내 엘사와 함께 플로리다로 떠나 흰부리딱따구리를 보았던 이 야기는 「오크」(April 1937, vol.54, pp.164~184)에 실렸던 그의 글 "최근의 흰부리 딱따구리 관찰 기록"*Recent Observations on the Ivory-billed Woodpecker*에 나온다. 인 용한 모든 신문 기사와 박사가 모건 틴들과 주고받은 서신은 코넬 대학의 희귀본 및 필사본 컬렉션 부서에 있는 아서 앨런 컬렉션에 보관되어 있다(file number 21-18-1255, Box 2). 83~84쪽에 인용한 박사의 말은 1924년 7월 12일자 연합 통신 기 사 "플로리다 중부에서 희귀한 새 발견됨"에서 재인용했다. 박사의 아들 데이비드 G. 앨런과 개인적으로 나눈 대화에서도 정보를 얻었다. 81쪽에 나오는 독수리와 닭 이야기는 조지 미크슈 서턴의 『새 학생』*Bird Student*(Austin: University of Texas Press, 1980, p. 201)에서 가져왔다.

6장

제임스 태너의 어린 시절을 취재하는 것은 이 책의 조사 과정에서 가장 멋진 부분이었다. 대부분의 정보는 그의 아내인 낸시 태너에게 얻었다. 나는 테네시 주 녹스빌 외곽의 나무가 우거진 언덕에 있는 작은 집으로 그녀를 찾아갔다. 태너 부부가 오랫동안 함께 살았던 집이다. 태너 부인은 많은 이야기를 들려주었고, 귀중한 자료를 맡겨 주었다. 그 후 우리는 세 번 전화 통화를 했고 수십 통의 이메일을 주고받았다. 나는 태너의 어린 시절 친구였던 칼 매클리스터도 여러 차례 만났고, 태너의 아들 데이비드 태너도 만났다. 뉴욕 주 코틀랜드의 무료 도서관에 태너에 대한 자료가 조금 보관되어 있다.

이 장을 여는 에밀리 디킨슨의 시구는 1864년에 쓰어진 932번째 시에서 가져왔다. 코넬 대학 맥그로홀에 관한 생생한 기록은 조지 미크슈 서턴의 『새 학생』 209~216쪽에 나온다. 91쪽 글상자의 인용구도 서턴의 책 213쪽에서 가져왔고, 96쪽에서 동료 교수가 했다는 말도 서턴의 책 210쪽에서 가져왔다. 태너가 대학에서 들었던 수업과 그가 받았던 (아주 좋은) 성적을 보여 주는 학적 기록은 코넬 대학 희귀본 및 필사본 컬렉션 부서의 파일에 보관되어 있고, 그가 어디에서 살았으며 그 시절에 조류학과 학생의 생활은 어땠는지 보여 주는 자료도 그 파일에 포함되어 있다. 월요일 밤 '세미나' 이야기는 샐리 호이트 스포퍼드와의 인터뷰에서 들었다.

코넬 녹음 탐사대를 꾸렸던 과정에 대한 정보는 코넬의 매콜리 자연음 자료실 웹사이트(macaulaylibrary.org)와 코넬에 보관된 아서 앨런 파일에서 얻었다. 97쪽에서 앨런 박사가 탐사를 사냥에 비유했다는 말은 「내셔널 지오그래픽」(June 1937, vol.71, no.6, p.82)에 실렸던 그의 글 "사라져 가는 새들의 소리를 마이크로 사냥하다"*Hunting with a Microphone the Voices of Vanishing Birds*에서 가져왔다. 앨런이 태너를 '일손'으로 묘사했다는 말은 같은 글 699쪽에 나오며, 앨런이 탐사에 대해서 썼던 연구 보고서의 서문 두 번째 페이지에도 나온다(이 문헌은 7장과 8장 참고 자료에서 소개하겠다). 태너가 선발된 것을 보도한 신문 기사 "코틀랜드 출신의 코넬 학생이 희귀한 새 생태를 조사하는 탐사에 선발되다"*Cortland Student at Cornell Chosen* *to Take Part in Expedition to Study Rare Bird Life*도 코넬의 태너 파일 6번 박스에 보관 되어 있다(9장 참고 자료에서 소개하겠다). 안타깝게도 어떤 신문인지, 어느 날짜 기사인지는 확인할 수 없다.

7~8장

이 장의 첫머리 인용구로 소개한 분송 레카굴 박사(1907~1992)는 태국의 국립공원 체계를 세운 아버지로 존경받는다. 그는 사냥꾼으로서 야생동물과의 인연을 맺었지만, 많은 종이 학살되고 있다는 사실을 깨닫고는 총을 내려놓았다. 그는 1950년대와 1960년대에 숱한 탄원서와 투고문을 쓰고 라디오와 텔레비전 프로그램을 진행함으로써 전란에 찢긴 나라의 자연을 보존하자는 운동을 쉼 없이 전개했다. 태국 총리였던 육군 원수 사리트 타나라트가 태국의 삼림이 파괴되고 있다는 사실을 믿지 않자, 분송 박사는 그를 헬리콥터에 태워서 황폐해진 동 파야 옌 숲 위를 날았다. 그 직후 태국은 사냥감 종들을 보호하는 법률을 제정했고, 1962년에는 국립공원법이 통과되었다. 분송 박사의 말은 미언스 부부의 『새 수집가들』에서 가져왔다. '브랜드-코넬 대학-미국 자연사 박물관 조류학 탐사대'의 연구 보고는 참가자들이 그 기념할 만한 탐험을 기록한 것으로서, 훌륭한 사진 자료에 앨런 박사가 쓴 서문이 딸려 있다. 이 기록물은 참가자들이 몇 부만 제본해서 여행에 참가했던 사람들과 탐사를 지원했던 소수의 사람들에게만 나눠 주었다. 내가 아는 한 현재 공개된 것은 코넬의 희귀본 및 필사본 컬렉션 부서에 보관된 한 권뿐이다.
코넬 탐사대에 대한 또 다른 풍부한 정보원은 아서 앨런의 "최근의 흰부리딱따구리 관찰 기록"(5장 참고 자료를 보라.)이다. 8장에 인용한 코넬 탐사대의 일지 내용, 특히 120~121쪽의 인용구는 그 글에서 가져왔고, 126쪽에서 앨런이 새끼 새소리를 묘사한 인용구도 그 글 179쪽에서 가져왔다. 앨런 박사의 "사라져 가는 새들의 소리를 마이크로 사냥하다"(6장 참고 자료를 보라.)도 좋은 자료이다. 메이슨 D. 스펜서가 흰부리딱따구리를 쏜 이야기와 스펜서가 했다는 말은 조지 미크슈 서턴의 『야생의 새들』(New York: Macmillan, 1936, pp.190~191)에 나온다. 코넬 탐사대가 흰
부리딱따구리를 재발견한 사건에 관한 1차 기록도 서턴의 책 191~196쪽에 나온
다. 107~108쪽에 인용한 J. J. 쿤의 말도 서턴의 책에서 가져왔다. 크리스토퍼 코키
노스의 『희망은 깃털 달린 것』에도 탐사에 관한 자세한 묘사가 등장한다. 나는 낸시
태너와의 대화로 짐이 여행에서 느꼈던 기쁨을 비롯하여 많은 세부를 메웠다.

8장을 여는 에머슨의 말은 그의 책 『자연: 연설과 강연』*Nature: Addresses and
Lectures*(Boston: Houghton Mifflin, 1849) 중 "연설" 편에 실린 "자연의 기법"*The
Method of Nature*에서 가져왔다. 텐사 원주민에 대한 정보는 『가톨릭 백과사전』*The
Catholic Encyclopedia*(New York: Robert Appleton, 1912) 14권에 나와 있다. 시어
도어 루스벨트가 텐사스 늪지를 방문했던 일화는 「스크라이브너 매거진」*Scribner's
Magazine*(vol.43, no.1, pp.47~60)에 실렸던 "루이지애나 대숲에서"*In the Louisiana
Canebrakes*에 묘사되어 있다.

싱어 제조 회사의 더글러스 알렉산더가 매디슨 패리시의 삼림을 구입했던 일
은 매디슨 패리시 법원의 토지 장부에 기록되어 있다. 알렉산더와 싱어 사에 관
한 정보는 돈 비셀의 『최초의 복합 기업: 싱어 재봉틀 회사의 145년 역사』*The First
Conglomerate: 145 Years of the Singer Sewing Machine Company*(Brunswick, Me.:
Audenreed Press, 1999)에서 얻었다.

1935년 4월 8일에 치솟았던 무시무시한 검은 모래 폭풍에 대한 한 소년의 경험담
은 내 책 『우리도 거기 있었어요!: 미국 역사 속 아이들』*We Were There, Too! Young
People in U.S. History*(New York: Farrar, Straus and Giroux, 2001) 196~198쪽에
나와 있다.

코넬 대학은 코넬 탐사대가 촬영한 흰부리딱따구리의 모습을 비디오카세트로 제작
했다. 놀라운 영상이다. 유령 같은 몇 초 동안 우리는 그 멋진 새의 소리를 들을 수
있고, 새가 움직이는 모습을 볼 수 있다. 앨런과 켈로그도 등장하고, 태너가 아이
크의 수레를 따라 진흙탕을 헤치며 걷는 모습도 잠깐 나온다. 코넬 대학 희귀본 및
필사본 컬렉션 부서로 연락하면 볼 수 있다(주소는 Carl A. Kroch Library, Cornell
University, Ithaca, NY 14853). 흰부리딱따구리 소리는 코넬 대학 웹사이트와

(birds.cornell.edu/ivory/) 망고 베르데 세계 새 도감 웹사이트에서도 들을 수 있다
(www.mangoverde.com/birdsound).

9~10장

존 베이커의 초상은 세 자료에 의존하여 묘사했다. 첫째, 뉴욕 5번가 42번로에 있
는 뉴욕 공립 도서관 분관 328호실에 보관된 전국 오듀본 협회의 자료이다. 여기에
"NAS 기록, 섹션 b, 존 홉킨턴 베이커"라는 제목의 파일로 베이커의 서신들이 보관
되어 있다. 133~134쪽에 인용한 베이커의 말은 그곳에서 찾았다. 둘째, 프랭크 그
레이엄이 『오듀본의 방주』에서 베이커를 상세하게 묘사했다. 마지막으로, 리처드
C. 포는 2002년에 나와 두 차례 나눈 개인적 대화에서 베이커의 '당당한' 성품에 대
해 이야기한 바 있다.
코넬의 희귀본 및 필사본 컬렉션 부서에 있는 칼 A. 크로흐 라이브러리 속에는 제
임스 태너의 서신과 글을 광범위하게 모은 파일이 보관되어 있다. 그의 이름이 붙
은 파일은 상자 여러 개로 구성된 2665번 파일인데, 그야말로 보물이라고 부를 만
하다. 나는 그가 오듀본 협회의 기금을 받아 1937년에서 1939년까지 수행했던 조사
에 관한 정보를 대부분 그곳에서 얻었다. 태너는 일기를 썼지만, 파일에는 1938년 3
월에 썼던 공책 중에서 몇 쪽만 남아 있다. 그러나 그는 자신의 활동에 대한 기록을
반년마다 상세하게 취합하여 연대순으로 정리해 두었다. 보통 이삼 일의 활동을 요
약하여 나열한 형식이다. 그 자료는 대부분 1번 상자에 들어 있다. 그는 그 글에서 흰
부리딱따구리를 찾으러 어디로 가서 무엇을 보았는지 적었고, 알터머하 강을 여행
했던 이야기와 플로리다를 탐사했던 이야기도 적었다. 싱어 구역의 나무가 잘리는
데 대한 그의 반응과 그가 자기 자동차에게 바쳤던 글도 그 파일에 포함되어 있다.
그것만이 아니다. 코넬에 보관된 태너의 파일에는 그가 아서 앨런에게 보냈던 엽서
들도 있고, 앨런 박사가 태너에게 써 주었던 추천사도 있다. 태너의 지출 보고서도
흥미롭다. 그는 돈을 아끼기 위해서 무엇이든 했다. 야외에서 잤고, 별로 비싸지 않

은 초콜릿바로 점심을 때웠다.

코넬의 태너 파일에는 그가 쓴 "스와니 강, 1890년과 1973년"*The Suwannee River, 1890 and 1973*이라는 글도 보관되어 있다. 그가 스와니 강에서 야영하다가 낯선 남자들을 만났던 일화는 여기에 나온다.

태너의 조사 목적과 그가 시간을 어떻게 썼는가 하는 내용은 그의 책 『흰부리딱따구리』에 자세히 나온다. 이 책에는 그가 방문했거나 기록으로 접했던 장소를 표시한 지도들이 실려 있고, 연구 기법도 자세히 적혀 있다. 136쪽 글상자에 소개한 흰부리딱따구리 별명 목록은 그 책 101쪽에서 가져왔고, 139쪽 글상자에 소개한 흰부리딱따구리와 도가머리딱따구리 비교 그림도 그 책 2쪽에서 가져왔다.

태너는 훗날 싱어 구역에서 보냈던 나날을 회고한 긴 글을 두 편 썼다. 하나는 "살아 있는 숲"*A Forest Alive*이라는 제목으로 영국 잡지 「버드워치」*Birdwatch*(May 2001, issue 107, pp.18~24)에 실렸다. 10장 초반의 싱어 숲에 관한 묘사는 대부분 그 글에서 가져왔다. 태너가 밤의 호수에서 노를 저었던 일화, 그와 J. J. 쿤이 뱀을 만났던 일화, 거대한 나무가 쓰러질 때의 경험, 저녁마다 쿤과 대화를 나눴던 이야기도 모두 그 글에서 가져왔다. 두 번째 회고담은 "흰부리딱따구리에게 부치는 추신"*A Postscript on Ivorybills*이라는 제목으로 「새 관찰자 다이제스트」*Bird Watcher's Digest*(July-August 2000)에 실렸다. 이 글에서 태너는 '소니 보이'와 만났던 일화를 이야기했다.

태너가 흰부리딱따구리를 구하는 조치로서 제안했던 결론은 그의 책에 잘 나와 있지만, 앞서 오듀본 협회에게 보냈던 1939년 연례 보고서에서도 이미 이야기되었다. "전국 오듀본 협회 연합에 제출하는 흰부리딱따구리 연구 기금 보고서, 1939년 10월"*Report of the Ivory-billed Woodpecker Fellowship before the National Association of Audubon Societies, October, 1939*라는 제목의 보고서는 코넬의 태너 파일 1번 상자에 보관되어 있다. 10장을 여는 인용구는 그 보고서 5쪽에서 가져왔고, 165~166쪽의 인용구는 8쪽에서 가져왔으며, 166쪽에 인용한 싱어 구역에 관한 글은 10쪽에서 가져왔다. 태너가 싱어 구역의 벌목에 대해 처음으로 불길한 언급을 했던 것은 "1937년 12월 현장 조사"*Field Work in December 1937*라는 보고서 4쪽의 "싱어 구역의 최근 변화"라는 제목 아래에서였다.

11장

존 R. 시플리의 "시카고 제재 및 목재 회사 이야기"*The Story of the Chicago Mill and Lumber Company*는 회사의 역사를 기록한 18쪽짜리 미출간 자료이다. 1980년에 시카고 제재 회사의 한 직원이 썼던 그 글은 현재 미시시피 주 그린빌의 워싱턴 카운티 역사 협회에서 열람할 수 있다. 글에는 회사의 설립과 발전 과정, 싱어 구역의 벌목에 관한 상세한 정보가 담겨 있다.

더글러스 알렉산더가 신여성에 대해 취했던 태도는 돈 비셀의 『최초의 복합 기업』(7~8장 참고 자료를 보라.)에 적혀 있다.

싱어 구역의 이동식 주택에 대한 정보는 그런 집에서 살았던 빌리 루이스 포트와 직접 나눈 대화에서, 그리고 톨버트 윌리엄스와의 대화에서 얻었다. 두 사람은 시카고 제재 회사가 얼마나 무시무시한 속도로 나무를 베었는지 알려 주었다. 진 레어드도 자신의 집에서 나와 인터뷰하면서 같은 이야기를 들려주었다. 시카고 제재 회사의 벌목에 관한 정보는 태너가 1941년 8월 11일에 루이지애나 자연보호 담당 공무원 조지 H. 벅에게 보낸 편시에도 나와 있는데, 이 편지는 코넬의 태너 파일 1번 상자에 들어 있다.

172쪽에 인용한 진 레어드의 말은 그와 나눈 대화에서 들었다. 태너 부부의 '늪 데이트' 이야기는 낸시 태너가 전화와 이메일로 내게 들려준 다정한 회고담이다.

뉴욕 공립 도서관에 보관된 전국 오듀본 협회 자료(9장 참고 자료를 보라.)에는 존 베이커와 관련된 자료가 엄청나게 많다. 대부분 마이크로필름으로 열람할 수 있다. 가장 귀한 자료는 '싱어 구역'이라고 분류된 하위 파일인데, 나는 그 속에서 제임스 태너가 샘 알렉산더와 함께 숲을 산책했다는 사실과 샘 존스 주지사가 싱어 구역을 사들이기 위해서 20만 달러를 모았던 사실, 그리고 법안 H.R. 9720의 복사본을 발견했다.

178~179쪽에 묘사한 오듀본 협회의 베이커와 시카고 제재 회사의 그리즈월드의 첫 만남에 관한 자료는 코넬의 태너 파일 1번 상자에 담겨 있다(1942년 3월 25일에 베이커가 태너에게 보낸 편지). 태너가 그린리 굽이를 보존하자고 권했던 내용은 "1941년 12월 루이지애나 주 싱어 구역을 여행한 보고서"*Report on Trip to the Singer Tract, Louisiana, December 1941*라는 제목의 9쪽짜리 문서에 적혀 있다. 이 문서 역시 코넬의 태너 파일에 보관되어 있다.

베이커가 리처드 포에게 루이지애나로 슬쩍 내려가서 흰부리딱따구리를 찾아보라고 시켰던 사실은 전국 오듀본 협회의 자료 중 싱어 구역 파일에 보관된 "포 씨에게 보내는 메모"*Memorandum to Mr. Pough*라는 긴 메모에 나와 있다.

매디슨 패리시의 인구 데이터는 웹사이트 www.census-online.com/links/LA/Madison에 나와 있다.

행정 명령 8802호에 대한 훌륭한 논의는 로널드 다카키의 『다른 거울』*A Different Mirror*(Boston: Little, Brown, 1993) 14장에 나와 있다.

12장

이 장을 여는 인용구는 매티슨의 『미국의 야생동물』 253쪽에서 재인용했다.

나는 2002년에 빌리 루이스 포트와 동생 로버트 포트를 만나 싱어 구역이 벌목되던 시절에 그곳에서 자란 경험담과 고인이 된 돈 에클베리를 만났던 일화를 들었다. 에클베리 씨의 아내 버지니아 에클베리도 전화를 통해 남편의 성정과 작업에 관해 들려주었다. 돈 에클베리는 존 K. 테레스가 엮은 『발견: 뛰어난 자연학자들의 위대한 순간』*Discovery: Great Moments in the Lives of Outstanding Naturalists*(Philadelphia and New York: J. B. Lippincott, 1961)에 실었던 멋진 글 "희귀한 흰부리딱따구리를 찾아서"*Search for the Rare Ivorybill*에서 최후의 암컷 흰부리딱따구리와 함께했던 시간을 직접 묘사한 바 있다.

루이지애나에 머물렀던 독일군 전쟁 포로에 관한 1차 정보는 제2차 세계대전 중 털룰라에서 수용소 간수로 일했던 존 셔비니와의 두 차례 인터뷰에서 얻었다. 그는 뉴욕으로 가서 독일군 포로를 루이지애나로 데려왔고, 이후 그들이 틸룰라 외곽 야영지에서 일하는 것을 감독했다. 포로들이 싱어 구역을 벌목할 때도 함께 있었다.

시카고 제재 및 목재 회사의 전쟁 중 활동에 관한 정보와 회사가 영국군에게 줄 차상자도 만들었다는 사실은 시플리의 "시카고 제재 및 목재 회사 이야기"(11장 참고 자료를 보라.)에 나와 있다.

틸룰라의 허마이오니 박물관에는 독일 아프리카 군단 병사들에 대한 훌륭한 전시장이 있다. 포로들이 깎았던 조각품도 몇 점 진열되어 있다. 톨버트 윌리엄스와 진 레어드는 전쟁 포로에 얽힌 개인적 추억을 들려주었고, 포로들이 지었던 헛간도 보여 주었다. 헛간 문에는 아직 독일 이름들이 새겨져 있었다. 문헌으로는 「남부 역사 저널」 *The Journal of Southern History*(November 1990, vol.56, no.4)에 실렸던 제임스 E. 피클과 도널드 W. 엘리스의 "소나무 숲의 전쟁 포로" *POW's in the Piney Woods* 가 훌륭하다. 187쪽의 두 인용구는 그 글 702쪽에서 가져왔다. 매슈 J. 스콧과 로절린드 폴리의 『바이유의 포로 수용소: 루이지애나의 독일군 전쟁 포로』 *Bayou Stalags: German Prisoners of War in Louisiana*(Lafayette, La.: self-published, 1981)도 참고했고, 「갬빗 위클리」 *Gambit Weekly*(January 19, 1999)에 실렸던 조 댄번의 "전쟁은 멋져" *War Is Swell*도 참고했다. 나는 서던 웨스턴 루이지애나 대학(현재 라파예트의 루이지애나 대학) 역사학과 교수를 지냈으며 루이지애나 주 전쟁 포로에 관한 전문가인 매슈 J. 스콧 박사도 직접 만났다. 전쟁 포로에 관한 그의 관심은 그가 여덟 살 때 생겨났다. 그의 집 뒷마당 철쭉 덤불을 다듬는 일에 독일군 포로 세 명이 배정되었는데, 당시 그의 세 형이 모두 해외에서 나치와 싸우고 있었다. 그의 어머니는 포로들에게 콜라를 대접하면서 매슈에게 만일 그의 형들이 죽거나 포로가 되면 누군가 그들을 이렇게 대해 주기를 바란다고 설명했다.

시카고 제재 및 목재 회사의 사무실에서 열렸던 결전의 만남에 대한 이야기와 "우리는 돈밖에 모릅니다."라는 말은 오듀본 협회의 존 베이커가 쓴 "전국 오듀본 협회 이사들에게 보내는 비밀 정보, 1943년 12월 15일" *For the Confidential Information of the Directors of National Audubon Society, December 15, 1943*이라는 글에 기록되어 있다. 이 문서는 뉴욕 공립 도서관에 보관된 오듀본 협회 자료의 싱어 구역 파일(9장 참고 자료를 보라.)에 보관되어 있다. 나는 역시 그 파일에서 최후의 새를 찾는 임무를 띠고 파견되었던 리처드 포와 베이커가 주고받은 서신도 발견했다. 189쪽에 인용한 포의 말은 둘 다 거기에서 가져왔다. 진 레어드는 에클베리가 떠난 뒤 최후의 흰부리딱따구리를 계속 살폈던 일을 내게 직접 이야기해 주었다.

13장

루이지애나 주립대학의 제임스 반 렘센 박사는 쿠바와 미국의 흰부리딱따구리 집단에 대한 분류학계의 의견 변화를 참을성 있게 설명해 주었다.

오를란도 H. 가리도와 아르투로 커크코넬의 훌륭한 책 『쿠바의 새 휴대용 도감』 *Field Guide to the Birds of Cuba*(Ithaca, N.Y.: Cornell University Press, 2000)은 쿠바의 자연사에 대해 많은 것을 알려 준다. 내가 2002년 5월 29일에 하버드 대학에서 들었던 히랄도 알라욘의 강연도 마찬가지였다.

나는 2002년에서 2004년 사이에 쿠바를 세 번 방문했다. 산안토니오 데 로스 바뇨스에 있는 히랄도 알라욘의 집에서 그를 두 차례 만나서 쿠바의 흰부리딱따구리 탐사에 대한 그의 생각을 들었고, 새와 그의 개인적 인연에 대해서도 들었다. 이 장 첫머리의 인용구는 그때 나눴던 대화에서 땄다. 두 번째 만났을 때는 히랄도의 아내 아이메 포사다도 인터뷰했다. 그 후 전화로도 여러 차례 대화를 나눴고, 알라욘이 미국을 한 번 방문하기도 했으며, 이메일을 수십 통 주고받았다. 이 장에 인용한 알라욘과 포사다의 말은 모두 그 대화와 메일에서 가져왔다. 쿠바 생물학자 카를로스 페냐, 아르투로 커크코넬, 오를란도 가리도, 시오마라 갈베스 아길레라와의 인터뷰도 알라욘의 회상을 보완해 주었다.

206쪽에서 알베르토 에스트라다가 흰부리딱따구리로 짐작되는 큰 새를 흘끗 보았다고 했던 말은 그가 쓴 글 "딱따구리와 개구리"*Of Woodpeckers and Frogs*에서 가져왔다. 그 글은 로버트 W. 헨더슨과 로버트 파월이 엮은 『파충류학 기고』*Contributions* *to Herpetology*(Ithaca, N.Y.: Society for the Study of Amphibians and Reptiles) 제 20권 중 "섬과 바다: 서인도제도의 파충류 탐사에 관한 에세이" 편의 75∼87쪽에 실려 있다.

레스터 쇼트 박사는 케냐의 집에서 나와 통화하여 쿠바에서 흰부리딱따구리를 추적했던 일을 이야기해 주었다. 쿠바에서 본 흰부리딱따구리들은 경계심이 강한 것 같았다고 했던 말은 그 전화 통화에서 들었다. 쇼트 박사는 잡지 「자연사」*Natural History*에 두 편의 글을 실은 적이 있다. 그 제목들이 수색의 분위기를 잘 설명해 준다. 첫 번째 글의 제목은 "흰부리딱따구리를 찾을 마지막 기회"*Last Chance for the Ivory-bill*였다(vol.94, 1985). 1년 뒤에 아내 제니퍼 혼과 함께 쓴 두 번째 글의 제목은 "흰부리딱따구리는 아직 살아 있다"*The Ivory-bill Still Lives*였다(vol.95, 1986).

쿠바 혁명에 대한 기술은 무엇이든 논쟁의 대상이 될 수밖에 없지만, 나는 공정한 논의가 돋보이는 크리스토퍼 P. 베이커의 『문 가이드북: 쿠바』*Moon Handbooks: Cuba*(Emeryville, Calif.: Avalon Travel Publishing, 1999)를 높이 산다.

203쪽 글상자에 소개한 오를란도 가리도의 일화는 쿠바에서는 전설 같은 이야기다. 나는 그 이야기를 여러 경로로 들었고, 2003년 3월에 아바나에 있는 그와 통화했을 때 마침내 그의 입으로 직접 확인받았다.

205쪽 글상자의 정보는 쿠바 생물학자들과 나눈 대화에서, 그리고 「세계 야생동물」*International Wildlife*(January/February 2000)에 실렸던 스티브 헨드릭스의 글 "쿠바에서 일하기"*Getting Things Done in Cuba*에서 얻었다. 오레스테스 마르티네스의 "세 고유종" 클럽 이야기는 그 글을 통해서 알았다.

조지 R. 램은 1957년의 성공적인 쿠바 흰부리딱따구리 탐사 이야기를 「쿠바의 흰부리딱따구리」*The Ivory-billed Woodpecker in Cuba*(New York: Pan-American Section, International Committee for Bird Preservation, Research Report 1, 1957)라는 보고서로 기록했다. 존 데니스는 1948년의 탐사를 「오크」(October 1948, vol.65, no.4)에 실었던 "쿠바에 남은 최후의 흰부리딱따구리"*A Last Remnant of Ivory-billed Woodpeckers in Cuba*라는 글로 기록했다.

14장

첫머리에 인용한 제인 구달의 말은 "희망의 세 이유"*My Three Reasons for Hope*에서 가져왔다. 제인 구달 연구소 웹사이트(www.janegoodall.org/jane/essay.html)에서 에세이 전문을 읽을 수 있다.

짐 태너가 싱어 구역을 다시 한 번 방문했던 사연은 낸시 태너와의 대화와 메일에서 들었다. 가장 유용한 자료는 1986년 3월 25일에 에이미 오클리 기자가 루이지애나 주 털룰라의 「매디슨 저널」*Madison Journal*에 쓴 기사 "텐사스로 돌아온 태너"*Tanner Returns to the Tensas*였다. 태너가 흰부리딱따구리를 목격한 경험을 나열한 목록은 코넬에 보관된 태너 파일(9장 참고 자료를 보라.)에서 발견했다.

데이비드 쿨리반이 흰부리딱따구리를 보았다고 주장한 사건, 뒤이어 펄 강 야생동물 관리 구역에서 대대적인 수색이 벌어졌던 사건은 수백 편의 신문 기사, 잡지 기사, 책에서 이야기되었다. 그중 제일 훌륭한 두 자료는 2001년 5월 14일에 「뉴요커」 *New Yorker*에 실렸던 조너선 로젠의 기사 "유령 새"*The Ghost Bird*와 스콧 웨이든솔의 책 『떨리는 날개를 지닌 유령』*The Ghost with Trembling Wings*(New York: North Point Press, 2002)이다.

여섯 명으로 구성된 탐사대를 조직했던 제임스 반 렘센 박사는 언론의 관심이 절정에 이른 동안에도 내게 여러 차례 인터뷰를 허락했다. 한 번은 배턴 루지에 있는 그의 연구실에서 만났다. 코넬 대학 조류학 실험실은 훌륭한 웹사이트 www.birds.cornell.edu에서 그 수색에 관한 정보를 꾸준히 업데이트했다. 탐사대의 결론은 "30일에 걸친 차이스 흰부리딱따구리 수색을 마감하다"*The 30-day Zeiss search for the ivory-billed woodpecker ends*라는 제목의 글로 2002년 2월 20일에 칼 차이스 스포츠 광학 회사 소식지에 실렸다.

에필로그

레이철 카슨의 『침묵의 봄』*Silent Spring*(New York : Ballantine Books, 1962)은 모든 사람이 반드시 읽어야 하고, 읽은 사람도 다시 읽어야 한다. 이 책은 아름다우며, 예나 지금이나 시기적절하다.

피리물떼새와 송골매에 관한 정보는 곤란에 처한 종을 추적하는 작업에 있어서 내가 아는 한 최고의 단체인 네이처 서브의 웹사이트에서 많이 얻었다. 웹사이트는 사용하기도 쉬워서, www.natureserve.org에 접속하여 알고 싶은 종의 이름을 입력하면 된다. 특정 종이 어떻게 위기에 빠졌는지, 어디에서 계속 살고 있는지, 종을 도우려는 노력은 어떻게 진행되었는지, 현재 어떤 노력이 진행되고 있는지에 대해서 상세하고 정확한 기록을 얻을 수 있다.

멸종한 동물들에 대한 책으로는 팀 플래너리와 피터 샤우텐의 『자연의 빈자리』*A Gap in Nature: Discovering the World's Extinct Animals*(New York : Atlantic Monthly Press, 2001)가 좋다.

까마귀 베티가 보여 준 문제 해결 능력은 언론의 큰 관심을 끌었다. 내셔널 지오그래픽의 웹사이트는 2002년 8월 8일에 "철사로 고리를 만들어서 먹이를 얻어 낸 까마귀"*Crow Makes Wire Hook to Get Food*라는 글을 실었다. 베티의 모습을 영상으로도 볼 수 있다. 주소는 www.youtube.com/watch?v=OYZnsO2ZgWo이다. 잡지 기사로는 「사이언스」*Science*(vol.297, no.5583, p.981)에 실렸던 "고리를 만들 줄 아는 누벨칼레도니 까마귀들"*Shaping of Hooks in New Caledonian Crows*을 읽어 보라.

감사의 말

　책을 하나의 생태계로 볼 수 있다면, 이 책이야말로 좋은 예다. 나는 하나의 생태계처럼 얽히고설킨 과학자, 자연보호 활동가, 사서, 편집자, 안내인, 큐레이터, 통역자, 독자, 그리고 특별한 사건을 겪은 평범한 사람들의 도움에 의지했다.

　코넬 대학에서 산더미처럼 쌓인 자료를 헤치는 일을 도와준 희귀본 및 필사본 컬렉션 부서의 수전 사스 파머와 일레인 엥스트에게 감사한다. 코넬 조류학 실험실과 자연음 자료실의 그레그 버드니와 메리 에케르트도 도움과 조언을 주었고, 데이비드 G. 앨런은 고맙게도 아버지 아서 A. 앨런에 대한 생각을 들려주었다.

　루이지애나 주 매디슨 패리시에서 도와준 국제자연보호협회의 키스 오클리와 로니 울머에게 고맙다. 두 사람은 이틀의 귀한 시간을 내어 나를 안내했다. 제네바 윌리엄스, 제롬 포드, 아바 칸, 톨버트 윌리엄스, 그리고 매디슨 패리시 법원 직원들에게도 고맙다. 메리 테보는 남부 삼림의 벌목에 대해서 귀중한 통찰을 들려주었고, 토니 하우는 철로에 대해 가르쳐 주었다.

루이지애나 주에서 일했던 독일군 포로에 대해서 자료와 의견을 준 존 체르비니, 메리 심스, 매슈 쇼트에게 고맙다.

싱어 구역 근처에서 보냈던 어린 시절에 대한 기억을 들려준 로버트 포트, 진 레어드와 리넬 레어드에게 고맙다. 특히 빌리 루이스 포트는 나를 여러 번 도와주었다.

국제자연보호협회의 동료들, 토니 그룬드하우저, 딘 해리슨, 존 홈케, 베키 에이블, 마이크 앤드루스, 윌 스톨첸버그, 특히 팻 패터슨에게 고맙다.

나는 자료 조사차 쿠바를 방문하여 여기저기를 다녔고, 여러 사람을 만났고, 평생지기가 될 친구를 사귀었다. 아르투로 커크코넬, 카를로스 페냐, 시오마라 갈베스 아길레라, 닐스 나바로, 마이클 산체스, 에르네스토 레예스, 에두아르도 피달고 프랑코에게 깊이 감사한다. 엘리사베트 가르시아 게라는 쿠바 흰부리딱따구리 우표를 찾는 일을 도와주었다. 레스터 쇼트 박사는 쿠바를 방문했던 경험과 딱따구리에 관한 통찰을 기꺼이 제공했다. 메인 주 의원 톰 앨런과 그의 불굴의 직원 마크 울렛에게도 쿠바 여행 허가를 얻어 준 데 대해 감사를 표한다. 히랄도 알라욘, 아이메 포사나, 마리엘라 마차도 곤살레스의 우정과 통찰과 영감에도 감사한다.

세계 최대의 독립 서점인 롱펠로 북스에게 고맙다. 특히 크리스 보와 커스틴 캐피가 내게 보여 준 지속적인 격려와 무조건적인 사랑에 감사한다. 메인 작가 및 출판사 연합도 마찬가지다. 도서관 자료를 찾을 때는 메인 주 포틀랜드 공립 도서관의 폴 달레산드로, 서던 메인 대학의 상호 대차 부서를 담당하는 커샌드라 피츠허버트와 훌륭한 직원들의 도움을 얻었다.

중학생인 개빈 바우어와 테사 하틀리에게 무척 고맙다. 두 사람은 원고를 처음부터 끝까지 읽고서 정확하고 건설적인 비판을 주었다. 초고를 모두 읽고 조언해 준 쇼샤나 후즈에게도 고맙다.

친구이자 동지인 찰스 덩컨에게는 뭐라고 감사해도 지나치지 않을 것이다. 그는 나와 함께 쿠바로 가서 통역을 해 주었고, 사진을 찍어 주었고, 수많은 방식으로 도와주었다. 마찬가지로 타고난 익살꾼인 벤 그레그에게 고맙다. 그의 우정은 무엇과도 바꿀 수 없다.

데이비스 핀치 박사와 데이비드 윌코브 박사를 비롯한 많은 과학자는 사실과 이론을 평가하고 굼벵이에서 멸종까지 온갖 문제에 관한 자료를 찾는 일을 도왔다. 네이처 서브의 수석 동물학자인 래리 매스터 박사는 과학 자료를 비판적으로 검토하여 내가 부끄러운 실수를 면하도록 도와주었다. 루이지애나 주립대학 자연과학 박물관의 조류 담당 큐레이터 제임스 반 렘센 박사는 내가 자신에게 1년 치 질문을 퍼붓는 것을 오히려 부추겨 주었다. 그에게 깊이 감사한다. 테네시 대학 생태학 및 진화 생물학 부서의 대니얼 심벌로프 박사는 내가 책을 쓰는 동안 계속 원고를 읽고, 지적하고, 격려하고, 안내하고, 조언해 주었다. 레이디 볼스(테네시 대학 스포츠팀 연합의 별명—옮긴이)가 영 불안한 시기에도 말이다. 그에게 이루 표현할 수 없을 만큼 존경하고 감사하는 마음을 전한다. 오래전에 나를 믿어 주었고 나로 하여금 생물 다양성에 헌신하는 일을 하도록 이끎으로써 이 책의 계기를 제공한 것이나 다름없는 로버트 E. 젱킨스 박사에게도 고맙다. 그는 천재이자 참으로 친절한 분이다.

탁월하고 세심한 담당 편집자 멜라니 크루파에게 깊이 감사한다. 그녀는 이 책을 맡아 처음부터 끝까지 이끌어 주었다. 그보다 더 나은 동료는 바랄 수 없을 것이다. 그녀를 돕는 샤론 맥브라이드, 예리한 교열자인 일레인 처브와 수전 골드파브, 우아한 디자인을 보여 준 바버라 그르제슬로에게도 고맙다.

나는 가족의 지원이 없었다면 이 책을 쓰지 못했다. 책을 쓰는 동안 해나 후즈는 대학으로 훌쩍 떠났고, 루비 후즈는 중학교에 들어갔다. 근사한 딸이자 멋진 인간인 둘에게 감사한다.

누구보다도 고마운 사람은 낸시 태너다. 나는 작고한 제임스 태너의 아내에게 연락할 때 별다른 기대가 없었다. 그녀가 나와 이야기를 나눠 줄까? 이 책에 대해서 어떻게 생각할까? 결국 그녀는 내 파트너가 되어 주었다. 많은 이메일을 주고받으며 이야기를 나눠 주었고, 그녀의 집을 방문하도록 허락했고, 파일을 뒤져 주었고, 사진과 논문과 편지를 보내 주었고, 좋은 발상을 떠올려 주었고, 잘못된 길로 빠지지 않도록 슬쩍 찔러 주었고, 심지어 자유형 영법을 제대로 하는 기술까지 전수해 주었다. 그녀가 없었다면 이 책은 쓸 수 없었을 것임을 이제야 깨닫는다. 더구나 나는 좋은 친구까지 얻었으니 말이다.

마지막으로 캄페필루스 프린키팔리스에게 고맙다. 히랄도 알라욘이 말했듯이 그 새는 마법과 과학 사이에서 살고 있다. 내 인생의 짧은 일부만이라도 흰부리딱따구리처럼 근사한 생명체와 지구를 공유했다는 것은 더없는 행운이었다.

조류학자들은 새에 대해서 알아내기 위해 위험천만한 상황에 처하는 일이 비일비재하다. 사진 속에서 짐 태너는 1935년에 플로리다 주 메릿 섬에서 흰머리독수리의 둥지를 조사하면서 어렵사리 균형을 잡고 있다.

사라져 간 연약한 새와,
그 새를 아끼는 사람들

1

충남 서산의 해미천. 한겨울 한낮에 찾은 그곳에서 국내 대표적인 생태 사진 전문 작가인 박웅 작가가 외마디 비명을 질렀다.

"저게 뭐야. 검독수리 아냐?"

밀렵 감시초소에서 잠시 손을 녹이던 차였다. 해미천의 기러기가 갑자기 떼로 날아가는 모습을 눈여겨보던 박 작가가 하늘을 살피더니 사진기를 들고 밖으로 뛰어나갔다. 사시사철 현장을 누비는 생태 사진가에게도 검독수리는 보기 드문 새다. 현장 초소를 지키던, 10년째 해미천을 지켜봤다는 밀렵 감시인은 껄껄 웃으며 "마지막으로 본 게 7, 8년 전"이라고 말했다. 이날 박 작가는 만족스러운 검독수리 사진을 찍지 못했다. 기러기 사냥 장면을 찍고 싶었지만, 갑자기 이방인이 해미천변을 걸어오는 바람에 검독수리는 사냥을 포기했고, 사진 찍을 기회도 날아갔다. 터덜터덜 돌아온 박 작가에게 물었다. "어떻게 검독수리가 있는지 아셨나요?" 박 작가의 답은 이랬다. "기러기가 날아가는데 오리는 태연하더라고요. 검독수리가 날랜 오리는 못 잡지만 기러기는 사냥하거든요. 오리와 기러기도 그 사실을 아니까, 검독수리가 떠도 기러기만 혼비백산해요."

검독수리와 기러기와 오리에게는 너무나 당연한 섭리였을 것이다. 섭리랄 것도 없고, 그저 수만 년 이어온 심상한 일상의 규칙이자 생태계의 기본 메커니즘이었으리라. 하지만 생태계와 분리된 채 살아가게 된 현대의 인류에게는 낯선 법칙이었다. 우리는 언제부터 이렇게 자연과 멀어졌을까.

2

어느 주말, 충남 예산에 모인 사람은 서른 명이 채 안 됐다. 충남야생동물구조센터에서 야생동물 구조 전문가들이 수의사들을 대상으로 1박 2일 동안 야생동물에 대한 치료법 워크숍을 열었다. 취재차 어렵게 허락을 얻어 간 워크숍은 여러 면에서 놀라웠다. 먼저 모인 인원이 생각보다 적었다. 한국에 수의사가 적지는 않을 것이라 생각했는데, 대부분 개나 고양이 같은 반려동물을 다루기에 야생동물에 대해서는 거의 배우거나 다루지 않는다고 했다. 그나마 뜻이 있는 사람들이 모여서 이렇게 알음알음으로 공부도 하고 정보도 나누는 게 야생동물과 관련한 보호 활동의 거의 전부였다.

두 번째로 놀란 것은 야생동물을 진단하거나 치료할 수 있고 그 지식을 이런 자리에서 전해 줄 전문가의 수도 적다는 점이었다. 몇 분 안 되는 전문가가 손수 겪은 경험을 바탕으로 다른 수의사나 연구자들에게 치료 기술을 전해 줬다. 갖가지 사연으로 날개나 눈, 다리를 다친 동물들의 사례를 소개했고, 이들을 진단하고 치료하기 위한 방법을 시연했다. 안타깝게도 상당히 많은 동물들(특히 조류들)은 치료 가능성이 없었고, 그 사실을 빨리 파악하는 일이 치료 못지않게 중요했다. 예를 들어, 한 수리부엉이는 날다가 투명한 유리창을 미처 인지하지 못하고 부딪혔는데, 그 바람에 눈을 다치고 말았다. 수리부엉이 얼굴을 보면 노랗고 커다란 눈이 아주 인상적인데, 이렇게 유리창에 부딪히는 경우 상당수가 시력을 잃어 다시는 사냥을 하지 못한다. 자연에서 제힘으로 살 확률이 아주 낮은 것이다. 구조센터로 오는 상당수 수리부엉이는 이런 이유로 자연에 되돌아가지 못하거나, 부상이 가벼운 경우 긴 재활 훈련을 받고서야 겨우 돌아갈 수 있었다.

마지막으로 놀란 것은 이런 야생동물, 특히 새를 구하려고 공부하고 노력하는 사람들이 있었다는 사실이다. 사람이 부족하고 구조센터는 대부분 도시에서 먼 오지에 있는데도 불편과 고생을 마다하지 않았다. 연구자 역시 마찬가지였다. 나는 야생동물 수의사와 연구자들의 이런 헌신이 어디에서 나오는지 늘 궁금했다.

3

사실, 답은 알고 있었다. 야생동물을 치료하고 연구하는 일은 결코 돈도 되지 않고 일자리를 제공해 주지도 않는다. 하지만 누군가는 해야 할 일임을 알고 위기에 처한 자연을 위해서는 다소의 희생을 각오해야 함도 이해하며, 무엇보다 그 일을 할 사람이 다름 아닌 바로 자기 자신임을 알고 있는 사람이 꼭 있다. 이들이 바로 주말을 반납하고 공부하러 모인 수의사와 연구자들이다. 혹은 박웅 작가 같은 생태 사진가. 이들은 나날이 개체수가 줄어 가는 종들을 헤아려 가며 안타까워하며, 새를 이해하고 서식지를 보호하기 위해 현장을 찾고 연구한다. 또 몇 날 며칠을 숲과 개활지에 잠복하기를 꺼리지 않는다.

그나마 이들이 찾는 새들은 지금도 근근이 명을 잇고 있어 간간히 볼 수 있다. 하지만 인류가 사는 공간을 확장하고 그로 인해 서식지가 파괴되는 일이 반복되면서, 이들 역시 언제 어떻게 사라져 갈지 알 수 없게 됐다.

4

여기, 그렇게 사라져 간 연약한 미국의 새 한 종에 대한 집요하고 감동적인 기록이 있다. 저자는 약 200년 전부터 시작된 미국 남부의 원시림 벌목과 그로 인한 '흰부리딱따구리'의 절멸 과정을 꼼꼼히 되짚는다. 멋진 깃털 때문에, 혹은 표본으로서의 가치 때문에 남획되던 흰부리딱따구리는 그 수가 서서히 줄어 갔다. 그러다 서식지인 원시림이 기업에 의해 베어져 나가면서 급격히 눈에 띄지 않게 됐다. 자연을 사랑하는 수많은 사람들이 숲에서 비박을 해 가며 기록하고 채집했던 흰부리딱따구리의 기록은, 결국 이 특출한 새에 대한 최후의 기억이 됐다.

익숙한 이야기다. 지구 도처에서 벌어지는 일이기 때문이다. 한반도에서도 있었다. 황새는 한반도를 비롯해 중국이나 일본, 러시아 등에 살던 겨울 철새다. 하지만 밀렵과 농약 사용의 증가로 수가 점점 줄어들었고, 1971년의 밀렵에서 잡힌 황새 한 마리를 마지막으로 한반도에서 황새의 역사는 사실상 끝났다. 조선시대 때부터 일어난 무논 개간과 그로 인한 서식지 파괴, 그리고 사냥은 호랑이와 표범 개체수의 급감으로 이어졌다. 이들은 결국 20세기 초중반에 한반도에서 멸종했고, 지금은 복원을 위한 연구를 진행 중이다.

인간에 의한 동물의 멸종은 크게 두 가지 이유로 일어난다. 학살이라고 해도 될 대량 사냥이 한 가지고, 서식지의 파괴가 두 번째다. 모두 동물 입장에서는 직접적이고 끔찍한 피해다. 동물을 위해서라면 이 둘을 제한하는 게 근본적인 해결책이다. 하지만 현대사회에서 환경문제를 해결하기 어려운 이유는, 대개 이들을 제한하는 게 쉽지 않다는 데에 있다. 각종 개발 행위를 제한하는 일은 곧바로 경제적 이익을 추구할 자유의 제한과 연결되며, 어느 특정 개인이나 집단의 반발로 귀결된다. 흰부리딱따구리의 서식지를 둘러싼 갈등도 그랬다. 그곳의 울창한 삼림을 벌목할 권한을 얻은 기업을 막을 방법은 별로 없었다. 덕분에 미국을 대표하는 환경보호 단체도 결성되고 근대적 환경 '교육'이라고 할 만한 활동도 생겨났지만, 결국 예고된 멸종을 막지는 못했다.

이 책은 사람들에게 환경과 생태에 대한 감수성을 길러 줘 자연스럽게 보호 활동을 하게 하는 방식에 대해서도 소개하고 있다. 오늘날에도 많은 환경운동 단체가 사용하는 방식이다. 어린이들이 자연 속에서 직접 체험을 하고 그 지형이나 지질, 생물에 대해 공부하면서 애정을 느끼면, 환경에 대해서도 다시 평가하고 보존한다는 환경교육계의 지론과 관련이 있다. 그런데 그러다 보니 부작용도 나왔다. 사람 눈에 예쁘고 친숙한 종에만 과도한 관심이 쏠리는 부작용이다. 흰부리딱따구리 한 종이 사라지기까지, 덜 아름답고 볼품없이 작은 생물들이 얼마나 많이, 가만히 사라졌을지 모른다. 하지만 아무도 그런 사라짐에 대해서는 신경 쓰지 않는다.

5

흰부리딱따구리는 그냥 상징이자, 비슷한 처지에 놓인 수많은 새들의 대표라고 믿기로 하자. 한 종이 사라진다는 것은 그 배후에서 눈에 띄지 않게 여러 종이 사라지고 있다는 뜻으로 이해하자. 우리 주위에서는 지금도 수시로 많은 생명체들이 사라져 가고 있다. 그 사라지는 속도를 조절할 수 있는 유일한 존재는 인류다. 위기에 빠뜨린 것도 인류지만 구할 수 있는 것도 인류다. 그런 의미에서 우리는 자연과 생태에 대해 아량과 지혜, 그리고 책임감을 조금 더 강조할 필요가 있다. 해미천변의 사진작가와 수의사, 그

리고 이 책에 등장하는 여러 흰부리딱따구리 애호가들은 그 노력에 근접해
있다.

윤신영, 「과학동아」 편집장, 『사라져 가는 것들의 안부를 묻다』 저자

그림 출처

Courtesy of Xiomara Gálvez Aguilera 23

Courtesy of Giraldo Alayón 5

Courtesy of David G, Allen 84, 106, 116, 118, 121, 129, 147, 176, 271

Courtesy of the American Antiquarian Society 60, 152

Courtesy of the American Philosophical Society 15

The Charleston Museum, Charleston, South Carolina 57

Department of Rare Books and Special Collections, University of Rochester Library 62

Division of Rare and Manuscript Collections, Cornell University Library 92, 132

Susan Roney Drennan—NAS 67, 70, 77

Ernst Mayr Library of the Museum of Comparative Zoology, Harvard University 17, 54, 58

Courtesy of the Forest History Society, Durham, N.C. 44

K. Fristrup, CLO. 212

Hermione Museum. Tallulah, Louisiana 171, 182

©Steven Holt/stockpix.com 72

Phillip Hoose 29, 198, 225

Ava Kahn/USFWS 216

Courtesy of Gene Laird 193

Collection of the Lauren Rogers Museum of Art Library, Laurel, Mississippi 50, 171

Mark McRae 20, 68

National Archives 186

National Audubon Society 75

National Audubon Society, courtesy of Susan Roney Drennan 41

Collection of The New-York Historical Society 32, 34

Courtesy of Carlos Peña 196, 206, 210

Courtesy of Perry Newspapers, Inc., Perry, Florida 168

Roger Tory Peterson Institute/Seymour Levin photographer 79

Courtesy of Nancy B. Tanner 5, 86, 89

James T. Tanner 100, 103, 119, 126, 139, 150, 153, 160, 161, 165, 214, 215

©Doug Wechsler/VIREO 228

찾아보기